"十二五"普通高等教育本科国家级规划教材

计算机网络配置、管理与应用

Jisuanji Wangluo Peizhi　Guanli yu Yingyong

（第 3 版）

吴　怡　徐哲鑫　蔡坚勇　编著

U0309041

高等教育出版社·北京
HIGHER EDUCATION PRESS　BEIJING

内容提要

本书是"十二五"普通高等教育本科国家级规划教材。全书分为 3 篇，共 13 章。第 1 篇介绍网络管理的基础知识，包括网络管理的概念、网络管理的功能及标准、网络操作系统的概念及主要功能。第 2 篇介绍如何创建和管理 Windows Server 2012 工作组网络和域模式网络，包括安装 Windows Server 2012，配置和管理 Windows Server 2012 工作组网络硬件及网络组件、域模式网络、文件及磁盘、打印服务，并介绍了 Windows Server 2012 在性能监测及容错方面的功能。第 3 篇介绍如何配置和管理 Windows Server 2012 的网络服务，包括 DNS 服务、DHCP 服务、Web 和 FTP 服务、终端服务及安装配置路由和远程访问服务器，并介绍了 Hyper-V 的安装、配置及使用。通过本书的学习，读者可以从网络管理基本知识、构建网络开始，直至学会配置和管理网络及网络服务。

本书可以作为高等学校计算机专业、网络通信专业的教材使用，也可供从事网络管理的工程技术人员及其他自学者学习参考。

图书在版编目（ＣＩＰ）数据

计算机网络配置、管理与应用 / 吴怡，徐哲鑫，蔡坚勇编著. -- 3 版. -- 北京：高等教育出版社，2014.2

ISBN 978-7-04-039313-2

Ⅰ. ①计… Ⅱ. ①吴… ②徐… ③蔡… Ⅲ. ①服务器－操作系统（软件）－高等学校－教材 Ⅳ. ①TP316.86

中国版本图书馆 CIP 数据核字 (2014) 第 013051 号

策划编辑	刘 茜	责任编辑	刘 茜	封面设计	张申申	版式设计	杜微言
插图绘制	尹文军	责任校对	陈 杨	责任印制	田 甜		

出版发行	高等教育出版社	网　址	http://www.hep.edu.cn	
社　址	北京市西城区德外大街 4 号		http://www.hep.com.cn	
邮政编码	100120	网上订购	http://www.landraco.com	
印　刷	北京民族印务有限责任公司		http://www.landraco.com.cn	
开　本	787mm×1092mm 1/16			
印　张	26.25	版　次	2004 年 8 月第 1 版	
字　数	590 千字		2014 年 2 月第 3 版	
购书热线	010-58581118	印　次	2014 年 2 月第 1 次印刷	
咨询电话	400-810-0598	定　价	40.70 元	

本书如有缺页、倒页、脱页等质量问题，请到所购图书销售部门联系调换

版权所有　侵权必究

物 料 号　39313-00

第3版前言

随着计算机网络的不断发展，网络规模不断扩大，复杂性不断增加。人们对网络的依赖性也越来越大，一旦网络出现故障，就会严重影响业务的正常进行，网络管理在计算机网络的正常工作中，扮演着越来越重要的角色。网络操作系统是网络的心脏和灵魂，能够控制和管理网络资源，并向网络上的计算机和外部设备提供各种网络服务。因此可以说，网络操作系统的水平代表了网络的性能及所能提供的服务水平。Microsoft 公司推出的新一代网络操作系统 Windows Server 2012 与之前的版本相比，在可靠性、可用性、可扩展性、可操作性、安全性和对以前版本兼容的可管理性等方面都有了很大的提升。

本书以《计算机网络配置、管理与应用（第2版）》为基础，与时俱进地针对 Windows Server 2012 进行重新编写。主要介绍网络管理的基本知识，利用 Windows Server 2012 构建基于 Internet/Intranet 的网络，在 Windows Server 2012 上实现网络管理与网络服务。本书循序渐进，从最基本的安装 Windows Server 2012 入手，到创建 Windows Server 2012 网络、配置管理网络，直至创建和管理网络服务。每一部分内容都先介绍原理，再加上具体的实现案例，使学习者可以由浅入深地学会构建及管理 Internet/Intranet 网络及其服务。随着系统从 Windows Server 2003 升级到 Windows Server 2012，本书对操作步骤均予以重新编写，增补了 Windows Server 2012 的新功能，同时删除已淘汰功能的对应内容。主要修订的内容如下：

1. 重新编写第 2 章 Windows Server 2012 的介绍及系统安装；

2. 在第 3 章中新增 SMB 3.0 相关内容，并修正网络协议；

3. 在第 4 章中新增软件发布分配的操作步骤，并修正管理模块相关内容；

4. 在第 5 章中新增 ReFS、Powershell、存储空间及重复数据删除等内容，并重新编写 DFS 部分；

5. 在第 7 章中新增故障转移群集和网络负载平衡相关内容，并删除第 2 版 7.4 节；

6. 在第 9 章中修正若干选项卡介绍；

7. 删除第 2 版第 10 章安装和配置 WINS 服务，将安装和配置 Web 服务及 FTP 服务作为本书第 10 章，修正其中 IIS 8 相关内容并删除管理 Web 站点对应章节内容；

8. 删除第 2 版第 12 章安装和配置 E-mail 服务，将安装和配置终端服务作为本书第 11 章，重新编写终端服务客户端的安装与使用部分；

9. 将第 2 版第 14 章安装和配置路由与远程访问服务器作为本书第 12 章，重新编写远程访问策略部分；

10. 新增对 Hyper-V 的介绍，并将其作为本书第 13 章。

全书分为 3 篇，第 1 篇介绍网络管理的基础知识，其主要内容为第 1 章，介绍网络管理的概念、网络管理的功能及标准、网络操作系统的概念及主要功能。第 2 篇（第 2～7 章）介绍如何创建和管理 Windows Server 2012 工作组网络和域模式网络，其中包括：第 2 章介绍如何安装有用户图形界面的 Windows Server 2012；第 3 章介绍如何创建与管理 Windows Server 2012 工作组网络，内容包括 Windows Server 2012 工作组网络的介绍，配置和管理网络硬件及网络组件，创建工作组网络及管理工作组网络的资源；第 4 章介绍创建与管理 Windows Server 2012 域模式网络，内容包括 Windows Server 2012 域模式的介绍，Active Directory 服务，创建 Windows Server 2012 的域，创建并管理域用户、域组以及如何实现组策略；第 5 章介绍 Windows Server 2012 的文件管理和磁盘管理，内容包括 NTFS 文件系统及 NTFS 权限设置、磁盘管理、磁盘整理、磁盘配额、磁盘的备份与还原等功能，还介绍了创建分布式文件系统来实现对网络上文件的方便访问；第 6 章介绍安装和管理 Windows Server 2012 网络上的打印服务；第 7 章则介绍 Windows Server 2012 在系统性能监测与容错上的功能。第 3 篇（第 8～13 章）介绍配置和管理 Windows Server 2012 的网络服务，其中包括：第 8 章介绍创建和管理 DNS 服务；第 9 章介绍创建和管理 DHCP 服务；第 10 章介绍利用 IIS 8.0 创建和管理 Web 及 FTP 服务；第 11 章介绍创建和管理终端服务；第 12 章介绍安装和配置路由和远程访问服务器；第 13 章介绍 Hyper-V 的安装及配置，创建虚拟交换机，并介绍了创建虚拟机和安装更多的虚拟机，为构建虚拟网络奠定基础。

本书在编写的过程中力求语言通俗易懂，文字简洁明了，而且在每一部分内容的学习中都给出了大量的实际安装配置案例和截图，便于自学者阅读，本书可以作为高等院校计算机专业、网络通信专业的教材使用，也可供从事网络管理的工程技术人员及其他自学者学习参考。

本书由吴怡、徐哲鑫、蔡坚勇以及林潇等共同编写完成。宋洁、林惠兰和郑丽丽在资料收集方面提供了许多帮助；本书的编写也得到了沈连丰教授的大力支持，沈教授提出了许多宝贵意见和建议；另外，李晖教授也给予了很大的鼓励和帮助，在此一并表示诚挚的谢意。

作者从事计算机、网络通信教学已有十几年的经验，在本书编写过程中力求能介绍最新的技术，但由于时间仓促，加之作者水平有限，疏漏之处在所难免，恳请各位专家和读者批评指正。

作　者
2013 年 9 月

目　　录

第3篇 安装与配置网络服务

第 1 篇

网络管理基础

本篇介绍网络管理的基础知识，首先介绍网络管理的概念、功能及标准，接着介绍网络管理系统的结构、网络管理员的主要工作职责，最后介绍网络操作系统的定义与功能及常用的网络操作系统。

通过本篇的学习，读者将了解网络管理的基本概念及基础知识，了解网络管理的主要功能，了解作为一个网络管理者应该承担的主要管理职责。

第1章　网络管理概述

随着计算机网络的不断发展，网络规模不断扩大，复杂性不断增加。人们对网络的依赖性也越来越大，一旦网络出现故障，就会严重影响业务的正常进行，因此网络管理在计算机网络的正常工作中，扮演着越来越重要的角色。网络管理的目的就是通过某种方式对网络状态进行调整，使网络能正常、高效地运行，使网络中的各种资源得到更加高效的利用。当网络出现故障时，能及时做出报告和处理，协调并确保网络的正常运行。

本章介绍网络管理的概念、功能及标准，还将介绍网络管理员的主要工作职责，以及网络操作系统的概念及主要功能。

1.1　网络管理的概念和定义

概括地说，网络管理就是对网络的运行状态进行监测和控制，使其能够有效、可靠、安全、经济地运行并提供服务。网络管理的任务是收集、分析和监控检测网络中各种设备和设施的工作参数和工作状态信息，将结果显示给网络管理员并进行处理，从而控制网络中的设备、设施的工作参数和工作状态，以实现对网络的管理。网络管理的目的就是维护网络的正常、可靠运行，使网络中的资源得到更加有效的利用。国际标准化组织（International Organization for Standardization，ISO）在 ISO/IEC 7498-4 中定义并描述了开放系统互连参考模型（Open System Interconnect Reference Model，OSI）管理的术语和概念，提出了一个 OSI 管理的结构并描述了 OSI 管理应有的行为。它认为："开放系统互连管理（OSI management）是指这样一些功能，它们控制、协调、监视 OSI 环境下的一些资源，这些资源保证 OSI 环境下的通信"。

通常对一个网络管理系统需要定义以下内容：

（1）系统的功能。一个网络管理系统首先应明确其所具有的功能。

（2）网络资源的表示。网络管理很大一部分是对网络中资源的管理。网络中的资源就是指网络中的硬件、软件以及所提供的服务等。而一个网络管理系统必须在系统中将它们表示出来，才能对其进行管理。

（3）网络管理信息的表示。网络管理系统对网络的管理主要靠系统中网络管理信息的传递来实现。网络管理信息的表示、传递以及传送的协议等都是一个网络管理系统必须考虑的问题。

（4）系统的结构。即使用什么结构的网络管理系统对网络实现管理。

1.2 网络管理的功能和标准

1.2.1 网络管理的功能

为实现不同层面的管理目标，需要根据实际的业务需求来确定对网络系统的管理要求。网络系统管理涉及网络资源和活动的规划、组织、监视、计费和控制等。ISO 在 ISO/IEC 7498-4 文档中定义了网络管理的五大功能，包括故障管理、计费管理、配置管理、性能管理和安全管理。此外，还增加了其他功能，包括网络规划管理、资产管理和人员管理。

下面将具体描述每个部分的功能。

1. 故障管理

故障管理（Fault Management）是指检测、定位和排除网络硬件和软件中的故障。当出现故障时，该功能能确认故障，记录故障，找出故障位置并尽可能排除故障。

用户都希望有一个可靠的计算机网络。当网络中某个组件出现故障失效时，网络管理器必须能够迅速查找到故障并及时排除。网络故障的产生原因往往比较复杂，特别当故障可能由多个网络组件共同引起时，迅速隔离某个故障是很难实现的。因此，一般先将网络修复，然后再分析网络故障的原因，以避免类似故障的再次发生。

网络故障管理主要由故障检测、故障诊断和故障修复等功能组成。

（1）故障检测：检测管理对象的差错现象及错误日志，接收并分析错误检测报告，对故障进行定位。

（2）故障诊断：执行诊断测试，跟踪并确定故障位置及故障性质，确定故障原因并找出解决办法。

（3）故障修复：通过配置管理工具或人工干预使管理对象恢复到正常工作状态。

对网络故障的检测和诊断主要是对网络组成部件的状态进行监测。不严重的简单故障通常只需记录在错误日志中，并不做特别处理；严重一些的故障则需要通知网络管理器，即产生"警报"。一般网络管理器应根据有关信息对警报进行处理，排除故障。当故障比较复杂时，网络管理器应能执行一些诊断测试来辨别故障原因。

2. 计费管理

计费管理（Accounting Management）用于记录网络资源的使用情况，目的是控制和监测网络操作的费用和代价，这对一些公共商业网络尤为重要。计费管理中要核算和计费的网络资源主要包括硬件、软件、数据资源网络服务和其他网络设施开销。计费管理有两个目的：一是对网络资源的使用情况进行统计，限定用户可使用的最大费用，以便系统合理地调度和分配资源，为用户提供高效的服务；二是核算资源费用，进行系统收费管理。

3. 配置管理

配置管理（Configuration Management）是指初始化网络、配置网络，使其提供网络服务。其基本功能如下：

（1）设置开放系统中有关路由操作的参数。

（2）对管理对象和管理对象组的名字进行管理。

（3）初始化或关闭管理对象。

（4）根据要求收集系统当前状态的有关信息。

（5）获取系统重要变化的信息。

（6）更改系统的配置。

4. 性能管理

性能管理（Performance Management）用来评估系统资源的运行状况及通信效率等系统性能。主要功能包括监视和分析网络及其所提供服务的性能机制。性能分析的结果可能会触发某个诊断测试过程或重新配置网络以维持网络的性能。性能管理收集、分析网络当前状况的数据信息，并维护和分析性能日志。其主要功能包括：

（1）收集统计信息。

（2）维护并检查系统状态日志。

（3）确定自然和人工状况下系统的性能。

（4）改变系统操作模式以进行系统性能管理的操作。

5. 安全管理

安全性一直是网络的薄弱环节之一，而用户对网络安全的要求又相当高，因此网络安全管理非常重要。安全管理（Security Management）的主要功能是保护网络资源的安全。管理目标是防止用户对资源的非法访问，确保网络资源和网络用户的安全。针对网络中存在的安全问题，网络安全管理应包括对授权机制、访问控制、加密和加密关键字的管理，此外还要维护和检查安全日志。安全管理的主要内容如下：

（1）分发和设置与安全措施有关的各种信息，如密钥的分发、访问权限的设置。

（2）发出和安全有关事件的通知，如网络的非法入侵行为、非授权用户的访问等特定警告和提示信息等。

（3）创建、控制和删除与安全有关的服务和设施。

（4）记录、维护和浏览安全日志，以便对安全问题进行事后分析。

1.2.2 网络管理标准

Internet 体系结构委员会（Internet Architecture Board，IAB）最初制定的关于 Internet 管理的发展策略，是采用简单网关管理协议（Simple Gateway Management Protocol，SGMP）作为暂时的管理解决方案。SGMP 是在 NYSERNET 和 SURANET 上开发的网络管理工具，后来演变为简单网络管理协议（Simple Network Management Protocol，SNMP）。而公共管理信息服务/公共管理信息协议（Common Management Information Service/Protocol，CMIS/CMIP）是 20 世纪 80 年代中期国际标准化组织（ISO）和 ITU-T 联合制定的网络管理标准。此外，还有基于 TCP/IP 协议的 CMIP/CMIS（CMIP/CMIS Over TCP/IP，CMOT）和局域网个人管理协议（LAN Man Management Protocol，LMMP）等网络管理标准（协议）。

1. SNMP

SNMP 是在 OSI 的第 3 层（网络层）提供的管理服务。SNMP 建立在 SGMP 基础上，是流传最广、应用最多、获得支持最广泛的一个网络管理协议。它最大的优点就是简单，比较容易在大型网络中实现。它代表了网络管理系统实现中一个很重要的原则，即网络管理功能的实现对网络正常功能的影响越小越好。SNMP 不需要长时间来建立，也不给网络附加过多的压力。它的简单性还体现在：对一个用户而言，可以比较容易地通过操作管理信息库（Management Information Base，MIB）中的若干被管对象来进行网络监测。SNMP 的另一个优点是它目前已经获得了广泛的使用和支持，几乎所有主要的网络互联硬件制造厂商的产品都支持 SNMP。可扩展性是 SNMP 的又一个优点。由于它设计简单，用户可以很容易地对其进行修改来满足他们特定的需要。SNMP v2 的推出就是 SNMP 具有良好扩展性的一个体现。SNMP 的扩展性还体现在它对 MIB 的定义上。各厂商可以根据 SNMP 制定的规则，很容易地定义自己的 MIB，并据此使自己的产品支持 SNMP。

2. CMIS/CMIP

CMIS/CMIP 是 ISO 提供的网络协议簇，支持一个完整的网络管理方案所需要的功能，与 SNMP 只涉及 OSI 第 3 层不同，CMIS/CMIP 旨在为所有设备在 OSI 参考模型的每一层提供一个公共网络结构，即完全的端到端的功能。其中 CMIS 定义了每个网络组成部分提供的网络管理服务，CMIP 则是实现 CMIS 服务的协议。

CMIS/CMIP 的整体结构是建立在使用 OSI 参考模型基础上的，网络管理应用进程使用 OSI 参考模型中的应用层。在应用层，CMIS 提供了应用程序使用的 CMIP 接口，同时该层还包括两个 ISO 应用协议：联系控制服务元素（Association Control Service Element，ACSE）和远程操作服务元素（Remote Operations Service Element，ROSE），其中 ACSE 在应用程序之间建立和关闭联系，而 ROSE 则处理应用之间的请求/响应交互。

3. CMOT

CMOT 是在 TCP/IP 协议上实现的 CMIS 服务，这是一个过渡性的解决方案。CMOT 没有直接使用参考模型中的表示层实现，而是要求在表示层中使用另外一个协议——轻量表示协议（Lightweight Presentation Protocol, LPP），该协议提供了目前最普遍使用的两种传输层协议 TCP 与 UDP 的接口。由于它是一个过渡性的方案，并没有得到太多的重视，因而该协议已经很长时间没有得到任何发展。

4. LMMP

LMMP 试图为局域网环境提供一个网络管理方案，它是在 IEEE 802 逻辑链路控制层（Logical Link Control，LLC）上的公共管理信息服务与协议 CMOT，它不依赖于任何特定的网络层协议进行网络传输。

由于不要求任何网络层协议，LMMP 比 CMIS/CMIP 或 CMOT 都易于实现，但由于没有网络层提供路由信息，LMMP 信息不能跨越路由器，从而限制了它只能在局域网中发展。

1.3　网络管理系统结构

1.3.1　网络管理系统的一般模型

现代计算机网络的网络管理系统基本上由 4 个部分组成：多个代理、至少一个网络管理器（或称管理工作站）、一种通用的网络管理协议和一个或多个管理信息库。其一般模型如图 1.3.1 所示。管理工作站负责接收用户的命令，并通过网络管理协议向各代理转发，同时接收来自代理的通告或中断信息，并向用户显示或报告；代理负责接收来自管理进程的命令并发起响应事件；网络管理协议用于封装和交换管理工作站和代理之间的命令和响应信息。

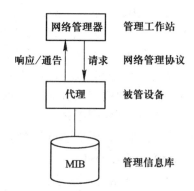

图 1.3.1　网络管理系统的一般模型

被管对象是经过抽象的网络元素，对应于网络中具体可以操作的数据，例如，记录设备或设施工作状态变量、设备内部的工作参数、设备内部用来表示性能的统计参数等。有的被管对象是外部可以对其进行控制的，如一些工作状态和工作参数；另一些被管对象则是只读而不可修改的，如计数器之类的参数；还有一类被管对象的工作参数是因为有了管理系统而设置的，为网络管理系统本身服务。被管对象的集合构成了被管设备的管理信息库。

每一个可被管理的被管设备如主机、工作站、文件服务器、打印服务器、终端服务器、路由器、网桥或中继器等，都有一个代理，负责监听和响应来自网络管理器的网络查询或命令。

任何一个网络管理域至少应该有一个网络管理工作站，驻留在网络管理工作站上的网络管理进程负责网络管理的全部监视和控制工作。网络管理进程根据网络中各个被管对象的变化来决定对不同的被管对象采取相应的操作，如调整工作参数和控制工作状态等。一般情况下，网络管理器通过与代理的信息交互（发送请求或接收响应）来完成管理工作。

代理与网络管理器之间信息交互的动作规则和数据格式等则由网络管理协议来规定。网络管理协议与管理信息库一起协调工作，简化了网络管理的复杂过程。因为管理信息库中的管理信息描述了所有被管对象及其属性值，使得网络管理的全部工作就是对这些对象及属性值变量的读取（Get，对应于监视）或设置（Set，对应于控制）。

1.3.2 网络管理系统的体系结构

网络管理平台可采用多种体系结构，最广为人知的 3 种网络管理体系结构是集中式体系结构、分层式体系结构和分布式体系结构。在应用时可选择一种和单位组织结构最为相似的网络管理体系结构。

1. 集中式体系结构

集中式体系结构的网络管理平台建立在一个计算机系统上，该计算机系统负责所有网络管理任务，如图 1.3.2 所示。集中式体系结构的主要特点是，网络管理员在一个位置查看和处理所有的网络报警和事件，处理所有的网络信息，访问所有的管理应用。

集中式体系结构方案使得网络管理员的工作变得方便、易操作和安全。但这种体系结构最大的缺点是只能从一个位置查询所有的网络设备，这会给所有连接到网络管理器的网络链路以至整个网络带来过多的管理流量。如果网络管理器与网络的连接中断，那就会丧失所有的网络管理功能。此外，随着网络部件的增加，对单一系统进行扩展以处理更多的负荷将变得愈发困难，成本也太高。

IBM 公司的 NetView 是目前市场上采用集中式网络管理体系结构的一个例子，它运行在一台主机之上，执行 SNA 网络的所有管理活动。用户可以在多个地点访问中央主机，这些允许进行查询并且能够检索网络事件的访问点称为 NetView 控制台。

2. 分层式体系结构

分层式体系结构使用多个系统，其中一个系统作为中央服务器系统，其他系统作为客户系统，如图 1.3.3 所示。网络管理平台的某些功能驻留在服务器系统上，其他功能由客户系统完成。

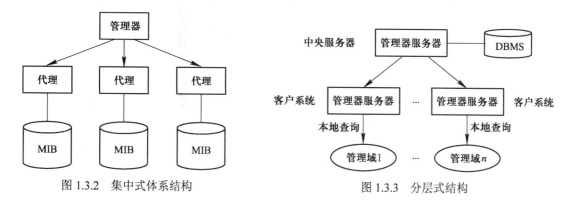

图 1.3.2 集中式体系结构　　　　　　图 1.3.3 分层式结构

网络管理平台的分层体系结构不依赖于单一系统,将网络管理任务分散于中央服务器和客户系统之间,在网络各处进行网络监控,节省了数据网络的带宽,缓解了集中式体系结构中的问题。采用分层式体系结构时,虽然一些管理任务是由客户系统来完成的,但这种体系结构仍然只提供单一位置用于保存网络信息,即采用集中信息存储的方式。

由于分层式体系结构采用了多个系统来管理网络,因此不再有管理整个网络的集中系统。这可能会给数据采集造成一些困难,也会耽误网络管理员较多的时间。另外每个客户系统管理的设备列表需要在逻辑上预先定义并手工配置。这个配置和定义要做得非常仔细,否则会使中央服务器和客户系统或者是两个客户系统监控和轮询同一设备,导致网络管理资源的消耗增加。

目前较为流行的分层式体系结构平台有 SunConnect 公司的 SunManager、HP 公司的 OpenView、IBM 公司的 NetView/AIX 以及 AT&T 公司的 StarSentry。这些平台都允许网络管理员将其设置成以分层式结构方式并发运行的平台。

3. 分布式体系结构

分布式体系结构结合了集中式和层次式这两种方案的特点,如图 1.3.4 所示。与集中式的单一平台或分层式的客户机/服务器平台的做法不同,分布式体系结构使用了多个对等平台,其中一个平台是一组对等网络管理系统的管理者,每个对等平台都有整个网络设备的完整数据库,使其可以执行多种任务并向中央系统报告结果。

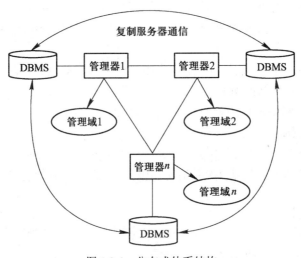

图 1.3.4　分布式体系结构

由于分布式平台是集中式和分层式方案的结合体,所以它也兼备了这两者的优点:从任何一个地点都能获得所有的网络信息、警报和事件;从任何一个地点都能访问所有的网络应用;不依赖单一系统;网络管理任务分散;网络监控分布于整个网络。

在分布式体系结构中,数据库复制服务技术至关重要。一个复制服务器完全同步地维护着位于不同系统的多个数据库,这种同步的开销比数据库的客户机/服务器技术消耗的网络资源多得多。

1.4 网络管理员的职责

在现代化网络中,网络管理员的最基本任务就是在企业内部局域网或 Intranet 建立好以后,能够利用网络管理软件或者是自身的经验,来保证网络的可靠性和安全运行。网络管理员的主要职责有以下几个方面。

1. 基础设施管理

(1)确保网络通信传输畅通。

(2)掌握主干设备的配置情况及配置参数变更情况,备份各个设备的配置文件。

(3)对运行关键业务网络的主干设备配备相应的备份设备。

(4)负责网络布线配线架的管理,确保配线的合理、有序。

(5)掌握用户端设备接入网络的情况,以便发现问题时可迅速定位。

(6)采取技术措施,对网络内经常出现的用户信息变更情况进行管理。

(7)掌握与外部网络的连接配置,监督网络通信状况,发现问题后与有关机构及时联系。

(8)实时监控整个局域网的运转和网络通信流量情况。

(9)制定、发布网络基础设施使用管理办法并监督执行情况。

2. 操作系统管理

(1)在网络操作系统配置完成并投入正常运行后,为了确保网络操作系统工作正常,网络管理员首先应该能够熟练地利用系统提供的各种管理工具软件,实时监督系统的运转情况,及时发现故障征兆并进行处理。

(2)在网络运行过程中,网络管理员应随时掌握网络系统配置情况及配置参数变更情况,对配置参数进行备份。网络管理员还应该做到随着系统环境的变化、业务发展需要和用户需求的变化,动态调整系统配置参数,优化系统性能。

(3)网络管理员应为关键的网络操作系统服务器建立热备份系统,做好防灾准备。

3. 应用系统管理

(1)确保各种网络应用服务运行的不间断性和工作性能的良好性,出现故障时应将故障造成的损失和影响控制在最小范围内。

(2)对于要求不可中断的关键型网络应用系统,除了在软件手段上要掌握、备份系统参数和定期备份系统业务数据外,必要时在硬件手段上还要建立和配置系统的热备份。

(3)对于用户访问频率高、系统负荷大的网络应用服务,必要时网络管理员还应该采取一定的技术措施以均衡负载。

4. 用户服务与管理

(1)用户的创建与撤销。

(2)用户组的设置与管理。

（3）用户可用服务与资源的权限管理和配额管理。

（4）用户计费管理。

（5）包括用户桌面联网计算机的技术支持服务和用户技术培训服务的用户端支持服务。

5. 安全保密管理

（1）安全与保密是一个问题的两个方面，安全主要指防止外部对网络的攻击和入侵，保密主要指防止网络内部信息的泄露。

（2）对于安全保密级别一般的网络，网络管理员的任务主要是配置管理好系统防火墙。为了能够及时发现和阻止网络黑客的攻击，可以加配入侵检测系统对关键服务提供安全保护。

（3）对于安全保密级别要求高的网络，网络管理员除了应该采取上述措施外，还应该配备网络安全漏洞扫描系统，并对关键的网络服务器采取容灾等技术手段。

（4）更严格的涉密计算机网络，还要求在物理上与外部公共计算机网络绝对隔离，对安置涉密网络计算机和网络主干设备的房间要采取安全措施，管理和控制人员的进出，对涉密网络用户的工作情况要进行全面的管理和监控。

6. 信息存储备份管理

（1）采取一切可能的技术手段和管理措施，保护网络中的信息安全。

（2）对于实时工作级别要求不高的系统和数据，网络管理员至少应该进行定期手工操作备份。

（3）对于关键业务服务系统和实时性要求高的数据和信息，网络管理员应该建立存储备份系统，进行集中式的备份管理。

（4）将备份数据随时保存在安全地点。

7. 机房管理

（1）掌握机房数据通信电缆布线情况，在增减设备时确保布线合理，管理维护方便。

（2）掌管机房设备供电线路布线情况，在增减设备时注意负载的合理配置。

（3）管理网络机房的温度、湿度和通风状况，保证良好的工作环境。

（4）确保网络机房内各种设备的正常运转。

（5）确保网络机房符合防火安全要求，火警监测系统工作正常，灭火措施有效。

（6）在外部供电意外中断和恢复时，能采取措施实现在无人值守情况下保证网络设备安全运行。

（7）保持机房整洁有序，按时记录网络机房的运行日志，制定网络机房管理制度并监督执行。

1.5 网络操作系统

就像计算机需要操作系统的支持一样，计算机网络也同样需要有相应的操作系统，即网络操作系统（Network Operating System，NOS）。网络操作系统是网络的"心脏"和"灵魂"，它是控制和管理网络资源的特殊操作系统。它实际上是一些程序的组合，是网络环境下用户与网络资源之间的接口，它通过 Internet 向网络上的计算机和外部设备提供各种网络服务。因此，网络操作系统的水平代表了网络的性能及所能提供的服务水平。所以，网络操作系统的合理选择至关重要。

1.5.1 网络操作系统的定义

网络操作系统是使网络中各计算机能方便而有效地共享网络资源，为网络用户提供所需的各种服务的软件和有关规则的集合。一般而言，操作系统具有处理机管理、存储管理、设备管理及文件管理，而网络操作系统除了具有上述的功能外，还具有提供高效、可靠的网络通信能力和提供多种网络服务的功能。

1.5.2 网络操作系统的功能

网络操作系统除了具有一般操作系统的处理机管理、存储器管理、设备管理及文件管理的基本功能以外，还具有网络管理方面的功能，主要包括：

（1）协调用户，对系统资源进行合理分配和调度。

（2）提供网络通信服务。

（3）控制用户访问。可对用户进行访问权限的设置，保证系统的安全性和提供可靠的保密方式。

（4）管理文件。在网络系统中，各种文件可达上万个，通常是把它们存放在系统中的一个专用设备里，快速、准确、安全可靠地对文件进行管理是一件非常重要的任务。

（5）系统管理。跟踪网络活动，建立和修改网络的服务，管理网络的应用环境。

1.5.3 常用网络操作系统

网络操作系统主要有 Windows、UNIX、Linux 以及 Netware 系统等。各种操作系统在网络应用方面都有各自的优势，而实际应用却千差万别，这种局面促使各种操作系统都极力提供跨平台的应用支持。

1. Windows 操作系统

Windows 系列操作系统是 Microsoft 公司开发的一种界面友好、操作简便的网络操作系统。Windows 客户端操作系统有 Windows95/98/Me、Windows WorkStation、Windows 2000 Professional、Windows XP、Windows 7 和 Windows 8 等。Windows 服务器端操作系统包括 Windows NT Server、Windows 2000 Server、Windows Server 2003、Windows Server 2008、Windows Server 2008 R2、Windows Server 2012 等。Windows 操作系统支持即插即用、多任务、对称多处理和群集等一系列功能。

2. UNIX 操作系统

UNIX 操作系统是在麻省理工学院开发的一种时分操作系统的基础上发展而来的网络操作系统。UNIX 是一个多用户、多任务的实时操作系统。UNIX 操作系统功能较强、安全性和稳定性较高,但其通常与硬件服务器产品一起捆绑销售。由于它多数是以命令方式来进行操作的,因此不容易掌握,特别是对初级用户而言更是如此。因此,小型局域网基本不使用 UNIX 作为网络操作系统,UNIX 一般用于大型的网站或大型的企事业局域网。

3. Linux 操作系统

Linux 是芬兰赫尔辛基大学的学生 Linux Torvalds 开发的具有 UNIX 操作系统特征的新一代网络操作系统。Linux 操作系统的最大特点在于其源代码是向用户完全公开的,任何一个用户均可根据自己的需要修改 Linux 操作系统的内核,所以 Linux 操作系统的发展速度非常迅猛。

4. NetWare 网络操作系统

NetWare 操作系统目前在局域网中早已失去了当年雄霸一方的气势,但 NetWare 服务器对无盘工作站和游戏的支持较好,常用于教学网和游戏厅。且因为它兼容 DOS 命令,其应用环境与 DOS 相似,经过长时间的发展,具有相当丰富的应用软件支持,技术完善、可靠。目前,这种操作系统的市场占有率呈下降趋势,但因为对网络硬件的要求较低,因此仍受到一些设备比较落后的中小型企业的青睐。

操作系统是整个网络中不可缺少的组成部分之一,必须根据企业网络的应用规模、应用层次等实际情况选择最合适的操作系统。

本书后面章节主要介绍 Microsoft 公司的 Windows Server 2012 网络操作系统的网络管理功能与网络服务功能。

1.6 本章小结

本章介绍了网络管理的基本知识,通过本章的学习,读者应掌握网络管理的概念,了解网络管理的主要功能,以及作为网络管理员应该承担的主要职责。掌握网络操作系统的基本功能。在本书的后续篇章中将进一步学习网络操作系统在网络配置与管理方面的功能与应用。

思 考 题

1. 什么是网络管理?网络管理的目的是什么?
2. 网络管理的主要功能有哪些?这些功能是如何实现的?
3. 网络管理员的主要职责有哪些?所要承担的主要工作有哪些?
4. 什么是操作系统?什么是网络操作系统?两者之间的区别是什么?常用的网络操作系统有哪几种?

第 2 篇

Windows Server 2012 网络的
配置与管理

　　本篇介绍 Windows Server 2012 在网络配置与管理上的应用，首先介绍如何安装 Windows Server 2012，接着介绍如何构建及管理 Windows Server 2012 工作组网络和域模式网络，然后介绍网络配置的流程、Active Directory 服务，创建域及对域中的用户账户、组进行管理以及文件管理与磁盘管理的概念，在这一篇的最后还介绍了如何管理 Windows Server 2012 网络上的打印服务以及如何利用 Windows Server 2012 在容错和故障恢复上的强大功能来保证系统的安全性，当发生意外事件时可以将损失减少到最小。

　　通过本篇的学习，读者将学会如何构建 Windows Server 2012 网络，以及实现 Windows Server 2012 网络的基本配置与管理。

第2章 | Windows Server 2012 的安装

Windows Server 2012（开发代号：Windows Server 8）在 2012 年 8 月 1 日完成编译 RTM 版，并且在 2012 年 9 月 4 日正式发售。作为微软服务器系统 Windows Server 2008 R2 的继任者，同时也是 Windows 8 的服务器版本，Windows Server 2012 在许多细节上做了改进，给用户带来了全新的体验。

2.1　安装系统需注意的事项

2.1.1　硬件要求

处理器：1.4 GHz、64 位处理器。

RAM：512 MB。

磁盘空间：32 GB。

其他要求：

（1）DVD 驱动器。

（2）超级 VGA（800 × 600 像素）或更高分辨率的显示器。

（3）键盘和鼠标（或其他兼容的输入设备）。

（4）能连接到 Internet。

以上列出的是计算机需要满足的"最低"要求。实际应用中对硬件的要求，将受到系统配置和所安装应用程序及功能的影响。

2.1.2　准备工作

若要顺利安装 Windows Server 2012，请执行以下步骤来准备安装：

（1）断开 UPS（Uninterruptible Power System，不间断电源）设备。由于安装程序将自动尝

试检测连接到串行端口的设备，而与计算机相连的 UPS 设备可能导致在检测过程中出现问题，所以请断开串行电缆。

（2）备份服务器。为了避免重要资料在安装过程中丢失，请提前先进行备份。

（3）建议关闭病毒防护软件。杀毒软件的运行（如扫描本地文件）会使安装速度变慢。

（4）运行 Windows 内存诊断工具。从网站上卜载相关的诊断程序来测试计算机的 RAM 是否正常。

（5）提供大容量存储驱动程序。如果制造商提供了单独的驱动程序文件，将该文件保存到软盘、CD、DVD、USB 的目录中或 Windows Server 2012 amd64 文件夹中。若要在安装期间提供驱动程序，则在磁盘选择页上单击"加载驱动程序"（或按 F6 键）。可以通过浏览找到该驱动程序，也可以让安装程序在媒体中搜索。

（6）注意，默认情况下启用 Windows 防火墙。

2.2 安装 Windows Server 2012

安装系统时可直接利用 Windows Server 2012 DVD 光盘来安装。也可以将计算机的 BIOS 设定为优先从 USB 启动，将 Windows Server 2012 ISO 安装包存入 U 盘，利用 U 盘来安装系统。

当用户是从原来旧的 Windows Server 版本升级到 Windows Server 2012 时，必须先启动原来 64 位的 Windows Server 操作系统，然后将系统预设成自动执行 DVD 内的安装程序，用 Windows Server 2012 DVD 来安装。

Windows Server 2012 有四个版本：Essentials、Standard、Datacenter 和 Foundation。

Windows Server 2012 Essentials 面向中小企业，用户数量限定在 25 个以内，该版本简化了界面，预先配置云服务连接，不支持虚拟化。

Windows Server 2012 Standard 提供完整的 Windows Server 功能，限制使用两台虚拟主机。

Windows Server 2012 Datacenter 提供完整的 Windows Server 功能，不限制虚拟主机数量。

Windows Server 2012 Foundation 版本仅提供给 OEM 厂商，用户数量限定 15 个，提供通用服务器功能，不支持虚拟化。

这里以安装 Datacenter 版为例介绍操作过程。

（1）开始安装如图 2.2.1 和图 2.2.2 所示。

图 2.2.1 开始安装

图 2.2.2　安装程序正在启动

（2）进入如图 2.2.3 所示对话框，在"要安装的语言"下拉菜单中选择安装"中文（简体，中国）"版本，单击"下一步"按钮。

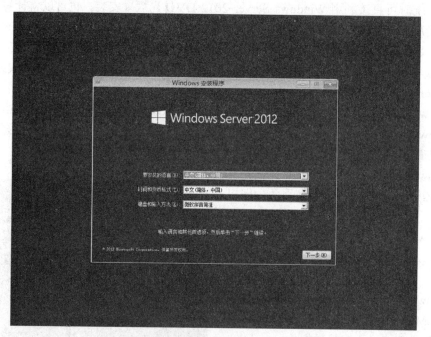

图 2.2.3　选择安装版本的语言

（3）单击"现在安装"按钮，如图 2.2.4 所示。

（4）进入如图 2.2.5 所示对话框，选择要安装的操作系统，当安装 Windows Server 2012 时，可以在"带有 GUI 的服务器"和"服务器核心安装"之间任选其一。

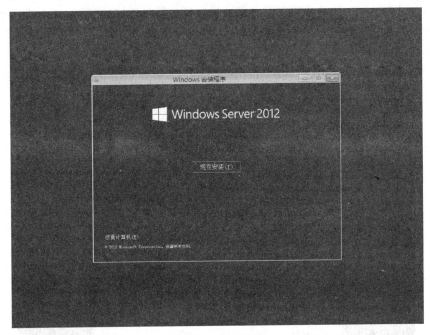

图 2.2.4 选择安装

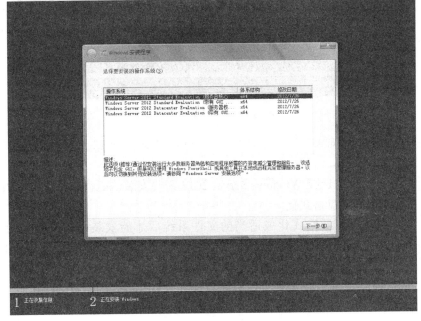

图 2.2.5 选择要安装的操作系统

"带有 GUI 的服务器"：安装完成后的系统为用户提供较为友好的界面和图形化管理工具。

"服务器核心安装"：提供了较为安全的环境，减少所需的磁盘空间，也降低了维护与管理的要求，但只能用命令来完成服务器角色的安装，安装完系统后，用户可以通过添加或者安装服务器图形 Shell 等相关组件，实现在这两种环境间的切换。

选中"Windows Server 2012 Datacenter Evaluation（带有 GUI 的服务器）"，单击"下一步"按钮。

（5）出现如图 2.2.6 所示"许可条款"窗口，选中"我接受许可条款"，单击"下一步"按钮。

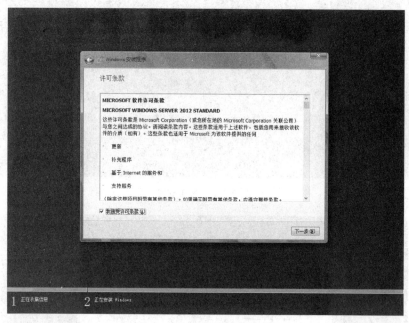

图 2.2.6　"许可条款"窗口

（6）选择安装类型，如果是旧版本升级到 Windows Server 2012 则选择"升级"，此处选择"自定义"，如图 2.2.7 所示。

（7）如图 2.2.8 所示，选择 Windows Server 2012 需要安装的磁盘，用户可单击"驱动器选项"将磁盘分割或进行磁盘格式化。

新的磁盘分割区只有被格式化成适当的文件系统后才能安装系统或是作为存储材料，Windows Server 2012 除了支持 exFAT、FAT32、FAT 以及 NFTS 外，增加了最新的 ReFS 文件系统，读者可在第 5 章查阅到详细内容。

注意：Windows Server 2012 操作系统只能安装到 NTFS 格式的磁盘内，其他格式的磁盘只能用来存储资料。

磁盘配置完成后，单击"下一步"按钮。

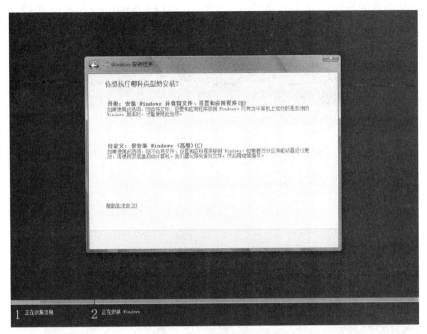

图 2.2.7　选择安装类型

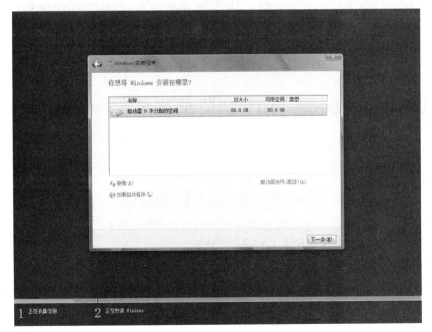

图 2.2.8　选择安装系统到磁盘

（8）出现程序安装进度的窗口，如图 2.2.9 所示。这样 Windows Server 2012 操作系统就安装完毕了。

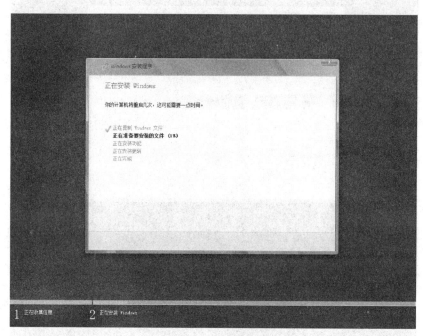

图 2.2.9　安装的进度

2.3　Windows Server 2012 的简单使用

2.3.1　启动与登录

（1）系统安装完成后，服务器自动重启，启动 Windows Server 2012 操作系统。首次进入 Windows Server 2012 操作系统时需要设置管理员密码，如图 2.3.1 所示。

如输入密码太简单将出现如图 2.3.2 所示的情况。

密码设置规则在"组策略"中，默认的密码设置的最低要求为：不能包含用户的账户名，不能包含用户姓名中超过两个连续字符的部分；至少有 6 个字符长，包含以下 4 类字符中的 3 类字符：英文大写字母（A～Z），英文小写字母（a～z），10 个基本数字（0～9），非字母字符（如!、$、#、%）。

因此建议将密码设为大小写与数字的组合，如 WinSer123。正确设置密码后单击"完成"

按钮就可进入锁定界面，如图 2.3.3 所示。

（2）按 Ctrl+Alt+Delete 快捷键，输入正确的用户名及密码即可登录，如图 2.3.4 所示。

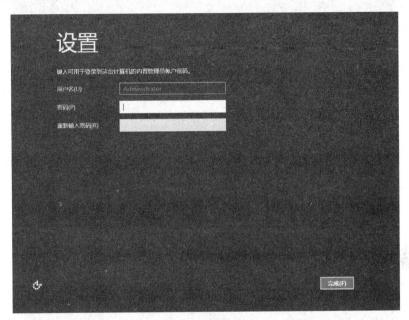

图 2.3.1 "设置"界面

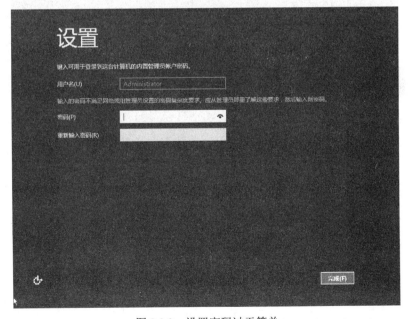

图 2.3.2 设置密码过于简单

图 2.3.3　未登录时的锁定界面

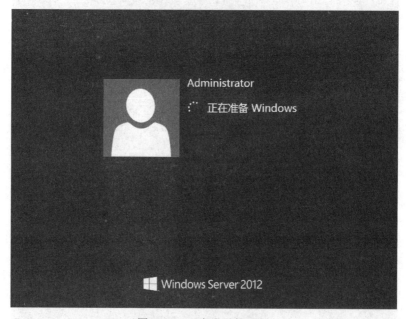

图 2.3.4　正在登录的界面

（3）登录后会出现"服务器管理器"界面，如图 2.3.5 所示，在后面章节中会用到，若该窗口被关闭，可以单击任务栏左下角的 ▦ 标签重新启动。

图 2.3.5 服务器管理器

2.3.2 注销与关机

（1）在暂时不使用计算机，同时又不希望关机的情况下，可以按以下步骤操作。

将鼠标移到屏幕左下角，或是按视窗键都可以切换到"开始"窗口，然后用户可以单击右上方的 Administrator，此时出现"锁定"和"注销"两个选项，如图 2.3.6 所示。

图 2.3.6 "开始"窗口

"锁定"：所有的应用程序依然运行，解锁需要再次输入密码。

"注销"：用户所有正在运行的程序会被结束，若要继续使用该计算机需要重新登录。

（2）如果要关机或重启计算机，可以按照以下的操作进行：将鼠标移到屏幕右上角或按 Windows +C 组合键，出现如图 2.3.7 所示的窗口。

图 2.3.7　快速键窗口

在图 2.3.7 窗口中，单击"设置"后再单击"电源"，即可选择关机或者重启计算机，如图 2.3.8 所示。

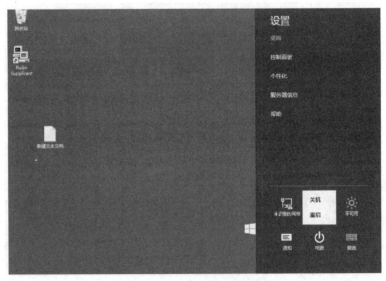

图 2.3.8　选择关机或重启

用户也可以直接按 Ctrl+Alt+Delete 快捷键,然后选择"锁定"、"切换用户"、"注销"等,也可以直接按右下角的关机图标关机,如图 2.3.9 所示。

图 2.3.9　选择锁定、注销、关闭计算机

2.4　本章小结

本章内容为后续章节打下坚实基础,通过本章的学习可知 Windows Server 2012 的安装非常简单,而且它也提供了非常强大的部署安装的功能,读者应了解安装 Windows Server 2012 的注意事项、相关安装步骤以及登录、注销计算机等简单操作。

思　考　题

1．安装 Windows Server 2012 的硬件要求有哪些?

2．安装 Windows Server 2012 系统前的准备事项有哪些?

3．Windows Server 2012 共有几种安装版本? Datacenter 与 Standard 版本的区别是什么?

4．Windows Server 2012 的文件系统分为哪几种?

5．安装 Windows Server 2012 有几种方式?

6．在一台计算机上完成 Windows Server 2012 系统的安装和设置,并练习登录、注销、关闭和重启计算机。

通过前一章的学习，已经成功地在计算机上安装了 Windows Server 2012，本章接着介绍如何将多台计算机组成工作组网络，包括工作组网络的定义与特点、Windows Server 2012 硬件设备管理、网络组件的安装与配置、工作组网络的用户与组账户的创建与管理以及网络中共享资源的设置等。

3.1　Windows Server 2012 工作组网络概述

3.1.1　工作组的定义

工作组是一组由网络连接而成的计算机群组，并由本地管理员分散管理账户和资源的小型网络。在工作组网络中，每台计算机上都有一个由本地管理员管理的本地用户的安全数据库，每台计算机都可以通过共享的方式将自己的本地资源提供给他人。工作组中的成员数目一般不超过 10 台计算机。

3.1.2　本地安全数据库

本地安全数据库用来存储在本地计算机中创建的用户账户、组账户和其他安全信息。在工作组模式的网络中，当用户要求登录或访问某计算机的资源时，需要提供用户名及密码，并由该计算机的本地安全数据库对其登录的身份以及资源的访问权限进行验证。

3.1.3　工作组的工作模式

在 Windows Server 2012 网络中，工作组的工作模式又称为"对等网"模式，在此工作模式中，网络中的每一台计算机的地位都是平等的。每一台装有 Windows Server 2012 的计算机都拥有自己的本地安全数据库，每台计算机的本地管理员管理自己的安全数据库，即管理自己建立的用户账户、资源和安全信息，进行本地权限设置，实现资源的安全共享。

由于网络中的每一台计算机都有自己的本地安全数据库，因此，当其他计算机上的用户需要访问某台计算机的资源时，必须在该计算机上为这个用户建立账户。当该用户访问这台计算机的资源时，由资源主机的本地安全数据库进行身份和权限的验证。如果这个用户需要访问工作组中每台计算机的资源时，就必须在每台计算机上分别为其建立账户。随着计算机数量的增多，会导致账户和资源管理量的急剧增加。因此，工作组模式只适用于不超过 10 台计算机的小型网络。

3.1.4 Windows Server 2012 工作组网络的特点

（1）平等关系：工作组中的所有计算机之间是一种平等的关系，没有主从之分。

（2）分散管理：工作模式下资源和账户的管理是分散的，每台计算机上的管理员对自己计算机上的资源与账户进行管理。

（3）本地安全数据库：每台计算机上都有一套本地的安全数据库，用以验证在自己计算机上所创建的本地用户，一个用户只能在已为其创建了账户的计算机上登录，并由该计算机上的安全数据库对其进行身份验证。

（4）资源访问：在 Windows Server 2012 的工作组网络中，资源的管理是分散的，网络中的用户如果要访问网络中其他计算机中的资源，可利用 Guest 账户或在其他计算机上创建的本地用户账户登录访问。

（5）工作组网络系统软件：Windows Server 2012 工作组网络，可以由安装了 Windows Server 2012 及 Windows 其他版本的操作系统的计算机组成,但是 Windows 98 中没有本地安全数据库。

3.1.5 网络配置的基本流程

将多台计算机组成网络，进行网络基本配置的操作流程如下。

（1）检查网络硬件（交换机、集线器、网卡和网线）是否连接好。

（2）确认网络中各计算机的操作系统能够正常运行。

（3）正确配置网卡驱动程序。

（4）安装和配置网络组件，保证网络通信。

（5）配置计算机名称、工作组名称，将网络中的计算机加入工作组。

（6）设置工作组网络中的共享资源，包括确认共享资源、设置共享资源的访问控制权限，实现网络资源的互访等。

3.2 配置和管理 Windows Server 2012 上的硬件

Windows Server 2012 支持即插即用，因此在 Windows Server 2012 上安装网卡等新硬件非常容易，操作系统会自动检测到新的硬件，并为之分配系统资源。在 Windows Server 2012 中使用设备管理器来管理和配置硬件，设备管理器提供了统一的界面和方式来完成对所有设备的管理。

　　设备管理器以一种图形化的方式提供了有关硬件设备在计算机中安装与配置方式等信息。可以使用设备管理器来改变硬件设备配置方式以及与计算机应用程序间的交互方式，借助设备管理器，可以为计算机上安装的各种硬件设备更新设备驱动程序，修改硬件设置并进行故障诊断。

　　设备管理器主要有以下功能：

　　（1）确定计算机上的硬件设备是否工作正常。

　　（2）确定设备冲突并手工配置资源设置。

　　（3）修改硬件设备配置选项及针对各种设备的高级选项与属性。

　　（4）识别针对各种设备所装载的设备驱动程序并获取每种设备驱动程序的相关信息，并且可以打印计算机上所安装的设备摘要信息。

　　（5）安装和更新驱动程序。

　　（6）禁用、启用或卸载设备。

　　（7）重新安装原先版本的驱动程序。

　　在通常情况下，可以使用设备管理器来检查计算机上的硬件设备并更新设备驱动程序，而且还可使用设备管理器所提供的诊断特性来修改资源设置以解决设备冲突问题。

1.　通过本地设备管理器检查网卡工作状态

　　选择桌面任务栏的"服务器管理器"图标，在"仪表板"的"工具"中选择"计算机管理"。打开如图 3.2.1 所示的"计算机管理"窗口。

图 3.2.1　"计算机管理"窗口

　　在左边的窗口中选中"设备管理器"，在右边的窗口中显示本机的硬件设备及其工作状态，工作不正常的设备前面会出现黄色的感叹号或问号。可单击展开相应的设备项，安装或更新该设备的驱动程序。选中"网络适配器"出现当前计算机网卡的型号，右击，在弹出的快捷菜单中选择"属性"命令，打开网卡属性对话框，在"常规"选项卡中可查看网卡的工作状态，在"驱动程序"对话框中可以禁用此设备，也可以卸载或更新网卡的驱动程序。

2. 访问远程设备管理器

　　通过 Microsoft 管理控制台可以访问远程计算机上的设备管理器，了解远程计算机上的硬件配置情况。

　　案例：网络管理员希望通过本机查看和管理网络中其他计算机的硬件配置情况。

　　本机的 IP 地址为：10.192.3.45。

　　待管理的计算机的 IP 地址为：10.192.3.10。

　　具体操作步骤如下：

　　（1）按 Windows 徽标键进入"开始"菜单，从中选择"Windows PowerShell"，输入"mmc"，打开 Microsoft 管理控制台。

　　（2）在控制台中单击"文件"，选择"添加/删除管理单元"，弹出"添加或删除管理单元"对话框。

　　（3）在该对话框中选择"可用管理单元"中的"设备管理器"，单击"添加"按钮，则会出现如图 3.2.2 所示的"设备管理器"对话框。选中"另一台计算机"并单击"浏览"按钮选择计算机或者直接输入待管理的远程计算机 IP 地址 10.192.3.10。单击"完成"按钮并逐步确认退出后，即可在管理控制台上查看此远程计算机的硬件配置情况。

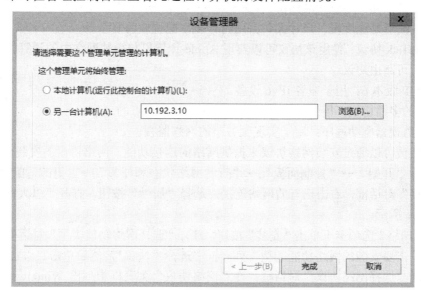

图 3.2.2　选择远程计算机

3.3　配置网络组件

运行 Windows Server 2012 操作系统的计算机要与网络中其他计算机进行通信，实现资源共享和信息传递，管理员必须为其安装和配置相应的网络组件。Windows Server 2012 操作系统中基本的网络组件是协议、客户端和服务。

3.3.1　安装网络协议

协议是网络中计算机相互通信时必须遵守的一组规则和约定的集合，它由语法、语义和定时三部分组成。语法和语义用来规定和明确协议中数据所包含的含义；定时用来在网络中的计算机进行通信连接时提供时钟同步（如数据包何时开始和结束传输）。在 Windows Server 2012 中常用的协议和功能如下：

- Hyper-V 可扩展的虚拟交换机：基于二层虚拟网络的交换机，可以通过编程方式管理和扩展其功能，从而将虚拟机连接到物理网络。通过网络虚拟化的形式抽象了物理网络的拓扑，更好地实现了隔离和多租户的目标。
- 链路层发现协议（Link Layer Discovery Protocol，LLDP）：是一个厂商无关的二层协议，它允许网络设备在本地子网中通告自己的设备标识和性能。
- 可靠多播协议：用于实现多播服务，即发送到多点的通信服务。
- TCP/IP 协议：是为广域网设计的一套工业标准，也是 Internet 上唯一公认的标准。TCP/IP 是能够连接各种不同网络或产品的协议，是 Internet 和 Intranet 的首选协议，优点在于通用性好、路由效果好；缺点是速度慢、尺寸大、占用内存多、配置较为复杂。
- AppleTalk 协议：使用该协议可以实现 Apple 计算机与微软网络中的计算机和打印机通信。该协议为可路由协议。
- TCP/IP 版本 6：用于兼容 IPv6 设备。
- 可靠的多播协议：用于实现多播服务，即发送到多点的通信服务。
- 网络监视器驱动程序：用于实现服务器的网络监视。

网络管理员可以通过安装网络协议来提供网络的连接功能，网络协议的安装步骤如下。

（1）执行"开始"→"控制面板"→"查看网络状态和任务"→"更改适配器设置"，打开"网络连接"对话框，右击已有的网络连接，选择"属性"按钮，打开"以太网属性"对话框，如图 3.3.1 所示。

（2）在"网络"选项卡下单击"安装"按钮，打开"选择网络功能类型"对话框，如图 3.3.2 所示。在"单击要安装的网络功能类型"列表框中选择"协议"，然后单击"添加"按钮。

（3）出现"选择网络协议"对话框，在"网络协议"列表框中列出 Windows Server 2012 支持的、但在本机中尚未安装的网络协议，如图 3.3.3 所示。选择需要安装的网络协议，单击

"确定"按钮,即可开始安装所选网络协议。

图 3.3.1 以太网属性

图 3.3.2 选择网络功能类型

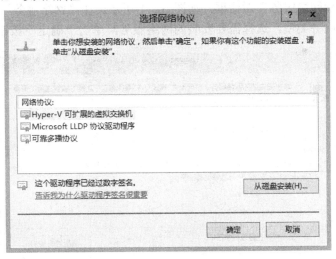

图 3.3.3 选择网络协议

3.3.2 安装网络客户端

网络中的"客户端"组件提供了网络资源访问的条件。选择这个选项的计算机,可以访问

Microsoft 网络上的各种软硬件资源。

网络客户端的安装步骤如下。

（1）在图 3.3.2 所示的"选择网络功能类型"对话框中选择"客户端"，然后单击"添加"按钮。

（2）出现"选择网络客户端"对话框，在"选择网络客户端"列表框中列出了 Windows Server 2012 系统提供的客户端，选择后单击"确定"按钮。系统一般已默认安装 Microsoft 网络客户端。

3.3.3 安装网络服务

网络中的"服务"组件是网络中可以提供给用户的各种网络功能。在 Windows Server 2012 中，提供了以下两种基本的服务类型。

- Microsoft Failover Cluster Virtual Adapter Performance Filter。
- Microsoft 网络虚拟化筛选器驱动程序。

其中 Microsoft Failover Cluster Virtual Adapter Performance Filter 改进了 Windows Server 2008 中的故障切换集群（Failover Clustering）以适应新的功能，包括从 DHCP 服务器获取 IP 地址及在分散的子网中定位集群的节点。该服务是以增加网络资源的冗余为代价，提高了网络的鲁棒性。

网络服务的安装步骤如下。

（1）在图 3.3.2 所示的"选择网络功能类型"对话框中选择"服务"，然后单击"添加"按钮。

（2）出现"选择网络服务"对话框，如图 3.3.4 所示。在"网络服务"列表框中列出了本机上未安装的网络服务类型，选择需要安装的网络服务，单击"确定"按钮开始安装。

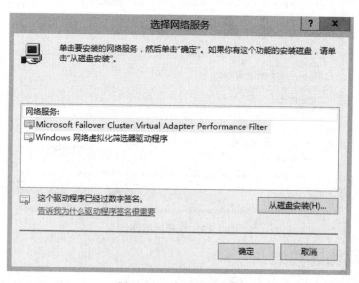

图 3.3.4 选择网络服务

系统一般已默认安装了最基本的网络服务，即"Microsoft 网络的文件和打印机共享"。

3.4 配置 TCP/IP

3.4.1 TCP/IP 简介

TCP/IP 是网络中使用的基于软件的标准通信协议，TCP/IP 可使不同环境下的不同节点之间进行通信，是计算机在 Internet 上进行各种信息交换和传输所必须采用的协议。TCP/IP 是一组协议的代名词，它内部包含了许多其他的协议。它包括的主要内容如下：

- IP。
- 文件传输协议（FTP）。
- 简单网络管理协议（SNMP）。
- TCP/IP 网络打印服务。
- 动态主机配置协议（DHCP）。
- 域名服务（DNS）。
- TCP/IP 实用程序。

1. TCP/IP 分层模式

TCP/IP 是一种层次型协议，它与 OSI 模型的层次对照如图 3.4.1 所示。

（1）网络接口层：通常包括操作系统中的设备驱动程序和计算机中对应的网络接口卡。它们一起处理与传输媒介的物理接口细节。

OSI模型		TCP/IP协议结构
应用层	第4层	应用层（各种应用层协议如 FTP,Telnet,SMTP 等）
表示层		
会话层		
传输层	第3层	传输层(TCP,UDP)
网络层	第2层	网络层(IP)
数据链路层	第1层	网络接口层
物理层		

图 3.4.1 TCP/IP 层次模型

（2）网络层：也称互联网层，处理路由选择等分组在网络中的活动。在 TCP/IP 协议组件中，网络层协议包括网际协议（Internet Protocol，IP）、互联网控制报文协议（Internet Control Message Protocol，ICMP）、Internet 组管理协议（Internet Group Management Protocol，IGMP）、地址解析协议（Address Resolution Protocol，ARP）及逆向地址解析协议（Reverse Address Resolution Protocol，RARP）。

（3）传输层：主要功能是为两台主机上的应用程序提供端到端的通信。在 TCP/IP 协议组件中，有两个互不相同的传输协议：传输控制协议（Transmission Control Protocol，TCP）和用户数据报协议（User Datagram Protocol，UDP）。

TCP 为两台主机提供高可靠性的数据通信。它所做的工作包括把应用程序交给它的数据分成合适的小块交给下面的网络层，确认接收到的分组、设置发送，最后确认分组的超时时钟等。由于传输层提供了高可靠性的端到端的通信，因此应用层可以不必考虑可靠性问题。

UDP 为应用层提供一种非常简单的服务。它只是把称作数据报的分组从一台主机发送到另一台主机，但并不保证该数据报能到达另一端。任何必需的可靠性必须由应用层来提供。

这两种传输层协议分别在不同的应用程序中有不同的用途。

（4）应用层：负责处理特定的应用程序。TCP/IP 提供了大量的应用程序，最为通用的有：Telnet 远程登录、FTP 文件传输协议、SMTP 简单邮件传送协议、SNMP 简单网络管理协议。

2. IP 地址与子网掩码

如果把整个 Internet 看成为一个单一的、抽象的网络，IP 地址就是给每台连接在 Internet 上的主机分配在全世界范围内唯一的 32 位的标识符。IP 地址的结构在 Internet 上进行寻址，即先按 IP 地址中的网络地址 net-id 把网络找到，再按主机号 host-id 把主机找到。因此，利用 IP 地址可以指出连接到某网络上的某台计算机。

为了便于对 IP 地址进行管理，同时还考虑到网络的差异很大，有的网络拥有很多主机，而有的网络上的主机则很少。因此 IP 地址分成 5 类，即 A 类到 E 类，如图 3.4.2 所示。常用的 A 类、B 类和 C 类地址都由网络地址和主机地址字段两部分组成。

- 网络地址 net-id。A 类、B 类和 C 类地址的网络地址字段分别为 1、2 和 3 字节长，在网络地址字段的最前面有 1~3 位的类别比特，其数值分别规定为 0、10 和 110。
- 主机地址字段 host-id。A 类、B 类和 C 类地址的主机地址字段分别为 3、2 和 1 字节长。

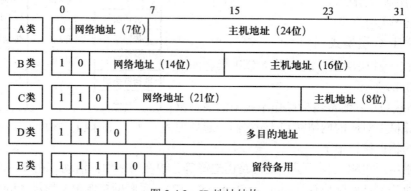

图 3.4.2　IP 地址结构

由于 A 类地址的网络地址所占位数少，而主机地址占位多，所以 A 类地址适合于拥有大量主机的大型网络。B 类地址的网络地址和主机地址分别占 14 位和 16 位，适合于中型网络。C 类地址的网络地址和主机地址分别占 21 位和 8 位，适合于小型网络。D 类地址用于多目传输，是一种比广播地址稍弱的形式，支持多目传输技术。E 类地址用于将来的扩展之用。

IP 地址是以 32 位二进制形式表示的，不够直观。在 TCP/IP 中，又采用"点分十进制"表示法，即用 4 个十进制整数，每个整数对应一个字节，整数与整数之间以小数点"."为分隔符的表示方法。例如 192.168.111.54。

除了"点分十进制"表示法在 TCP/IP 面向用户的文档中使用之外，还有对于用户更为直观的方法，即 TCP/IP 所提供的域名服务（DNS）。

TCP/IP 标准规定：每一个使用子网的节点都选择一个除 IP 地址外的 32 位的位模式。位模式中的某位置为 1，则对应 IP 地址中的某位为网络地址中的一位；位模式中的某位置为 0，则对应 IP 地址中的某位为主机地址中的一位。这种位模式称为子网掩码。

若知道一台主机的 IP 地址和子网掩码，那么就能知道某个 IP 数据报是发给该子网上的一台主机，还是本网络中的另一个子网上的一台主机，或者是另一个网络上的一台主机。根据 IP 地址即可判断它是 A、B 或 C 类地址中的哪一类，而子网掩码则指出子网地址 subnet-id 和主机地址 host-id 的分界线。

子网掩码一方面可以用来判断两个 IP 地址是否属于同一子网，另一方面也可以用来找出子网的地址。例如，假设有两个 IP 地址 128.21.128.1 和 128.21.128.2，其子网掩码为 255.255.255.0。要判断这两个 IP 地址是否为同一子网，可以将每个四地址与子网掩码进行按位与，如果所得的结果相同，则表示两个 IP 地址属于同一子网，否则表示两个 IP 地址属于不同子网。128.21.128.1 地址按位与运算后为 128.21.128.0；128.21.128.2 地址按位与运算后也为 128.21.128.0，所以，这两个 IP 地址属于同一子网。

3. TCP/IP 域名服务

在计算机网络中，用数字表示各主机的 IP 地址对计算机来说是合适的，但对于用户来说，记忆一组毫无意义的数字就相当困难了。为此，TCP/IP 引进了一种字符型的主机命名制，这就是域名。域名的实质就是用一组具有助记功能的英文简写名代替 IP 地址。为了避免重名，主机的域名采用层次结构，如图 3.4.3 所示。

层次型命名的过程是从树根（Root）开始沿箭头下行，在每一处选择对应于各标号的名字，然后将这些名字串连起来，形成一个唯一代表主机的特定的名字。各层次的子域名之间用圆点"."隔开，从右至左分别为第一级域名（也称最高级域名），第二级域名，直至主机域名（最低级域名）。其结构如下：

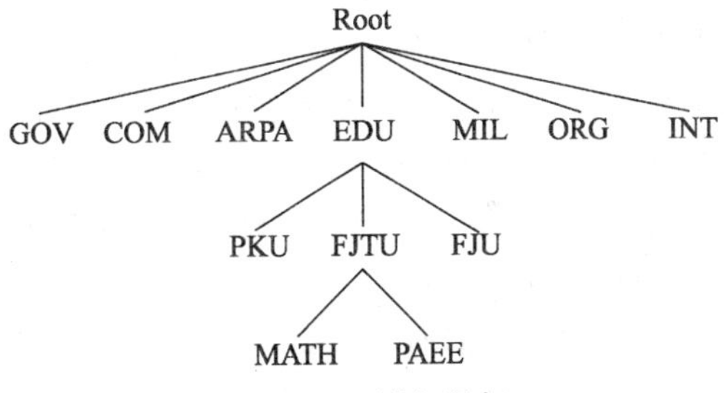

图 3.4.3 域名服务

主机名…第二级域名.第一级域名

域名和 IP 地址都是表示主机的地址，实际上是一件事物的不同表示。用户可以使用主机的 IP 地址，也可以使用它的域名。从域名到 IP 地址或者从 IP 地址到域名的转换由域名服务器完成。

当前 DNS 广泛用于 Internet 上，是用户访问 Internet 的主要途径。

3.4.2 配置 TCP/IP

计算机安装和配置网络组件后，实现网络中计算机的相互通信，还必须为客户机配置正确的网络协议地址。Windows Server 2012 操作系统安装并利用 TCP/IP 与网络中的其他计算机通信，而使用 TCP/IP 必须要为计算机分配 IP 地址。

Windows Server 2012 操作系统提供两种方式为客户机分配 IP 地址：一种方式是利用网络中的 DHCP 服务器为客户机自动分配 IP 地址，称为动态分配；另一种方式是管理员手工为客户机指定 IP 地址，称为静态分配。

1. 配置 TCP/IP 地址

用户在 Windows Server 2012 计算机上配置 TCP/IP 之前，需要知道以下信息：

- 本地 IP 路由器的 IP 地址。
- 是否有 DHCP 服务器连接到网络上。
- 本计算机是否是 WINS 代理执行者。
- 本计算机是否使用 DNS。如果使用，必须了解网络上可用的 DNS 服务器的 IP 地址，用户可以选择一个或多个 DNS 服务器。

如果没有 DHCP 服务器连接到网络上，就必须为计算机上安装的每个网卡分配 IP 地址和子网掩码。如果网络中有可用的 WINS 服务器，还必须知道它的 IP 地址。同样也可以配置多个 WINS 服务器。

案例：

配置本机的 IP 地址为：10.192.3.148，子网掩码为：255.255.255.0，本地 IP 路由器的 IP 地址为：10.192.3.1，网络中两台 DNS 服务器的 IP 地址分别为：10.128.0.249 和 10.128.0.119。

具体操作步骤如下：

（1）在"控制面板"中单击"查看网络状态和任务"选项，再单击"更改适配器设置"，选择以太网的"属性"，在"此连接使用下列项目"列表框中选定"Internet 协议版本 4（TCP/IPv4）"组件后双击，打开属性对话框的"常规"选项卡，如图 3.4.4 所示。

（2）用户需要根据本地计算机所在网络的具体情况决定是否用网络中的 DHCP 服务器提供 IP 地址和子网掩码。如果是，则选定"自动获得 IP 地址"单选按钮，那么用户所在网络中的 DHCP 服务器将会自动分配一个 IP 地址给计算机。如果不想通过 DHCP 服务器分配 IP 地址，则选定"使用下面的 IP 地址"单选按钮。

（3）如果用户选择手动输入 IP 地址，就需在"IP 地址"文本框里输入一个 12 位数字的 IP 地址。此例中手工输入 IP 地址：10.192.3.148。

（4）在"子网掩码"文本框里输入子网掩码。此例为：255.255.255.0。

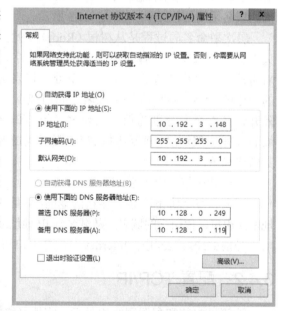

图 3.4.4 Internet 协议中"常规"选项卡

（5）在"默认网关"文本框里输入本地路由器或网桥的 IP 地址。此例中输入：10.192.3.1。

（6）如果用户可以从所在网络的服务器那里获得一个 DNS 服务器地址，则选定"自动获得 DNS 服务器地址"单选按钮。如果不能，则需要选定"使用下面的 DNS 服务器地址"单选按钮。在"首选 DNS 服务器"文本框中输入正确的数字地址。在"备用 DNS 服务器"文本框中输入正确的备用 DNS 服务器地址。该服务器在主 DNS 服务器无法正常工作时能代替主服务器为客户机提供域名服务。本例中在"首选 DNS 服务器"文本框中输入：10.128.0.249，备用 DNS 服务器中输入：10.128.0.119。

（7）在为本地服务器手工配置了 IP 和网关地址后，如果用户还希望为选定的网络适配器指定附加的 IP 地址和子网掩码或添加附加的网关地址，则单击"高级"按钮，打开"IP 设置"选项卡，如图 3.4.5 所示。

（8）单击"IP 地址"选项组中的"添加"按钮，打开"TCP/IP 地址"对话框，如图 3.4.6 所示。在"IP 地址"和"子网掩码"文本框中输入新的地址，然后单击"添加"按钮，附加的 IP 地址和子网掩码将被添加到"IP 地址"列表框中。用户最多可指定 5 个附加 IP 地址和子网掩码，这对于包含多个逻辑 IP 网络的系统很有用。

图 3.4.5　高级 TCP/IP 设置

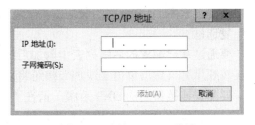

图 3.4.6　添加 TCP/IP 地址

（9）在"默认网关"选项组中可以对已有的网关地址进行编辑和删除，或者添加新的网关地址。对于多个网关，还要指定每个网关的优先权，可以通过使它的 IP 地址在列表中变高或变低来设置优先权。Windows Server 2012 从第一个网关地址开始向下依次查找，直到找到一个服务于信宿地址的网关为止。

（10）如果用户希望对已经指定的 IP 地址和子网掩码进行编辑，在"默认网关"列表框中选定一个网关选项，单击"编辑"按钮，打开"TCP/IP 网关地址"对话框。在该对话框中，用户可以同时对网关地址和接口指标数值进行修改，然后单击"确定"按钮以使修改生效。

2. 配置 DNS 选项

域名服务为 IP 提供了标准的命名规则。要把一个局域网络连接到 Internet 上，必须在网络上安装一台 DNS 服务器，以负责名称管理。DNS 是用户访问 Internet 的有力工具，同时也是用户使用 IP 地址的有效途径。例如，用户在 Internet 上发布信息或发送 E-mail，都要使用 DNS。DNS 可以帮助用户的计算机辨别要连接的计算机所在的域以及计算机名称。

配置 DNS 协议的具体操作步骤如下。

（1）在图 3.4.5 所示的"高级 TCP/IP 设置"对话框中打开"DNS"选项卡，如图 3.4.7 所示。

（2）在"DNS 服务器地址（按使用顺序排列）"列表框中显示了用户在配置 TCP/IP 时已经输入的首选 DNS 服务器和备用 DNS 服务器的 IP 地址。用户可以通过"添加"、"编辑"和"删除"按钮对 DNS 服务器地址进行相应的操作。如果需要调整 DNS 服务器使用的顺序，可以单击向上或向下箭头按钮。

（3）要修改对不合格的 DNS 名称的解析操作，可以执行以下操作：

要通过附加主 DNS 后缀和每个连接的 DNS

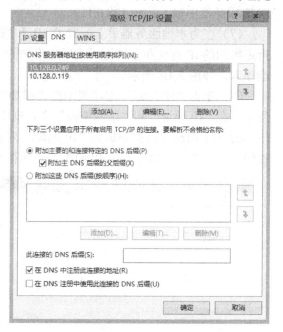

图 3.4.7　配置 DNS 协议

后缀（如果配置的话）来解析不合格的名称，请单击"附加主要的和连接特定的 DNS 后缀"。如果还要搜索主 DNS 后缀的父后缀，一直搜索到二级域名，请选中"附加主 DNS 后缀的父后缀"复选框。

要通过从已配置的后缀列表中附加后缀来解析不合格的名称，请单击"附加这些 DNS 后缀（按顺序）"，然后单击"添加"按钮将后缀添加到列表中。

要配置连接特定的 DNS 后缀，请在"此连接的 DNS 后缀"中输入 DNS 后缀。

（4）要修改 DNS 动态更新行为，可以执行如下设置：

要使用 DNS 动态更新来注册此连接的 IP 地址和计算机的主域名，请选中"在 DNS 中注册此连接的地址"复选框。默认情况下该选项处于启用状态。计算机的主域名是在计算机名后附加主 DNS 后缀，并且在"计算机名称"选项卡（在控制面板的"系统"中）上显示为完整的计算机名。

要使用 DNS 动态更新注册 IP 地址和此连接的连接特定的域名，请选中"在 DNS 注册中使用此连接的 DNS 后缀"复选框。默认情况下该选项处于禁用状态。此连接的连接特定的域名是在计算机名后附加的此连接的 DNS 后缀。

3.5 创建 Windows Server 2012 工作组网络

3.5.1 加入工作组网络

在对工作组网络的硬件、软件、驱动程序和网络组件等安装和配置工作完成之后，就可以将多台计算机加入到工作组网络中。计算机加入工作组网络，其主要的工作是设置工作组网络中的计算机名称和工作组名称等常规信息。

案例：

将多台计算机组成 Windows Server 2012 工作组网络，工作组名称为 "POETWG"，计算机名称分别设置为 "user2012001"、"user2012002" 以及其他自定义的计算机名。

具体操作步骤如下。

（1）单击任务栏 █ 图标或从"开始"菜单中选择"服务器管理器"，打开"服务器管理器"窗口，选择"本地服务器"，如图 3.5.1 所示。

图 3.5.1　服务器管理器

（2）单击"计算机名"，打开"系统属性"窗口，如图 3.5.2 所示。单击"更改"按钮。

（3）在"计算机名/域更改"对话框中设置计算机名为 "user2012001"、工作组名称为

"POETWG",如图 3.5.3 所示。然后单击"确定"按钮。

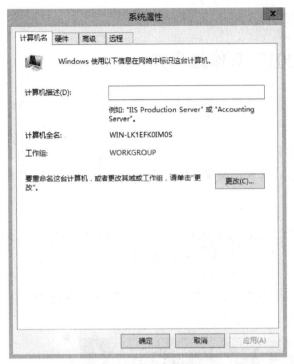

图 3.5.2 系统属性

图 3.5.3 计算机名/域更改

（4）出现"欢迎加入 POETWG 工作组"提示，单击"确定"按钮。完成工作组常规信息的设置。然后根据提示重新启动计算机，使设置的信息生效。

重复上述步骤配置好工作组网络中的其他计算机的网络信息。

3.5.2 查看工作组网络中的计算机

完成计算机的网络信息配置后，在 Windows Server 2012 网络各计算机中打开"计算机"选择"网络"就可以查看工作组网络中的各个工作站。如果没有工作站，则表示网络连通性可能出现问题，需要依次检查网卡、网卡驱动程序、网络组件、TCP/IP 配置等内容。

案例：用 Ping 命令检测 TCP/IP 的安装及网络连通性。

Ping 命令通过向计算机发送 ICMP 回应报文并且监听回应报文的返回，以校验与远程计算机或本地计算机的连接。对于每个发送报文，Ping 最多等待 1 s，并接收报文，比较每个接收报文和发送报文，以校验其有效性。默认情况下，发送 4 个回应报文，每个报文包含 64 字节的数据。

具体操作步骤如下。

（1）检查本机 TCP/IP 的正确性。

在"开始"菜单中选择"Windows PowerShell"或直接选择桌面任务栏中的 图标，在命令提示符处输入"ping <IP 地址>",按 Enter 键。

如果本机网卡能正常运行 TCP/IP,则出现"···时间<10 ms TTL=128","丢失=0(0%丢失)"(丢包率为 0),如图 3.5.4 所示。如果不能正常运行,则会出现"传输失败","丢失=4(100%丢失)"的提示,类似图 3.5.5 所示。此时需要重新安装网卡驱动、设置 TCP/IP,如果问题仍然不能解决,则需要更换网卡。

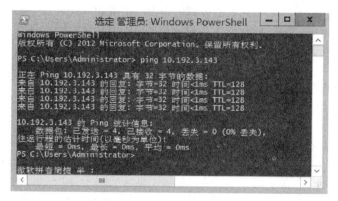

图 3.5.4 Ping 命令检测网络连通性提示(连通时)

(2)检查本机 IP 地址是否与其他计算机的 IP 地址发生冲突。

在"命令提示符"窗口中输入"ping 10.192.3.143(ping 本机 IP 地址)",此命令用来验证网络上本机的 IP 地址能否正常使用。

命令运行后,如果出现类似图 3.5.4 的丢包率为 0 的提示,表示本机的 IP 地址已经正确入网。如果出现图 3.5.5 的丢包率为 100%的提示,则表示所设置的 IP 地址、子网掩码等有问题,应该重新设置这些参数。

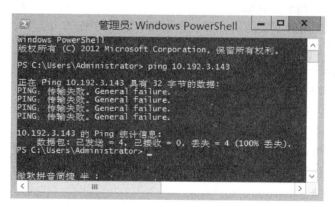

图 3.5.5 Ping 命令检测网络连通性提示(不通时)

(3)检查工作组网络的连通性。

在"命令提示符"窗口中输入"ping 10.192.3.148(本网段已正常入网的其他主机的 IP 地

址)"。此命令用来验证本机与工作组网络中其他主机之间的连通性,以验证网络是否正常。

命令运行后,如果出现丢包率为 0 的提示,表示本机可与该机连接,如果丢包率为 100%,则表示本机不能与网络中的该主机连接,应当分别检查集线器(交换机)、网卡、网线、协议等。

(4)查看工作组网络中的计算机。

打开"计算机"选择"网络",可以查看各个工作站是否已经正确加入到指定的工作组中。在本例中可以查看所有由计算机名称代表的计算机是否已正确加入到名为"POETWG"的工作组中。

至此,小型 Windows Server 2012 工作组网络已初步组建成功。

3.6 Windows Server 2012 工作组网络资源管理

3.6.1 工作组网络中用户和组的管理

1. 用户账户简介

用户账户可为用户提供登录到计算机以访问计算机资源或网络资源的能力。Windows Server 2012 提供两种主要类型的用户账户:本地用户账户(Local User Account)和域用户账户(Domain User Account)。除此之外,Windows Server 2012 系统中还有内置的用户账户。在本节中主要介绍本地用户账户和内置用户账户,在第 4 章域模式网络中将介绍域用户账户。

本地用户账户只能登录到账户所在的计算机并获得对该资源的访问权限。创建本地用户账户后,Windows Server 2012 将在该机的本地安全数据库中创建该账户,账户信息仍在本地计算机上,不会被复制到其他计算机或域控制器中。同时计算机使用本地安全数据库验证本地用户账户,以便让用户登录到该计算机。

注意,不要在需要访问域资源的计算机上创建本地用户账户,因为域不能识别本地用户账户,也不允许本地用户访问域资源。而且,域管理员也不能管理本地用户账户,除非他们用计算机管理控制台中的操作菜单连接到本地计算机。

Windows Server 2012 自动创建若干个用户账户,并且赋予其相应的权限,这些用户账户称为内置账户。内置用户账户不允许被删除。最常用的两个内置账户是 Administrator(管理员)和 Guest(来客)。可使用内置 Administrator 账户来管理计算机和域配置,通过执行诸如创建和修改用户账户和组、管理安全性策略、创建打印机、给用户分配权限和权利等任务来获得对资源的访问。但作为网络管理员,应当创建一个用来执行一般性任务的用户账户,只在需要执行管理性任务时才使用 Administrator 账户登录。

Guest 账户一般用于在域中或计算机中没有固定账户的用户,临时访问域或计算机时使用的。默认情况下不允许该账户对域或计算机中的设置和资源作永久性的更改。该账户在系统安装好之后是被屏蔽的,如果需要,可以手动启用。

2. 创建本地用户账户

创建本地用户账户可以在除域控制器以外的任何一台基于 Windows Server 2012 的计算机上进行。出于安全性考虑，通常建议只在不是域的组成部分的计算机上创建和使用本地用户账户，即在属于域的计算机上不要设置本地账户。工作组模式是使用本地用户账户的最佳场所。

案例：创建一个本地用户账户，用户名为 wangnan。

具体操作步骤如下。

（1）打开"服务器管理器"选择"工具"中的"计算机管理"，打开"计算机管理"对话框，如图 3.6.1 所示。

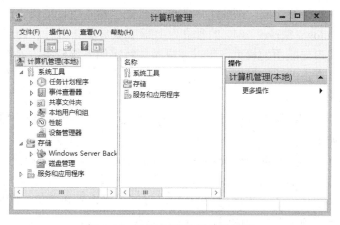

图 3.6.1 "计算机管理"对话框

（2）单击"本地用户和组"，展开出现"用户"图标，右击"用户"，在弹出的快捷菜单中单击"新用户"，打开"新用户"对话框，在"用户名"文本框中输入 wangnan；在"全名"文本框中输入王楠；在"描述"文本框中输入账户的简单描述，如"网络教研室老师"，以方便日后的管理工作；在"密码"和"确认密码"文本框中输入密码，如图 3.6.2 所示。

（3）单击"创建"按钮，在"计算机管理"对话框中就可以看到新创建的用户账户信息。

3. 组简介

组是用户或计算机账户的集合。通过使用组可以将权限分配给一组用户，而不是单个用户账户。当将权限分配给组时，组中的所有成员都将继承这些权限，这样可以简化网络管理。

图 3.6.2 "新用户"对话框

除了用户账户外，还可以将其他组、联系人和计算机添加到组中。将组添加到其他组可创建合并组并减少需要分配权限的次数。还可将计算机添加到组中，简化从一台计算机上访问另外一台计算机上资源的系统任务。

Windows Server 2012 允许在本地计算机安全账户数据库和 Active Directory 服务中创建组。本地组用来专门管理单个计算机的资源，而使用 Active Directory 组可允许用户访问网络资源。本地组有两种类型：本地组（Local Groups）和内置组（Built-in Groups）。

本地组可以在任何一台基于 Windows Server 2012 的非域控制器计算机上创建，将用户加入到相应的本地组并赋予相应的权限，就可以控制用户对本地计算机上资源的访问。本地账户信息放置在创建该组的计算机内的数据库中，因此，其作用范围只限于创建该本地组的计算机。如果创建本地组的计算机属于某个域，则该组中的成员只能包括本地计算机上的本地用户账户。

在安装运行 Windows Server 2012 的独立服务器或成员服务器时，会自动创建内置组。内置组具有一些特定的事先赋予的权力，用以完成某些特定的系统任务。内置组不能被删除，其作用范围也仅限于其存在的计算机上。

4. 创建本地组

案例：创建一个本地组，组名为 GPS，并将 happy 和 kevin 这两个本地用户账户添加到该组中。具体操作步骤如下。

（1）用本地计算机的 Administrator 组或 Account Operators 组的成员身份登录。

（2）在"服务器管理器"的"工具"中打开"计算机管理"对话框。

（3）单击左侧子窗口中的"本地用户和组"，展开"用户"和"组"的图标。单击"组"，会在右侧窗口中列出当前计算机上的组，如图 3.6.3 所示。

图 3.6.3 计算机管理——本地用户和组

（4）右击"组"选项，在弹出的快捷菜单中选择"新建组"命令，打开"新建组"对话框。在"组名"文本框中输入该组的名称，在本例中输入"GPS"。在"描述"文本框中可以简单地输入该组的用途。单击"添加"按钮就可以在"成员"列表中加入组的成员（在这里先创建GPS 组，不为组添加成员）。

（5）单击"创建"按钮，就可以完成创建一个本地组的任务了。返回到"计算机管理"对话框中，在右侧窗口中就可以看到新建的组。

（6）双击新建的组图标，打开"组属性"对话框，单击"添加"按钮，打开"选择用户"对话框，单击"高级"按钮，再单击"立即查找"，在"搜索结果"中显示的是可以添加到组中的用户，选择要添加的用户账号，此例中选择 happy 和 kevin 这两个用户账号。单击"确定"按钮将用户加入到组中。

（7）返回到组属性的对话框，在"成员"列表中会看到刚才添加的用户，如图 3.6.4 所示。

图 3.6.4 "GPS 属性"对话框

5. 实现本地组策略

如何将组、用户、资源及权限组合在一起并实现用户对资源访问的管理称为组策略。本地组策略就是先将具有相同属性的用户账户加入到一个本地组当中去，再针对某些资源赋予这个本地组相应的访问权限，这样就可以只进行一次操作而为多个用户赋予访问资源的权限。通过本地组策略可以将组、用户、资源及权限组合在一起，利用本地组策略使得在本地计算机上管理用户访问资源变得更有效。

3.6.2 工作组网络的资源共享

在 Windows Server 2012 工作组网络中，可以通过创建本机共享文件夹或打印机共享等方式，使用户通过远程网络位置访问其他计算机上的资源，共享文件夹可以集中管理网络资源。Windows Server 2012 操作系统可以共享 FAT、FAT32 和 NTFS 分区下的任何文件夹，但不能共享单独的文件。共享文件夹可以包含应用程序、数据和用户个人数据等信息。

SMB 协议是 Windows 平台标准文件共享协议（Linux 平台通过 Samba 来支持）。Windows Server 2012 中 SMB 3.0 为最新版本，具有以下新特性：

- 透明故障切换：当一台服务器发生故障时，客户端请求可以平滑切换到另外一台服务器，从而实现 0 宕机时间，切换过程少量输入和输出会有延迟。该功能要求 SMB 服务器是一个集群，客户端和服务器都采用 SMB 3.0，共享开启"Continuous Availability"。

- 分布式支持：将多台服务器组建成为一个集群，集群里面所有节点都可以对客户端提供文件共享服务。在集群节点发生故障的情况下，共享可以实现 0 宕机时间，并且可以快速故障恢复。

- RDMA 支持：客户端和服务器都需要使用支持 RDMA 功能的适配器（如 iWARP、RoCE、Infiniband）。RDMA 功能可以使 SMB 共享获得更高带宽和更低延迟，有效减轻 CPU I/O 处理负载。结合 SMB 多通道功能可以实现负载均衡和故障切换功能。

- SMB 多通道：如果 SMB 客户端或者服务器拥有两块以上网卡，多通道技术自动侦测并使用多网络路径，就能合并使用所有网卡的带宽。如果其中一块网卡故障，多通道可以自动进行故障切换。多通道技术可以结合多核处理器的 RSS（将 IO 请求均衡分发到不同处理器核心）技术，同时也可以利用操作系统现有网卡绑定技术。

- SMB 目录租约：SMB 3.0 可以将共享的元数据信息缓存在客户端，客户端元数据请求直接从本地读取，这样可以提高查询性能，减少客户端与服务器之间的延迟。目录缓存一致性通过租约实现（类似于 DNS 租约管理机制）。如果目录元数据有更新，服务器主动通知客户端更新。该功能要求 SMB 3.0 客户端拥有加密功能和 VSS 服务。

- SMB 加密功能：SMB 3.0 自身提供端-端数据加密功能，可以保证数据在复杂网络环境中的安全性。加密功能不需要依赖 IPSec、PKI 和特定硬件，使用的是 AES-CCM 128 位加密算法。

- VSS 服务：全称为卷映射拷贝服务（Volume Shadow copy Service），是一个用于备份需求的快照机制。VSS 的影子复制由 SMB 3.0 服务器提供，在不影响现有卷访问情况下，备份客户端可以通过影子复制完成备份过程，由于应用主机不参与备份数据传输过程，可以降低应用主机的负载。

磁盘内的文件经过权限设置后，登录计算机的用户可以访问有权限的文件，但无法访问其他用户的文件，Windows Server 2012 中有一个公用文件夹，该文件夹可以被本地登录的用户通过"计算机"→"本地磁盘"→"用户"文件夹→"公用"文件夹访问。该文件夹下已存在"公用音乐"、"公用下载"等默认的 5 种子文件夹，用户可将需要共享的文件复制到相应的文件夹即可，也可在公用文件夹内建立更多的文件夹。

　　为实现用户通过网络访问公用文件夹，需要启用公用文件夹共享。依次通过"开始"→"控制面板"→"网络和 Internet"→"网络和共享中心"→"更改高级共享设置"操作，在"高级共享设置"中"所有网络"处选择"启用共享以便可以访问网络的用户可以读取和写入公用文件夹中的文件"，单击"保存修改"完成设置。

　　公用文件夹共享无法针对个别用户，用户自己创建的共享文件夹可以针对不同的用户设置共享权限。创建共享文件夹必须满足下列条件。

　　（1）安装"Microsoft 网络的文件和打印机共享"网络服务。

　　（2）默认情况下，只有 Administrators 组、Power Users 组成员能够创建共享文件夹。

　　（3）如果用户共享的是某个 NTFS 分区下的文件夹，那么用户还必须对该文件夹拥有完全控制的 NTFS 权限。

1. 创建共享文件夹

　　案例：在 Windows Server 2012 "POETWG" 工作组网络中，将 "user2012002" 计算机的 "software" 文件夹共享给网络中其他用户。

　　创建共享文件夹的操作步骤如下。

　　（1）在"计算机"中右击"software"文件夹，选择"共享"→"特定用户"。

　　（2）在出现的"文件共享"对话框中，从下拉菜单中选择或者输入要与其共享的用户或组名，单击"添加"按钮，如图 3.6.5 所示。

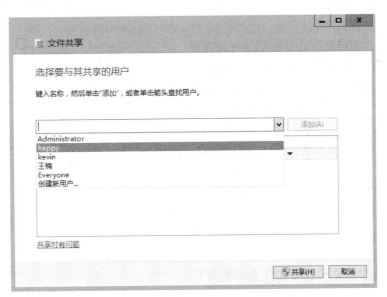

图 3.6.5　选择要与其共享的用户

　　（3）选择的用户或组的默认共享权限为"读取"，若要更改可单击用户右侧的下拉箭头，根据需要选择相应的权限，完成后单击"共享"按钮，如图 3.6.6 所示。

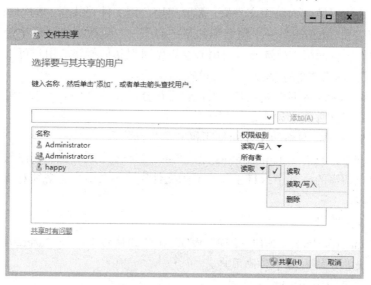

图 3.6.6 选择用户的共享权限

（4）如果计算机的网络位置是公用网络，可以选择是否要在所有的公用网络上启用网络发现和文件共享。最后在弹出的对话框中单击"完成"按钮实现文件夹共享。

创建共享文件夹或更改共享权限还可以通过文件夹"属性"对话框实现。具体操作步骤如下。

（1）在"计算机"中右击"software"文件夹，选择"属性"选项，在打开的对话框中选择"共享"选项卡，单击"共享"按钮，如图 3.6.7 所示，也将打开如图 3.6.5 所示的"文件共享"对话框。

（2）也可以单击"高级共享"按钮设置共享名称。在"共享名"中输入指定共享文件夹在网络中使用的名称，可以与其实际名称不同。在"注释"中输入该共享文件夹的说明信息，用户通过网络访问文件夹时可查阅文件夹的相关信息。在"将同时共享的用户数量限制为"微调框设置共享文件夹最多允许多少个用户同时访问，如图 3.6.8 所示。

图 3.6.7 "共享"选项卡

（3）单击图 3.6.8 中的"权限"按钮，可以设置或查看共享权限，如图 3.6.9 所示。可以单击"添加"按钮添加可访问此文件夹的组或用户名，在"Everyone 的权限"处可以设置相关用户或组对该共享文件夹的访问权限。

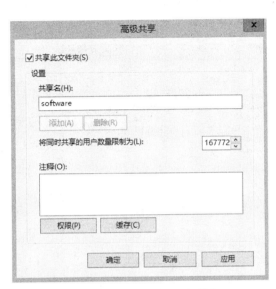

图 3.6.8　"高级共享"对话框

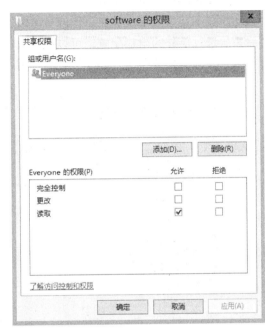

图 3.6.9　文件夹共享权限

Windows Server 2012 有 3 个级别的共享权限：读取、更改和完全控制，分别介绍如下。

- 读取：用户可通过网络读取该共享文件夹下文件的属性、内容和权限，运行共享文件夹下的应用程序，但用户不能修改共享文件夹下文件的属性和内容。
- 更改：用户可通过网络完成读取权限所能够执行的所有操作，并且能够通过网络创建和删除文件或子文件夹，修改文件或子文件夹的内容和属性。
- 完全控制：用户可通过网络修改文件权限，获得文件所有权，执行"修改"和"读取"权限能够执行的所有操作。

默认情况下，系统自动为共享文件夹赋予 Everyone 组"读取"的共享权限。

2. 删除、停止、修改文件夹共享

当 Windows Server 2012 系统中的文件夹共享多次后，管理员可根据需要删除指定的共享。选择文件夹"属性"→"共享"选项卡→"高级共享"，会发现"删除"高亮显示，单击"删除共享"按钮即可删除指定的文件夹共享。

删除共享是删除文件夹多次共享中的某个指定共享，如果想彻底不再共享某个文件夹，可在图 3.6.8 中不选中"共享此文件夹"单选项。

Windows Server 2012 系统不允许用户直接修改共享文件夹的名称，要修改共享文件夹名称

必须首先停止文件夹共享，然后重新创建共享文件夹并指定新的共享文件夹名称。

3. 隐藏共享文件夹

Windows Server 2012 操作系统为了便于管理员执行日常管理任务，在安装操作系统的过程中自动隐藏了某些共享文件夹，管理员可以通过这些共享文件夹来执行系统管理任务，而不需要给系统进行额外的附加配置。可以通过依次选择"服务器管理器"→"工具"→"计算机管理"→"共享文件夹"→"共享"查看详情，如图 3.6.10 所示。

图 3.6.10 查看自动隐藏的共享文件夹

Windows Server 2012 默认有如下的共享文件夹。

（1）C$：Windows Server 2012 默认共享每个分区的根目录，共享名称为驱动器盘符加$符号。默认情况下，只有 Administrator 组成员对该共享文件夹有完全控制的共享权限。

（2）Admin$：Windows Server 2012 默认共享系统根目录。默认情况下，只有 Administrator 组成员对该共享文件夹有完全控制的共享权限。

（3）IPC$：共享命名管道的资源。

管理员可根据需要创建隐藏共享文件夹，在创建隐藏共享文件夹时只需在共享文件夹名称后加上$符号，则该文件夹就自动隐藏共享。在网络中看不到隐藏的共享文件夹，所以只能利用 UNC 路径或者映射网络驱动器来访问隐藏的共享。

4. 连接到共享文件夹

Windows Server 2012 为方便用户访问网络中的共享文件夹，提供了多种连接到共享文件夹的方式，用户在不同环境中可采用不同的方式。

（1）通过"网络"连接到共享文件夹。

"网络"是 Microsoft Windows 操作系统用来访问共享资源最常用的一种方式。打开"计算机"，在"网络"中双击驻留共享文件夹的计算机图标，然后双击共享文件夹。在访问时计算机会要求输入资源计算机上具有资源访问许可的"用户账户"和"密码"。通过验证后，才可以根据所具有的权限使用共享的资源。

（2）通过"UNC"路径连接到共享文件夹。

通用命名标准（Universal Naming Convention，UNC）路径是在局域网中定位网络资源的一种通用标准。UNC 路径的标准格式为："\\服务器名称\共享名"或者"\\服务器 IP 地址\共享名"。执行"开始"→"运行"，在"运行"对话框中输入共享资源的 UNC 路径，利用 UNC 路径访问共享文件夹。也可以在"资源管理器"或 IE 浏览器地址栏中输入 UNC 路径，以访问共享文件夹。

（3）通过"网络驱动器映射"连接到共享文件夹。

网络驱动器映射可以将某个共享文件夹作为系统的一个驱动器进行管理和访问，用户可通过"计算机"或"资源管理器"方便地访问共享文件夹。

建立网络驱动器映射的步骤如下：

在"计算机"或"资源管理器"窗口中选择"计算机"→"映射网络驱动器"选项，打开"映射网络驱动器"对话框，如图 3.6.11 所示。单击"浏览"按钮打开"浏览文件夹"窗口，选择要映射的共享文件夹，单击"确定"按钮，此时在左侧的"文件夹"文本框中出现要映射的共享文件夹的 UNC 路径，单击"完成"按钮。

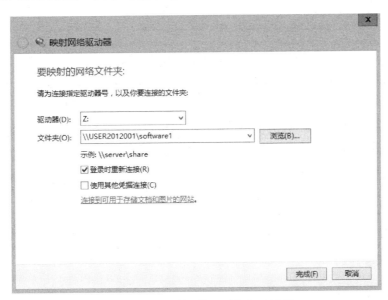

图 3.6.11 "映射网络驱动器"对话框

返回"计算机"或"资源管理器"窗口即可看到网络驱动器 Z，用户使用 Z 盘时就是在使用网络上被映射的远程共享资源。

5. 监测与管理共享文件夹

Windows Server 2012 提供了一系列工具用来查看共享文件夹和监测用户对共享文件夹的访问。

在"计算机管理"窗口中打开"共享文件夹"选项，可以看到"共享"、"会话"和"打开文件"选项。

选择"共享"选项，在右侧窗口中显示出本机所有共享文件夹的列表，并且可确定当前共享文件夹的并发连接数，如图 3.6.10 所示。

选择"会话"选项，在右侧窗口中可查看目前正在访问共享文件夹的用户，以及用户登录的远程计算机的名称，如图 3.6.12 所示。

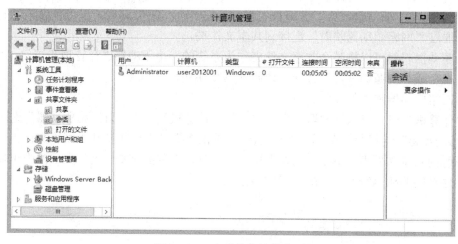

图 3.6.12　查看共享连接会话

管理员在"会话"窗口中右击某个用户，再单击"关闭会话"即可断开用户到共享文件夹的连接。

选择"打开的文件"选项，在右侧窗口中可监视用户目前正在访问的共享文件夹下的文件，以及访问共享文件的用户，用户对文件所执行的操作类型，如图 3.6.13 所示。

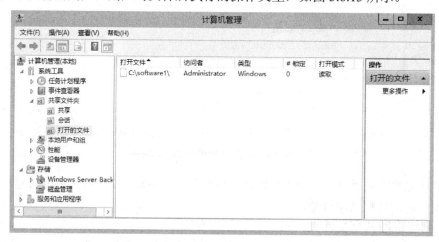

图 3.6.13　查看共享文件的使用情况

管理员在"打开的文件"窗口中右击相应的文件，再单击"将打开的文件关闭"即可断开用户到文件的连接。

3.7　本章小结

通过上一章的学习，已经知道如何安装 Windows Server 2012。成功地在计算机上安装 Windows Server 2012 后，可按照本章的介绍学习如何创建与管理 Windows Server 2012 工作组网络，了解工作组网络的定义与特点、工作组网络的构建流程，掌握组建 Windows Server 2012 网络的基本操作。包括：如何通过设备管理器管理 Windows Server 2012 上的硬件以保证构建工作组网络的硬件要求；如何安装与配置网络组件（网络协议、网络客户端及网络服务）；如何创建工作组并将多台计算机加入到工作组；如何创建与管理工作组网络中的用户和组账户；如何配置与管理工作组网络中的共享资源。通过这些内容的学习，用户可以轻松地组建家庭或工作场所的小型网络。

思　考　题

1．什么是工作组网络模式？这种方式的主要特点是什么？它适用什么样的场合？

2．在设置 Windows Server 2012 工作组网络时，需要设置的网络组件有哪几种？在网络中起到什么作用？

3．什么是硬件配置文件？如何在一台计算机上设置多个硬件配置文件？

4．什么是工作组、本地目录数据库？

5．如何检测网络的连通性，以及 TCP/IP 协议的安装是否正确？

6．TCP/IP 协议分为几层？每层的作用是什么？

7．IP 地址有哪几种？每种 IP 地址的特点和适用网络是什么？

8．什么是 DNS？DNS 的一般格式是什么样的？

9．如何在 Windows Server 2012 的计算机上配置 TCP/IP 协议？

10．如何在 Windows Server 2012 的计算机上配置 DNS 协议？

11．TCP/IP 筛选的作用是什么？如何设置 TCP/IP 筛选？

12．使用共享资源的方法有几种？其中，直接使用和映射使用共享资源的方法各适应什么场合？

当网络中组网的计算机数量超过 10 台，或者网络规模在未来会进行扩展时，就需要将网络中的计算机组成域模式网络。Microsoft Active Directory 服务是 Windows 平台的核心组件，它是构建域模式 Windows Server 2012 网络的关键要素，为用户管理网络环境中各个组成要素的标识和关系提供了一种有力的手段。本章将介绍 Windows Server 2012 域模式网络的基本概念、Active Directory 的基本概念、Active Directory 的特性、域的创建与管理、域用户账户及域组的创建与管理，以及如何运用组策略管理 Windows Server 2012 域模式网络中的服务器和客户端计算机。通过本章的学习，使读者掌握如何创建与管理 Windows Server 2012 域模式网络及其资源。

4.1　Windows Server 2012 域模式网络概述

域是计算机和用户的逻辑组合，是相对独立的管理单元。在对等式的 Windows Server 2012 工作组网络中，每台计算机的地位是平等的，其资源和账户基于本机的安全数据库进行分散式管理，适合于没有特殊安全要求的小型资源共享网络。而在 Windows Server 2012 域模式网络中，网络中计算机的地位是不平等的，在每一个 Windows Server 2012 域中都至少有一台（或多台）域控制器（Domain Controller，DC）充当网络的管理者，维护属于本域的 Active Directory 对象，管理网络中的资源和进行用户登录的身份验证。当用户从所在计算机上登录到域时，其登录请求发送到域控制器，由域控制器根据 Active Directory 数据库中保存的信息进行用户的登录身份验证，验证成功后用户才可以使用域中的服务和资源。域模式的最大好处就是它的单一网络登录能力，任何用户只要在域中有一个账户，就可以漫游全网络。

在典型 Windows Server 2012 域模式网络中，有下列类型的计算机。

- 运行 Windows Server 2012 的域控制器：每个域控制器都存储和维护一个目录的副本。

- 运行 Windows Server 2012 的成员服务器：成员服务器是没有配置为域控制器的服务器。它不存储目录信息，并且不能验证用户的身份，主要是提供诸如共享文件夹或打印机的共享资源。
- 运行 Windows Server 2012 或其他操作系统的客户机：客户机运行用户桌面环境，并且允许用户访问域中的资源。

4.2 Active Directory 的概念

从 Windows 2000 起采用目录服务来组织网络中的资源。目录服务由两部分组成，即目录和服务。目录的概念可以用日常生活中的目录来解释，例如一本书的目录就是用来告诉读者相关的内容在第几页。目录服务是一种帮助人们查找目录的服务，就像 114 查询台可以帮助人们找到电话号码一样。利用目录服务可以节约大量用于查找的时间，并且可以进行更加有效和准确的查询。

计算机网络中的目录条目包括各种各样的资源（如用户、计算机、文件、文件夹等），当用户或应用程序需要访问某种资源的时候，目录服务便提供查询服务。当一个计算机网络规模不大时，目录服务的优势并不明显，但当一个网络的规模变得很大的时候，目录服务就变得非常重要了。Windows Server 2012 的目录服务——Active Directory（活动目录）中可以包含数以百万计的对象，并且对其进行有效的查询，这足以满足任何规模网络的需求。

在 Active Directory 中所有的对象被组织在一个树状的层叠结构中，这个树状结构包括对象（Object）、组织单元（Organization Unit，OU）、域（Domain）、域树（Domain Tree）和域森林（Domain Forest）。

1. 对象

对象是代表网络资源的明确命名的一组属性的集合。对象属性（Attribute）是目录中对象的特征。例如用户的属性可能包括用户的名和姓、所在部门和电子邮件地址。

在 Active Directory 服务中，可以按类组织对象。该类是对象的逻辑组合。例如，一类对象可能是用户、组、计算机、域或 OU。

2. 组织单元

组织单元是在域内进行层次化划分的最小单位。Windows Server 2012 域可以将计算机网络内的用户和计算机归到一起，如果想在域内再进行划分并且形成层次化的结构，就必须用到OU，如图 4.2.1 所示。

3. 域

域构成了 Active Directory 树状结构的主干，是域中最基本也是最重要的部分。Active Directory 可以看作是由一个或多个域组成的集合体。当 Active Directory 由一个域组成的时候，它和域的规模是一样的；当 Active Directory 由多个域组成的时候，每个域都包含 Active Directory 的一部分内容（即属于本域的 Active Directory 对象），最终形成整个 Active Directory。

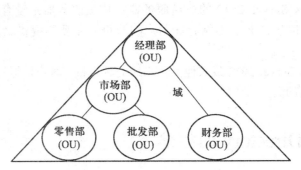

图 4.2.1　Windows Server 2012 中的域和 OU

4. 域树

域树是由多个域组成的，域之间是通过信任关系，以层次化的方式组织起来的。并且所有域的域名同处于一个连续的域名空间中。处在一个域树最顶层的域被称为根域（Root Domain），根域以下的域将把根域的名字作为自己名字的一部分。假如一个域树的根域名字是 ZOO.COM，则其下一层的域的名字可能是 CAT.ZOO.COM、DOG.ZOO.COM，再下一层的名字可能是 WHITECAT.CAT.ZOO.COM、BLACKCAT.CAT.ZOO.COM、BIGDOG.DOG.ZOO.COM，如图 4.2.2 所示。

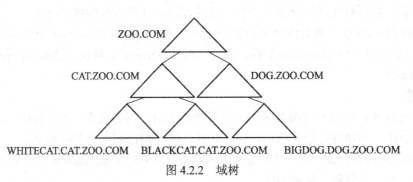

图 4.2.2　域树

需要注意的是，尽管处于域树结构中的域之间有层次关系，但这种层次关系只限于命名方式，并不意味着上层对下层域有任何管辖的关系，处于域树中的域都是平等的实体，都是独立的管理单位，都各自维护着 Active Directory 的一部分。

5. 域森林

将多个域树组织在一起形成 Active Directory 时就需要域森林。域森林是通过信任关系将多个域树的根结合在一起而形成的集合体，组成域森林的域树仍然可以拥有自己独立的域名空间，如图 4.2.3 所示。依靠这种方式，Active Directory 的规模几乎可以不受任何限制，而在结构上仍然保持着清晰的划分，使得用户和应用程序可以方便而快捷地查寻、访问网络中的资源。

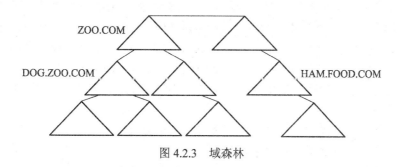

图 4.2.3 域森林

如果是第一次安装 Windows Server 2012，则安装过程中只能选择加入到一个已有的域或工作组中，并且在安装过程中不能创建新的域、域树或域森林。

6. 信任关系

在树中，域通过双向的 Kerberos 传递信任关系，并以透明的方式连接在一起。Kerberos 传递信任关系（Kerberos transitive trust）意味着，如果域 A 信任域 B，并且域 B 信任域 C，那么，域 A 信任域 C。所以，对于加入树中的域，会立即与树中每个域建立信任关系。这些信任关系使树中所有域的所有对象，可供树中所有其他的域使用。

信任关系是至少两个域间的一个链接，在此链接中，信任域承认受信域的登录身份验证。在受信域中定义的用户账户和组能在信任域中授予权力和资源权限，即使这些账户在信任域的目录数据库中不存在。

4.3 Active Directory 的特点

Active Directory 的强大功能主要体现在其拥有的众多技术性优点上。正是由于 Active Directory 所具备的各种技术性优点，才使得用户和网络管理员可以在浩瀚的网络资源海洋中方便、快捷地查找信息，并实现对各种资源的管理与维护。因此，如何能够充分体现出 Active Directory 的目录管理和服务功能，关键在于用户使用活动目录的过程中能否尽可能发挥这些技术性优点。下面将介绍 Active Directory 的技术特性。

4.3.1 目录或架构的可扩展性

Active Directory 采用的是 Exchange Server 的数据存储结构，称为可扩展的存储服务（Extensible Storage Service，ESS）。其特点是不需要事先定义数据库的参数，就可以做到动态地增长，性能非常优良。数据存储已建立索引，可以方便、快速地搜索和定位。目录存储在域控制器上，并且可以被网络应用程序或者服务所访问。一个域可能拥有一台以上的域控制器。每一台域控制器都拥有它所在域目录的一个可写副本。对目录的任何修改都可以从源域控制器复制到域、域树或者域森林中的其他域控制器上。由于目录可以被复制，而且所有的域控制器都拥有目录的一个可写副本，所以用户和管理员便可以在域的任何位置方便地获得所需的目录信息。

Active Directory 的架构是一组定义，它对能够存储在 Active Directory 中的各种对象进行了定义。因为这些定义本身也作为对象进行存储，所以 Active Directory 可以像管理目录中的其他对象一样对架构对象加以管理。架构中包括了两种类型的定义：属性和分类。属性和分类还可以称作架构对象或元数据。

分类描述了管理员所能够创建的目录对象，每一个分类都是一组对象的集合。在分类中创建某个对象时，属性便存储了用来描述对象的信息。例如，用户分类由多个属性组成，包括网络地址、主目录等。Active Directory 中的所有对象都是某个对象分类的一个实例。

属性用来描述对象。每一个属性都拥有它自己的定义，定义则描述了该属性的信息类型。架构中的每一个属性都可以在 Attribute-Schema 分类中指定，该分类决定了每一个属性定义所必须包含的信息。

属性和分类单独进行定义。每一个属性仅仅定义一次，但是可以在多个分类中使用。例如，Description（描述）属性可以在多个分类中使用，但是只需在架构中定义一次，以保持数据的一致性。

Active Directory 是充分可扩展的，这意味着管理员可以将对象的新类添加到已有的规划中，而且还可以将新属性添加到现有的对象类中。

架构描述 Active Directory 中的对象类型，包括其属性和语法。第一个安装的 Active Directory 服务器创建的是默认的架构定义。该架构被集成到全局编录的 Active Directory 中，并且可以动态更新。

管理员可以使用 Active Directory 架构管理器或编写程序为目录添加新的对象类型和属性。还可以通过创建基于 ADSI、LDIFDE 或 CSVDE 命令行实用程序的脚本来管理 Active Directory 中的对象。

4.3.2 可调整性

Active Directory 可包括一个或多个域，每个域都带有一个或多个域控制器，多域可组合成域目录树或林，这使得管理员可以调整目录以满足任何网络的要求。

目录将规划和配置信息分配给目录中的所有域控制器。该信息存储在初始域控制器中，而且可复制到目录中任何其他域控制器中。当目录配置成单域时，添加域控制器可在不涉及其他域的情况下调整目录。

将目录配置成域目录或目录林，可以针对不同策略对目录的名称、空间进行分区并调整，使其容纳大量资源和对象。

4.3.3 易用性

Windows Server 2012 Active Directory 的易用性主要体现在其简易的安装和管理上，在安装

Active Directory 时，第一个域服务器都配置域控制器，而其他所有新安装的计算机既可安装成为成员服务器，也可以安装成为域中额外的域控制器。在系统安装完毕之后，也可以使用 Dcpromo 命令单独安装 Active Directory。

　　Dcpromo 是一个图形化的向导程序，引导用户一步一步地建立域控制器。可以新建一个域森林、一棵域树，或者仅仅是域控制器的另一个备份，非常方便。而很多其他的网络服务，例如，DNS Server、DHCP Server 等都可以在以后与 Active Directory 集成安装，便于实施策略管理。

　　Active Directory 安装完成后，主要有如下 3 个 Active Directory 的管理控制台：

- Active Directory 用户和计算机管理：主要用于管理域的用户和计算机。
- Active Directory 域和域信任关系的管理：主要用于管理多域的委托和信任关系。
- Active Directory 的站点管理：可以把域控制器置于不同的站点进行管理。

　　一般情况下，一个站点内的域控制器之间的复制是自动进行的，站点间域控制器之间的复制需要管理员设定，以优化复制流量，提高可伸缩性。

　　对于 Active Directory 中的 OU，管理员可以方便地进行控制委派。右击 OU 就可以启动"控制委派向导"一步一步地设定管理员对于对象的管理权限。

　　另外，Active Directory 还充分地考虑到了备份和恢复 Active Directory 数据库的需要。Windows Server 2012 备份工具中有专门备份 Active Directory 的选项，在出现意外事故的时候，可以在计算机重新启动时，按 F8 键进入安全模式，进行 Active Directory 数据库的恢复，以保证减少灾难的影响。

4.3.4　信息安全性

　　安全性通过登录身份验证以及目录对象的访问控制集成在 Active Directory 之中。通过网络单点登录，管理员可以管理分散在网络各处的目录数据和组织单元，经过授权的网络用户可以访问网络中任意位置的资源。基于策略的管理则简化了网络的管理，即便是那些最复杂的网络也是如此。

　　Active Directory 通过对象访问控制列表以及用户凭据保护其存储的用户账户和组信息。因为 Active Directory 不但可以保存用户凭证，而且可以保存访问控制信息，所以登录到网络上的用户既能够获得身份验证，也可以获得访问系统资源所需的权限。例如，在用户登录到网络的时候，安全系统首先利用存储在 Active Directory 中的信息验证用户的身份，然后在用户试图访问网络服务的时候，系统会检查其在服务的自由访问控制列表中所定义的属性。

　　因为 Active Directory 允许管理员创建组账户，所以，管理员可以更加有效地管理系统的安全性。例如，通过调整文件的属性，管理员能够允许某个组中的所有用户读取该文件。通过这种办法，系统将根据用户的组成员身份控制其对 Active Directory 中对象的访问操作。

4.3.5　基于策略的管理

　　Active Directory 的目录服务包括数据存储、逻辑结构以及分层结构。逻辑结构为策略应用程序提供上下文分层结构。目录存储了指定给特定上下文的策略（组策略）。该策略表达一组业务的规则，它包含应用于上下文的设置，用户可确定对目录对象和域资源的访问，使用哪些域资源以及这些资源是如何配置的。组策略使得管理员只需管理少数策略，而不是大量用户和计算机。Active Directory 可以将组策略应用于适当的上下文，而不管它是整个组织还是组织中的某些单位的。

Microsoft 组策略管理控制台（Group Policy Management Console，GPMC）就是针对组策略管理的最新解决方案，通过它可以更有效地管理组织资源。该控制台由一个 Microsoft 管理控制台管理单元和一组可编写脚本的组策略管理接口组成。在 Windows Server 2003 发布之前，GPMC 将作为一个单独的组件提供给用户。

GPMC 的设计目标在于：

（1）通过为组策略的核心要素提供一个单一的管理位置，简化组策略的管理过程。可以将GPMC 视作管理组策略的一个"一站式的购物场所"。

（2）满足客户就组策略部署提出的主要要求，这主要通过以下手段得以实现。

- 一个能够让组策略变得更易于使用的用户界面。
- 组策略对象（Group Policy Object，GPO）的备份/恢复。
- GPO 的导入与导出和复制与粘贴，以及 Windows 管理规范过滤器。
- 基于组策略实现的、更简单的安全性管理。
- GPO 设置的 HTML 报告。
- 组策略结果和组策略建模数据（以前被称作策略结果集）的 HTML 报告。
- 围绕该工具内部的 GPO 操作编写脚本，而不是围绕 GPO 设置编写脚本。

4.3.6 信息复制

Active Directory 信息的复制是自动和透明的。单个域中的多个 Active Directory 服务器为Active Directory 数据库提供了容错和负载平衡能力。如果域中的某个 Active Directory 服务器速度变慢、停止或者发生故障，那么同一个域中的其他 Active Directory 服务器可以提供所需的目录访问，因为它们拥有 Active Directory 的完整副本。

Active Directory 信息的复制使用了更新序列号（Update Serial Number，USN）以便进行复制跟踪。USN 是 Active Directory 中任意一个属性所附带的唯一 64 位的版本跟踪号。当任意域控制器的 Active Directory 中某个属性值被更新时，该属性的 USN 会随之更新（递增）。在复制期间，如果任意域控制器反映该属性的 USN 值比另一个域控制器中的相应 USN 值更低，具有较低 USN 的域控制器将会更新该属性值的本地副本。

如果属性值在复制之前已在多台域控制器上更新，那么就会发生所谓的复制冲突。冲突可以用属性版本号检测出来。Active Directory 中的每个属性都有一个独立于 USN 的属性值。如果 Active Directory 中的同一个属性值的两个副本中的 USN 都已经加 1，那么相关联的属性版本号也递增。尽管版本号是相同的，相关联的属性值也有可能冲突。要解决这种冲突，就要比较每次修改的时间戳，最近的时间戳在冲突中获胜。

Active Directory 使用多主机复制，这样就可以在包含目录的任意一台服务器上更改信息。也就是说，每一台服务器都可以作为读/写主机服务器，其发生的变化都会自动更新到其他的服务器上。

Active Directory 域没有单主机服务器，因为如果它发生故障，则必须手动替换它才能使对目录的修改可用。

尽管在任意一台 Active Directory 服务器上都可以创建和删除用户账户，但是重大的修改，例如，修改 Active Directory 的架构，可以有一台唯一的 Active Directory 控制器，以某种特定操作类型的操作主机的方式来完成。

4.3.7　与 DNS 的集成

Active Directory 使用 DNS 为其对象的分层名称进行名称解析服务。DNS 是在 Internet 或其他基于 TCP/IP 网络上使用的一组协议和服务。它提供了名称注册和名称-地址的解析服务，允许在 TCP/IP 网络上通过引用计算机和用户的名称来标识和连接它们。

DNS 域和计算机名称使用分层结构的"友好"名称。例如：poet.fjnu.edu.cn 既是 DNS 域名，也是 Windows Server 2012 域名。域名是以 DNS 分层命名结构为基础的，这是一个颠倒的目录树结构：单个根域，以下是父域和子域。例如，workgroup.poet.fjnu.edu.cn 的 Windows Server 2012 域名识别名为 workgroup 的域，此域是名为 poet 域的一个子域，而 poet 域自身又是根域 fjnu.edu.cn 的一个子域。

4.3.8　与其他目录的互操作

Active Directory 支持轻量级目录访问协议（Lightweight Directory Access Protocol，LDAP）的多个版本、名称服务提供者接口（Name Service Provider Interface，NSPI）和超文本传输协议（HyperText Transfer Protocol，HTTP）。它可以与使用这些协议的其他目录服务实现内部操作。

LDAP 是用于查询和检索 Active Directory 信息的目录访问协议，它是基于工业标准的目录服务协议，使用 LDAP 的程序可以发展成与其他目录服务共享 Active Directory 信息，这些目录服务同样支持 LDAP。

Active Directory 支持 Microsoft Exchange 4.0 和 5.0 客户端的 NSPI，并提供对于这些产品完全的向前、向后兼容。

4.4　创建 Windows Server 2012 域

创建 Windows Server 2012 域，首先需要在一台装有 Windows Server 2012 的计算机上安装 Active Directory，安装了 Active Directory 的计算机即成为所建域的域控制器，管理整个域的资源。

案例：创建一个新域，域名为 poet.fjnu.edu，并将该 Windows Server 2012 计算机配置成域控制器和域中首选的 DNS 服务器。

创建域的具体操作步骤如下：

（1）启动 Windows Server 2012 系统，以 Administrator 权限登录。

（2）在"服务器管理器"的"仪表板"页面单击"添加角色和功能"，进入"添加角色和功能向导"对话框。

（3）在"开始之前"页面单击"下一步"按钮，进入"安装类型"的选择，选择"基于角色或基于功能的安装"以通过添加角色、角色服务和功能来配置单个服务器。

（4）单击"下一步"按钮进入"服务器选择"页面，选择"从服务器池中选择服务器"，在页面中显示了正在运行 Windows Server 2012 的服务器，以及那些已经在服务器管理器中使用"添加服务器"命令所添加的服务器。脱机服务器和尚未完成数据收集的新添加的服务器将不会在此页中显示，如图 4.4.1 所示。选择要安装角色和功能的服务器后单击"下一步"按钮。

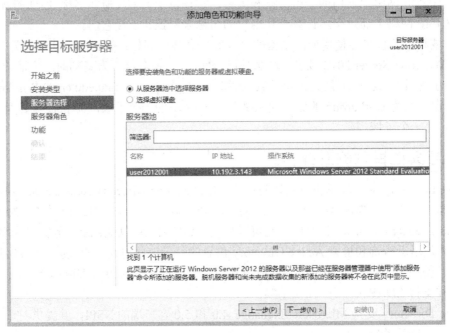

图 4.4.1　从服务器池中选择服务器

（5）进入"服务器角色"页面，在如图 4.4.2 所示的对话框中选择"Active Directory 域服务"选项，若系统未安装过 AD 域服务，则在单击"Active Directory 域服务"前的方框时，弹出"添加角色向导"对话框，选择"添加功能"后"Active Directory 域服务"项会被打上钩，然后单击"下一步"按钮。

（6）进入"功能"页面，选择安装".NET Framework 4.5 功能"，.NET Framework 4.5 提供了一个全面的编程模型，用于构建并运行专用于各种平台的应用程序，如 4.4.3 所示。单击"下一步"在"AD DS"中单击"下一步"按钮，并在"确认"中单击安装，显示正在安装。安装成功之后单击"关闭"按钮，如图 4.4.4 所示。

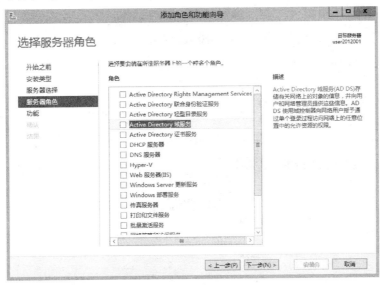

图 4.4.2 选择服务器角色

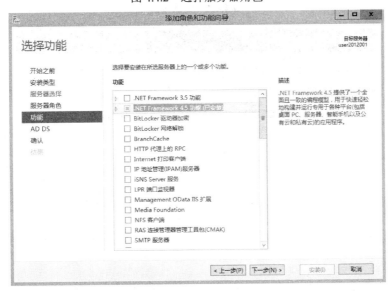

图 4.4.3 选择功能

（7）还必须运行 Active Directory 域服务安装向导后，这台服务器才将成为功能完整的域控制器。在"服务器管理器"中选择"AD DS"会发现"<计算机名>中的 Active Directory 域服务所需的配置"的通知，如图 4.4.5 所示。单击"更多…"弹出"所有服务器任务详细信息"对话框，选择所要配置服务器对应的"将此服务器提升为域控制器"，弹出"Active Directory

域服务配置向导",在"部署配置"中选择"添加新林"选项,并在根域名中输入"poet.fjnu.edu",如图4.4.6所示,然后单击"下一步"按钮。

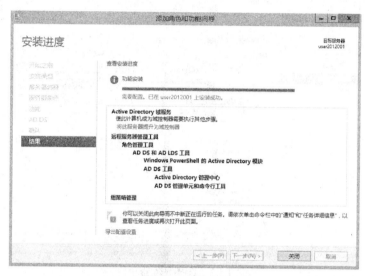

图 4.4.4 完成安装

图4.4.5 "<计算机名>中的 Active Directory 域服务所需的配置"通知

(8)在"域控制器选项"中输入目录服务还原模式(DSRM)密码,如图4.4.7所示,单击"下一步"进入"DNS 选项"。再单击"下一步"进入"其他选项",确认 NetBIOS 域名为 POET,或者在必要时更改该名称,然后单击"下一步"按钮。

图 4.4.6 Active Directory 域服务配置向导

图 4.4.7 域控制器选项

（9）在图 4.4.8 所示的页面中选择数据库文件夹、日志文件文件夹和 SYSVOL 文件夹的位置。

- 数据库文件夹：用来存储 Active Directory 数据库。
- 日志文件文件夹：用来存储 Active Directory 的更改日志，此日志文件可用来修复 Active Directory。
- SYSVOL 文件夹：用来存储共享文件，必须位于 NTFS 文件系统的磁盘内。

图 4.4.8 数据库文件夹、日志文件文件夹和 SYSVOL 文件夹位置

（10）单击"下一步"查看已设置的选项，再单击"下一步"进行先决条件检查，当所有先决条件检查都成功通过后，单击"安装"按钮开始安装，如图 4.4.9 所示。完成后提示需要重新启动系统。

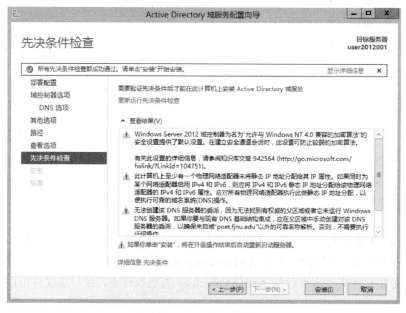

图 4.4.9 先决条件检查

至此，完成了 Active Directory 的安装过程，同时也完成了创建新域的操作。

4.5 将计算机加入 Windows Server 2012 域

在创建域模式的 Windows Server 2012 网络时，首先需要在网络中的一台装有 Windows Server 2012 的计算机上安装 Active Directory，同时创建 Windows Server 2012 域，接着就可以把其他的 Windows 计算机加入到域中，从而构建域模式的 Windows Server 2012 网络。计算机要加入域，必须得到现有域中的域控制器的认证。每一台计算机在网络域中都必须有一个唯一的名称。这个名称用来在域控制器上创建计算机账户。

将计算机加入到域中可以采用以下方法。

（1）在计算机安装期间：当安装 Windows Server 2012 时，有一步是选择计算机的安装角色，此时可以选择作为工作组或域的一部分。可以将其作为工作组的一员，也可以将它配置成域控制器，作为域成员。如果选择加入域，那么必须输入域管理员的账户和密码。这样可以防止非域管理员非法将 Windows Server 2012 计算机加入到域中。

（2）在加入域之前，首先检查客户机的网络配置，确保网络物理上连通，配置 IP 地址及首选 DNS 服务器。首选 DNS 服务器通常配置为第一台 PC 的 IP。

（3）在桌面上右击"计算机"，选择"属性"→"计算机名称、域和工作组设置"→"更改设置"→"系统属性"，在"计算机名"选项卡中单击"更改"打开"计算机名/域更改"对话框，在"隶属于"的"域"中输入域名称后单击"确定"按钮，如图 4.5.1 所示。在弹出的对话框中输入该域的管理员账户与密码，然后单击"确定"按钮，如图 4.5.2 所示，出现成功加入域提示，单击"确定"按钮，根据提示重启计算机。

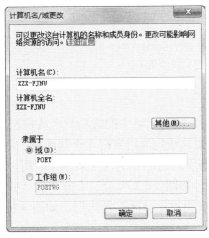

图 4.5.1　计算机名/域更改

图 4.5.2　输入域管理员账户和密码

4.6 更改 Windows Server 2012 域中服务器角色

4.6.1 降级域控制器为普通的成员服务器

根据 4.4 节中的案例步骤即可实现将域中的成员服务器提升为域控制器，具体如图 4.4.5 所示。

（1）在服务器管理器的仪表板中选择"添加角色和功能"，进入"添加角色和功能向导"。在"开始之前"页面中选择"启动'删除角色和功能'向导"，单击"下一步"按钮。

（2）进入"服务器选择"页面。从服务器池中选择服务器后单击"下一步"进入"服务器角色"页面，取消"Active Directory 域服务"前的"√"。此时将弹出"删除需要 Active Directory 域服务的功能？"的对话框，单击该对话框中的"删除功能"。完成后会再弹出"验证结果"对话框，单击该对话框中的"将此域控制器降级"，如图 4.6.1 所示。

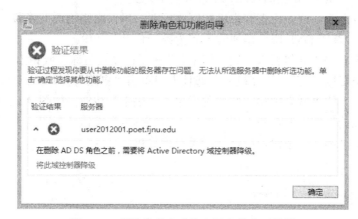

图 4.6.1　删除角色和功能向导中的验证结果

之后，便进入"Active Directory 域服务配置向导"：

（3）在"凭据"选项中，选中"强制删除此域控制器"或者"域中的最后一个域控制器"，如图 4.6.2 所示，单击"下一步"进入"警告"页面，如果该域控制器同时为全局编录控制器，即可看到一条警告信息，提示在删除 Active Directory 服务器之前应该确保全局编录可用，使得该域中的用户仍然可以访问该域，此处选中"继续删除"，如图 4.6.3 所示，单击"下一步"进入"删除选项"，选中"删除此 DNS 区域"以及"删除应用程序分区"复选框，如图 4.6.4 所示，单击"下一步"按钮。

图 4.6.2 提供执行删除域控制器凭据

图 4.6.3 删除域控制器警告

（4）在"新管理员密码"选项中输入管理员密码并单击"下一步"按钮。

（5）进入"查看选项"，如图 4.6.5 所示，此时可仔细检查对话框中出现的信息，确认无误后单击"降级"按钮。等待降级过程完成以及计算机重启。

图 4.6.4 删除角色和功能向导中的删除选项

图 4.6.5 查看选项

4.6.2 启用或禁用全局编录服务器

全局编录是一台存储了域森林中所有 Active Directory 对象的一个副本的域控制器。此外,全局编录还存储了每个对象最常用的可搜索属性。全局编录存储了它所在域的所有目录对象的完整副本，以及域森林中其他域中所有目录对象的部分副本，所以不必咨询域控制器即可实施有效的搜索操作。

全局编录在域森林中最初的一台域控制器上自动创建。可以为任何一台域控制器添加全局编录功能，或者将全局编录的默认位置修改到另一台域控制器上。

全局编录担当了以下目录角色：

① 查找对象。全局编录允许用户搜索域森林中所有域的目录信息，而不管数据存储在何处。域森林内部的搜索可以利用最快的速度和最小的网络流量得以执行。

从"开始"菜单搜索人员或打印机，或者在某个查询的内部选择了"整个目录"选项时，就是在对全局编录进行搜索。在输入搜索请求之后，请求便被路由到默认的全局编录端口 3268，以便发送到一个全局编录进行解析。

② 提供了根据用户主名的身份验证。当进行身份验证的域控制器不知道某个账户是否合法时，全局编录便对用户的主名进行解析。例如，如果用户的账户位于 example1.microsoft.com 域，而用户决定利用 user1@example1.microsoft.com 这个用户主名从位于 example2.microsoft.com 的一台计算机上进行登录，那么 example2.microsoft.com 的域控制器将无法找到该用户的账户，然后，域控制器将与全局编录服务器联系，以完成整个登录过程。

③ 在多域环境下提供通用组的成员身份信息。和存储在每个域的全局组成员身份不同，通用组成员身份仅仅保存在全局编录之中。例如，一个通用组的用户登录到一个被设置为 Windows 8 本地域功能级别或者更高功能级别的域的时候，全局组将为用户账户提供通用组的成员身份信息。

如果用户登录到运行在 Windows 8 本机或者更高级别的域时，某个全局编录不可用并且用户曾经登录到该域，计算机将使用缓存下来的凭据让用户登录。如果用户以前没有在该域登录过，用户将仅仅能够登录到本地计算机。

说明：即便全局编录不可用，"Domain Admins"（域管理员）组的成员也可以登录到网络中。

在更改宿主全局编录服务器计算机的域控制状态时，确保另一个域控制器能够顶替其全局编录服务器的位置，可以使用"Active Directory 站点和服务"工具启用或禁用域控制器的全局编录服务。

（1）以 Administrator 身份登录。

（2）选择"服务器管理器"→"工具"→"Active Directory 站点和服务"，出现"Active Directory 站点和服务"窗口，如图 4.6.6 所示。

（3）单击"Sites"展开文件夹，可以看到站点名。站点还未被赋值前默认的名称是"Default-First-Site-Name"。在图 4.6.6 左端窗口中展开"Default-First-Site-Name"后再展开"Servers"即可看到服务器名列表。

（4）右击需要启用或禁用的全局编录服务器的"NTDS Settings"，选择"属性"命令，出

现 "NTDS Settings 属性" 对话框，如图 4.6.7 所示。

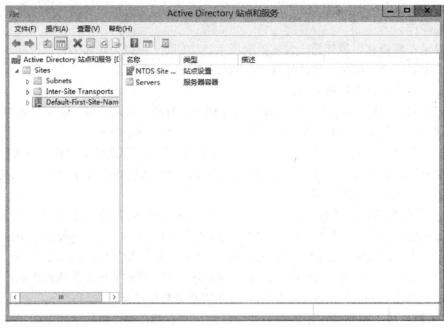

图 4.6.6　Active Directory 站点和服务

图 4.6.7　NTDS Settings 属性

（5）选中 "常规" 选项卡中的 "全局编录" 复选框，全局编录将被保存在这台服务器上。

当禁用该复选框时，全局编录就会从该服务器中被删除。修改之后，单击"确定"按钮。

4.6.3 更改域名和计算机名

网络上的域名必须是唯一的。此外，在一个特定的域上，计算机名也应该是唯一的。一般情况下，在选择域名后通常无须更改域名，除非它与网络上以前所选择的域名冲突，当网络上发生域名冲突时，就必须在域控制器上更改域名，而且还要更改域中所有其他域控制器的域名。

在目前的 Windows Server 2012 版本中，更改域名并不是件容易的事情。要更改域名，必须先创建新域，然后把已有的资源转移到新域再删除旧的域。

更改域中的计算机名相对要容易得多，可按照以下步骤完成。

（1）以 Administrator 身份登录。

（2）右击"计算机"选择"属性"→"计算机名"选项卡。单击"更改"按钮，弹出如图 4.6.8 所示的对话框，提示对域控制器重命名的后果。

（3）单击"确定"按钮，出现"计算机名/域更改"对话框，如图 4.6.9 所示。在"计算机名"文本框中更改计算机名称。

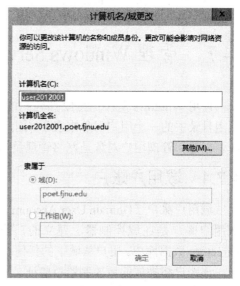

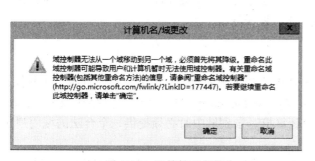

图 4.6.8　计算机更名警告　　　　图 4.6.9　"计算机名/域更改"对话框

注意：不能直接修改域控制器的计算机名，如果此计算机是域控制器，那么"隶属于"框会变灰。只有先撤销计算机的域控制器身份，使其成为域中普通的成员服务器，然后才能更改计算机名，改名后再使其重新成为域控制器。

（4）如果在图 4.6.9 中单击"其他"按钮，出现如图 4.6.10 所示的"DNS 后缀和 NetBIOS 计算机名"对话框。对话框中显示了与老式计算机的服务互操作时使用的 NetBIOS 计算机名。

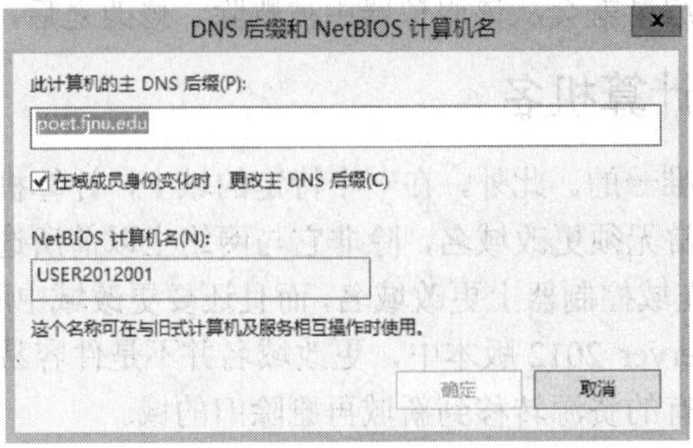

图 4.6.10 DNS 后缀和 NetBIOS 计算机名

如果希望该计算机成为一个不同的 Windows Server 2012 域的成员，并希望计算机能自动升级到 DNS 后缀，那么选中"在域成员身份变化时，更改主 DNS 后缀"复选框。

如果修改了计算机名或隶属关系，会提示输入具有执行该项操作权限的用户账户的域用户名和密码。

（5）验证了所做的修改后，重新启动计算机，以使修改生效。

4.7 管理 Windows Server 2012 域用户账户

使用 Windows Server 2012 所包括的 Active Directory 服务的域模式网络时，每个用户都必须由目录中的一个用户对象来表示。用户对象由包含用户信息的属性和用户在网络上的权利组成。创建和管理用户对象是网络管理员执行的常见任务。

4.7.1 域用户账户

域用户账户（Domain User Account）可让用户登录域并获得对网络上其他资源的访问权。域用户账户是在域控制器上建立的，作为 Active Directory 的一个对象保存在域的 Active Directory 数据库中。用户从域中的任何一台计算机登录到域中时必须提供一个合法的域用户账户，该账户将被域的域控制器所验证。

当在一个域控制器上新建一个用户账户后，该用户账户被复制到域中所有其他计算机上，复制过程完成后，域树中的所有域控制器就都可以在登录过程中对用户进行身份验证。

1. 创建域用户账户

若要创建和管理域用户账户，可使用"Active Directory 用户和计算机"窗口，在 Active Directory 目录树中创建用户对象，也可用该工具删除或禁用用户对象，并管理用户对象的属性。

域用户账户是在域控制器上创建的，并会被自动复制到域中的其他域控制器上。尽管在非域控制器的计算机上也可以通过管理工具创建用户账户，但实际上仅仅是操作本身在非域控制器上，而实际账户的添加是在域控制器上完成的，因为只有在域控制器上才维护着 Active Directory 的账户数据库。

案例：在 poet.fjnu.edu 域上创建一个域用户账户，用户名为 zhangwei。

具体操作如下：

（1）在"服务器管理器"中选择"Active Directory 用户和计算机"，打开"Active Directory 用户和计算机"窗口，如图 4.7.1 所示。

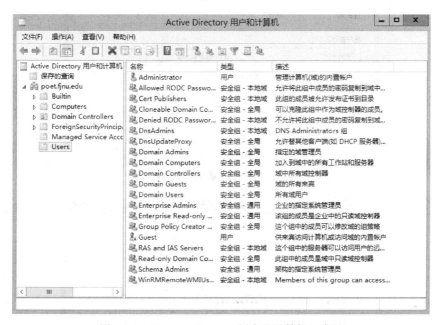

图 4.7.1 "Active Directory 用户和计算机"窗口

（2）在左侧子窗口中单击要建立账户的域，右击该域中的"Users"，在快捷菜单中选择"新建"→"用户"命令，打开"新建对象-用户"对话框，在该对话框中输入要创建的用户登录名，即账号名，登录名在域中必须唯一，如图 4.7.2 所示。

（3）单击"下一步"按钮在对话框中输入密码（注意输入的密码是区分大小写的），如图 4.7.3 所示。选中"用户下次登录时须更改密码"复选框，则用户下次用这个密码登录之后就必须更改这个密码。

（4）单击"下一步"按钮，在接着的对话框中单击"完成"按钮，结束添加域用户账户的操作。

2. 设置用户账户属性

创建的每一个用户对象都有一套默认属性。创建用户账户后，可以设置个人属性、账户属性、登录选项和拨号设置。可使用为域用户账户定义的属性在目录中搜索用户，或用于其他应用程序。因此，创建每一个域用户账户时都应当提供详细的定义信息。

图 4.7.2 "新建对象-用户"对话框

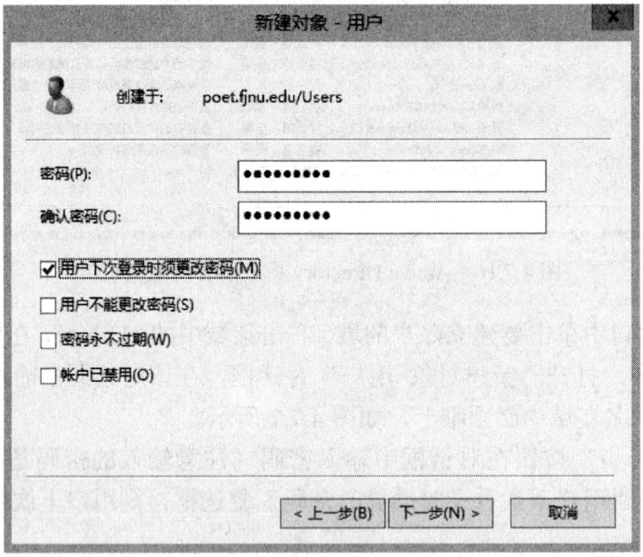

图 4.7.3 输入密码对话框

设置用户对象属性，可在"Active Directory 用户和计算机"窗口中右击该对象，从弹出的菜单上选择"属性"，打开用户账户属性对话框。

属性对话框中的选项卡包含每个用户账户的信息。用户对象的默认属性对话框中每个选项卡的主要内容和作用如表 4.7.1 所示。

表 4.7.1 "用户属性"对话框中各项选项卡的作用

选项卡	作　用
常规	记录用户的姓、名、显示名、说明、办公地点、电话号码、电子邮件地址、主页及附加 Web 页面
地址	记录用户的街道地址、邮政信箱、城市、州或省、邮政编码、国家或地区
账户	记录用户的账户属性，包括：用户登录名、登录时间、允许登录的计算机、账户选项和账户有效期
组织	记录用户的头衔、部门、公司、管理人和直接领导
电话	记录用户的家庭电话、传呼、手机、传真、IP 电话号码，并包含填写备注的空间
配置文件	设置配置文件路径、登录脚本路径、主文件夹和共享文档文件夹
隶属于	记录用户所属的组
拨入	记录用户的拨号属性
环境	记录用户登录系统时运行的应用程序和启用的设备
会话	设置远程桌面服务超时和重新连接设置
远程控制	配置远程桌面服务远程控制设置
远程桌面服务配置文件	配置远程桌面服务用户配置文件，其设置适用于远程桌面服务
COM+	选择用户所属的 COM+分区集

（1）设置个人属性

用户对象属性对话框中有 4 个选项卡包含用户账户的个人信息，分别是"常规"、"地址"、"电话"和"组织"选项卡。这些选项卡中的属性与用户对象或 Active Directory 的操作没有直接关系，只提供用户的背景信息。在这些选项卡中输入信息可使用户通过已掌握的信息轻松地查找所需域用户账户。

（2）设置账户属性

属性对话框中的"账户"选项卡包含几个创建用户对象时所配置的属性，如图 4.7.4 所示。在该选项卡中可以为用户更改登录名。

在"账户过期"选项组中可以为该账户设置一个过期时间。默认情况下，账户是永久有效的，除非被删除。如果某个临时用户账户希望在某个时间后自动失效，则可以选中"在这之后"单选按钮，然后在下拉菜单的日历中选择一个账户的失效日期，当该账号使用期超过设定的日期后，则该账户将不能登录到域中，而不需要管理员手动删除账户。

（3）设置登录时间

在图 4.7.4 中单击"登录时间"按钮，打开用户登录时间的对话框，在该对话框中可以设置允许或拒绝用户登录到域的时间。蓝色的格子代表允许登录的时间段，默认情况下账户可以在任意的时间内登录到域中。单击要设置的时间格（一个格代表一小时），也可以单击拖动鼠标一次选中多个时间格，然后选中"拒绝登录"单选按钮，使这段时间成为拒绝登录的时间段，白色的格子代表拒绝登录，如图 4.7.5 所示。

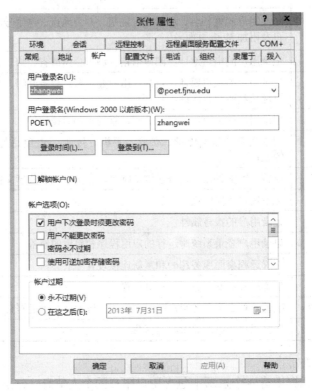

图 4.7.4　配置用户对象属性

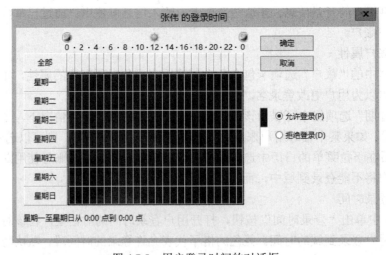

图 4.7.5　用户登录时间的对话框

（4）设置用户可登录的计算机

在图 4.7.4 中单击"登录到"按钮，打开"登录工作站"对话框，如图 4.7.6 所示。在该对话框中可以设置允许用户登录到域中的计算机。

默认情况下，用户可以从任何一台域中的计算机上登录到域。

选中"下列计算机"单选按钮，在"计算机名"文本框中输入允许用户登录的计算机名，单击"添加"按钮将计算机加入到列表中。如果要删除某台允许用户登录的计算机，只需在列表中选中该计算机并单击"删除"按钮即可。

3. 维护用户账户

除修改用户对象的属性外，还可以根据需要以其他方式修改用户账户。这些修改包括禁用、启用或删除用户账户。有时也可能需要解除用户账户锁定或重设密码。

（1）禁用、启用、重命名和删除用户账户

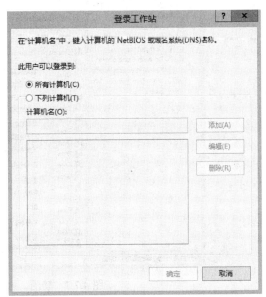

图 4.7.6 "登录工作站"对话框

- 禁用和启用用户账户：若用户长期不需要使用其用户账户，但还有可能再次使用时，可以禁用该用户账户，下次使用时再启用该用户账户即可。

- 重命名用户账户：若需要保留用户账户的所有权利、权限和组的成员身份，并修改其名称或将其分配给其他用户时，可以重命名该用户账户。

- 删除用户账户：若某个用户账户不打算再用时，可以删除该用户账户，以消除因 Active Directory 服务中存在不使用账户而造成的潜在危险。

在"Active Directory 用户和计算机"窗口上找到需要修改的用户账户，右击该用户账户，从弹出的菜单中选择相应的命令，如图 4.7.7 所示。

（2）重设密码和解除用户账户锁定

如果用户因密码问题或账户锁定问题不能登录到域或本地计算机，就需要重设用户密码或解除用户账户锁定。只有对用户账户所在对象拥有管理权限的人才能执行这样的任务。

- 重设密码：管理员或用户设置了用户账户密码后，密码对其他任何人都不可见。这样就防止了包括管理员在内的用户得知其他用户的密码，从而提高安全性。

不过，有些情况下管理员需要重设密码。例如，如果用户需要更改他们的密码，但却在特定时间内无法完成更改，密码就会被配置为过期，该用户将不能再登录。用户也容易忘记密码，特别是在密码由管理员设定或用户被迫经常更改密码的情况下。出现这种情况时，拥有管理员权限的用户就可以重设密码，无须知道当前密码或过期密码。

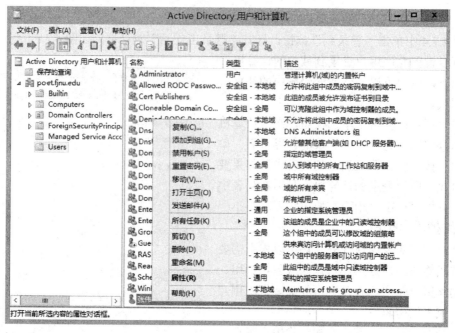

图 4.7.7 禁用、启用、重命名或删除用户账户

- 解除用户账户锁定：许多网络使用 Windows Server 2012 组策略强制实施密码限制，如限制用户账户失败登录尝试次数。若用户（授权或非授权）输入用户账户错误次数过多，Windows Server 2012 将锁定该账户，防止再次进行尝试。可以将策略配置为在规定时间内锁定账户或永久锁定，直到管理员解除锁定。

解除锁定账户时要在"Active Directory 用户和计算机"窗口找到要修改的用户账户。当前被锁定的用户对象上有个红色的叉。右击该用户账户，单击"属性"→"账户"选项卡，清空复选框，再单击"确定"按钮即可。请注意，账户是因为复选框被选中而锁定的。

4.7.2 创建用户配置文件

用户配置文件定义了用户使用 Windows Server 2012 的工作参数，其中包括用户计算机的显示器设定、区域设定、鼠标、声音设置、"开始"菜单及桌面快捷方式等，另外还有网络连接和打印机的设置等。

用户配置文件实际上不是一个具体的文件，而是由一系列文件和文件夹组成的。在硬盘上 Windows Server 2012 所在的分区中会有一个 Documents and Settings 文件夹，该文件夹包含所有在该计算机上登录过的用户的配置文件。每个用户都会有一个自己的文件夹，文件夹的名字就是用户的登录名，该文件夹包含了用户的各种设置，如图 4.7.8 所示。

1. 用户配置文件的类型

用户配置文件有 3 种类型，分别是本地用户配置文件、漫游用户配置文件和强制用户配置文件。

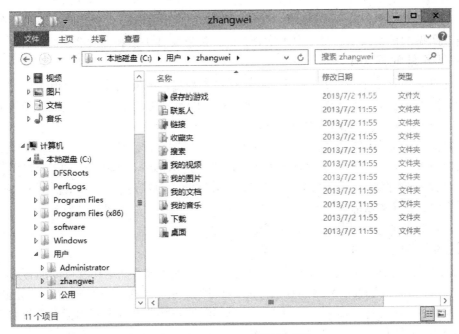

图 4.7.8　Windows 资源管理器

（1）本地用户配置文件。

如果某个用户配置文件仅限于本机使用，则称为本地用户配置文件。若用户第一次在某台计算机登录时，系统就会自动在这台计算机上为该用户建立一个本地用户配置文件。本地用户配置文件会因计算机的不同而有所不同。也就是说，用户在不同的计算机中有不同的本地用户配置文件。一般情况下，如果计算机没有连接到网络上，系统将使用本地用户配置文件。

（2）漫游用户配置文件。

漫游用户配置文件是保存在网络服务器上的用户配置文件。若用户要登录的计算机上没有本地用户配置文件，则管理员从网络服务器上把漫游配置文件复制到登录使用的客户机上，并且把漫游配置文件应用于那台计算机。这样，用户将得到他的个人桌面设置和连接。

系统管理员可以设置漫游用户配置文件，还可以根据实际情况把漫游用户配置文件设为只读，以防用户随意改动配置文件。

用户在一台计算机上第一次登录时，Windows Server 2012 会将所有的配置文件复制到本地计算机上。当用户再次登录时，Windows Server 2012 把本地存储的本地用户配置文件和漫游用户配置文件进行比较，并复制自最后一次登录以来改变的那些文件，登录过程相对较短。

当注销用户时，Windows Server 2012 把用户配置文件的本地版本所作的改变复制到原来存储它的服务器上。

（3）强制用户配置文件。

强制用户配置文件也属于漫游用户配置文件，不过它具有只读属性，其内容由系统管理员事先设置，用户无法更改，每次登录时都要使用固定的工作配置。注销用户时系统不保存登录过程中用户所做的任何改变。当用户再次登录时，配置文件仍然和上次登录时一样。

2. 使用本地配置文件

在运行 Windows Server 2012 的计算机上使用本地用户配置文件，对普通用户是完全不可见的。操作系统自动为首次登录的每位用户创建用户配置文件。当该用户再次登录时，Windows Server 2012 从正确的配置文件中加载设置。

用户只需更改桌面设置就可更改他们的本地用户配置文件。例如，用户可建立网络连接、更改桌面颜色等。若用户在登录时修改了桌面环境，则 Windows Server 2012 会在用户下一次注销时，将更改合并存储在计算机用户配置文件中。因此，用户登录到运行 Windows Server 2012 的计算机上时，将始终接收到与他们前一次会话结束时相同的桌面设置。当多个用户共享一台计算机时，将为每个用户维护一个单独的配置文件。

3. 使用漫游配置文件

应当在经常进行备份的文件服务器上创建漫游用户配置文件，这样就可以拥有用户最新的配置文件副本。若要改进繁忙网络的登录性能，可将用户的漫游配置文件放置在成员服务器上，而不是域控制器上。在服务器和客户机之间复制漫游用户配置文件会耗用大量系统资源，如网络带宽和处理器周期。如果配置文件在域控制器上，域用户身份验证进程就会被延迟。

案例：为域用户 zhangwei 创建一个漫游用户配置文件，使该用户在域中的任何一台计算机登录时，都可以使用相同的工作环境。

创建漫游用户配置文件的步骤如下：

（1）在需要存储配置文件的服务器上，创建一个文件夹并共享它，给用户提供他们所需的读写权限。此例在计算机名为 server1 的服务器上创建一个共享文件夹，文件夹名为 profiles。

（2）打开 "Active Directory 用户和计算机" 窗口，找到用户对象 "zhangwei"，右击，在弹出的菜单上选择 "属性" 命令，打开 其属性对话框，单击 "配置文件" 选项卡，如图 4.7.9 所示。

（3）在 "配置文件路径" 文本框中输入配置文件放置的路径，路径的形式为 "\\Server_name\ Shared_folder_name\%User_name%"，其中

图 4.7.9 "配置文件" 选项卡

%User_name% 为一个变量，系统会按照用户的登录名自动创建该文件夹。此例中输入 \\server1\profiles。

（4）当该用户在网络中登录的时候，系统会在服务器（server1）上保存漫游用户配置文件的共享文件夹（profiles）中，自动创建一个与用户登录名同名的文件夹来保存用户配置文件，并且以后用户对工作环境所做的一切修改都将被保存到该文件夹中。

4. 使用强制性漫游用户配置文件

为了将漫游用户文件改成强制性的，只需在保存漫游用户配置文件的共享文件夹下将 ntuser.dat 文件更名为 ntuser.man 即可。ntuser.dat 文件包括应用于个人用户账户的 Windows Server 2012 系统注册表设置和用户环境设置（桌面显示）。用.man 扩展名命名后，该文件成为只读文件，这样可以防止 Windows Server 2012 在用户注销时将更改写入配置文件。

4.8 管理 Windows Server 2012 域模式中的组

4.8.1 域模式组类型

域模式中的组又称为域组，存储在域的 Active Directory 中，在 Active Directory 中有两种类型的组：通信组和安全组。可以使用通信组创建电子邮件通信组列表，使用安全组给共享资源指派权限。

1. 通信组

只有在电子邮件应用程序（如 Exchange）中，才能使用通信组将电子邮件发送给一组用户。通信组不启用安全，这意味着它们不能列在随机访问控制列表中。如果需要组来控制对共享资源的访问，则应创建安全组。

2. 安全组

安全组提供了一种有效的方式来指派对网络上资源的访问权限。权限（Permission）控制用户可以对资源（如文件、文件夹或打印机）所做的操作。当分配权限时，就给了用户访问资源的权利并定义了他们的访问类型。权利（Right）可让用户执行系统任务，如更改计算机上的时间、备份、恢复文件或本地登录。

（1）将用户权利分配到 Active Directory 中的安全组。

可以对安全组指派用户权利，确定可在处理域（或域森林）作用域内工作的成员。在安装 Active Directory 时系统会自动将用户权利分配给某些安全组，以帮助管理员定义域中人员的管理角色。例如，在 Active Directory 中被添加到 Backup Operators 组的用户能够备份和还原域中每个域控制器上的文件和文件夹。默认情况下，系统将备份文件、目录、还原文件和目录用户权利自动指派给 Backup Operators 组。因此该组的用户继承了指派给该组的用户权利。

可以使用组策略将用户权利分配给安全组，以帮助委派特定任务。在指派任务时应谨慎处理，因为在安全组上被指派太多权利的未经培训的用户有可能会对网络产生重大损害。

（2）给安全组指派对资源的访问权限。

用户权利和权限不应混淆。通过给安全组对共享资源的访问权限指派，可确定谁可以访问该资源以及访问的级别，如完全控制。系统将自动指派在域对象上设置的某些权限，以允许对默认安全组（例如，Account Operators 组或 Domain Admins 组）进行多级别的访问。

在定义对资源和对象的权限随机访问控制列表中列出了安全组。为资源（文件共享、打印机等）指派权限时，管理员应将这些权限指派给安全组而非个别用户。权限是一次分配给这个组，而不是多次分配给单独的用户。添加到组的每个账号将接受在 Active Directory 中指派给该组的权利以及在资源上为该组定义的权限。

像通信组一样，安全组也可用作电子邮件实体。给这种组发送电子邮件会将该邮件发给组中的所有成员。

3. 安全组和通信组之间的转换

在任何时候，组都可以从安全组转换为通信组，反之亦然，但仅限于域功能级别设置为 Windows 8 本机或更高模式的情况下。当域功能级别被设置为 Windows 8 混合模式时，不可以转换组。

4.8.2 域模式中组的作用域

组（不论是安全组，还是通信组）都有一个作用域，用来确定该组在域树或域森林中的应用范围。有 3 类不同的组作用域：全局组作用域、本地域组作用域和通用组作用域。

全局组的成员是对网络具有相同访问权限的用户。全局组的作用范围是整个域树，因此全局组可以在属于同一个域树的域中被赋予权限。全局组的成员只能来自于定义该组的域中的其他组和账户。全局组可以成为其他组的成员，这些组可以是和该全局组同一个域或是不同的域。由于全局组可以在不同的域中存在，因此全局组中的成员可以访问其他域中的资源。

本地域组的成员可包括 Windows Server 2012、Windows 8 或域中的其他组和账户，而且只能在域内指派权限。本地域组具有开放的成员资格，即可以接受任何一种账户成为该组的成员，这些账户可以是同一个域中的其他本地组（必须在本机模式中）、域树中的任何域用户账户、域树中的任何域的全局组、域树中的任何域的通用组（必须在本机模式中）。但是本地域组不能成为其他任何组的成员。

通用组的成员可包括域树或域森林中任何域中的其他组和账户，而且可在该域树或域森林中的任何域中指派权限。但只有当域处于本机模式时，才能创建具有通用组的安全组。

本机模式是指域中的所有域控制器都是基于 Windows 8 或 Windows Server 2012 的计算机时，该模式支持所有的组类型。

混合模式是指域中的域控制器包含非 Windows 8 和 Windows Server 2012 的计算机。在该模式下不可创建通用组。

4.8.3 规划全局组和本地域组

创建组之前必须制定一个组策略。创建错误类型或错误作用域的组可导致组执行任务失败。

1. 何时使用具有本地域作用域的组

具有本地域作用域的组可帮助定义和管理对单个域内资源的访问。本地域组的成员可以是具有全局作用域的组、具有通用作用域的组、具有本地域作用域的其他组的账户或任何组与账户的混合体。

例如，要使 5 个用户访问特定的打印机，可在打印机权限列表中添加全部 5 个用户。如果希望这 5 个用户都能访问新的打印机，则需要在新打印机的权限列表中再次指定全部 5 个账户。

如果采用简单的规划，可通过创建具有本地域作用域的组，并指派给其访问打印机的权限来简化常规的管理任务。将 5 个用户账户放在具有全局作用域的组中，并且将该组添加到有本地域作用域的组。若希望这 5 个用户访问新打印机时，可将访问新打印机的权限指派给有本地域作用域的组。具有全局作用域的组的成员自动接受对新打印机的访问。

2. 何时使用具有全局作用域的组

使用具有全局作用域的组可以管理那些需要每天维护的目录对象，例如用户和计算机账户。因为具有全局作用域的组不能在自身的域之外复制，所以具有全局作用域的组中的账户可以频繁更改，而不需要对全局编录进行复制以免增加额外通信量。

虽然权利和权限指派只在指派它们的域内有效，但是通过在相应的域中统一应用具有全局作用域的组，可以合并对具有类似用途的账户的引用。这将简化不同域之间的管理，并使之更加合理化。例如，在具有两个域（Europe 和 UnitedStates）的网络中，如果 UnitedStates 域中有一个称作 GLAccounting 的具有全局作用域的组，则 Europe 域中也应有一个称作 GLAccounting 的组（除非 Europe 域中不存在账户管理功能）。

强力推荐在指定复制到全局编录的域目录对象的权限时，使用全局组或通用组，而不是本地域组。

3. 何时使用具有通用作用域的组

使用具有通用作用域的组可合并不同域的组。为此，须将账户添加到具有全局作用域的组并且将这些组嵌套在具有通用作用域的组内。使用该策略，对具有全局作用域的组中的任何成员身份的更改都不影响具有通用作用域的组。

例如，在具有 Europe 和 UnitedStates 这两个域的网络中，每个域中都有一个名为 GLAccounting 全局作用域的组，当创建名为 GLAccounting 且具有通用作用域的组时，可以将两个 GLAccounting 全局作用域组（UnitedStates\GLAccounting 和 Europe\GLAccounting）作为通用作用域组的成员。这样就可在企业的任何地方使用 GLAccounting 组。对个别 GLAccounting 组的成员身份所做的任何更改都不会引起 GLAccounting 组的复制。

具有通用作用域的组成员身份不应频繁更改，因为对这些组成员身份的任何更改都将引起整个组的成员身份复制到域森林中的每个全局编录中。

4.8.4　更改组作用域

创建新组时，在默认情况下，新组配置为具有全局作用域的安全组，而与当前域功能级别无关。尽管在域功能级别设置为 Windows 8 混合的域中不允许更改组作用域，但在其域功能级别设置为 Windows 8 本地或 Windows Server 2012 的域中，允许进行下列转换：

- 全局到通用。当要更改的组不是另一个全局作用域组的成员时，允许进行该转换。
- 本地域到通用。当要更改的组没有将另一个本地域组作为其成员时，允许进行该转换。
- 通用到全局。当要更改的组没有另一个通用组作为其成员时，允许进行该转换。
- 通用到本地域。该操作没有限制。

4.8.5　创建域模式中的组

案例：在 poet.fjnu.edu 域中创建一个全局组，组名为 network1。

创建域模式中组可使用"Active Directory 用户和计算机"窗口，要求操作者为 Administrators 组或 Account Operators 组的成员。创建组对象的步骤如下：

（1）执行"服务器管理器"→"Active Directory 用户和计算机"命令，打开"Active Directory 用户和计算机"窗口。单击"Users"图标，在右侧的子窗口中可以看到本域中现有的用户和组，如图 4.8.1 所示。

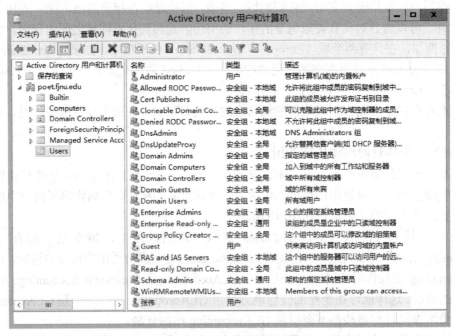

图 4.8.1　"Active Directory 用户和计算机"窗口

（2）右击"Users"图标，在弹出的菜单中选择"新建"→"组"命令，打开"新建对象-组"对话框，如图 4.8.2 所示。在"组名"对话框中输入该组的名称，此例输入"network1"，在"组名（Windows 2000 以前版本）"文本框中输入该组用于让旧操作系统（Windows NT 4.0 或 Windows NT 3.x）访问的名称。在"组作用域"选项组中选择一种组的作用域，在"组类型"选项中选择一种类型。

图 4.8.2 "创建对象-组"对话框

（3）单击"确定"按钮，返回到"Active Directory 用户和计算机"窗口，即可在右侧子窗口中看到新建的组。

4.8.6 管理组

1. 添加组成员

创建组对象后，要给它添加成员。组成员可包括用户对象、联系人、其他组和计算机。可以将一台计算机添加到组，让该计算机可以访问其他计算机上的共享资源，如进行远程备份。

案例：将李丽和张伟两个用户添加到 network1 组中。

添加组成员的操作步骤如下：

（1）在"Active Directory 用户和计算机"窗口中右击需要添加成员的组，此例中右击"network1"组，在弹出的菜单中选择"属性"命令，打开属性对话框，单击"成员"选项卡。

（2）在"成员"选项卡中单击"添加"按钮，打开"选择用户、联系人、计算机服务账户或组"对话框。在"输入对象名称来选择"框中输入要加入该组的用户名称，也可以通过单击"高级"按钮，打开"高级选项"对话框，选择要添加的用户。

（3）单击"确定"按钮，即可完成向组中添加成员，如图 4.8.3 所示。

图 4.8.3 "组属性"对话框的"成员"选项卡

2. 删除组

在 Active Directory 服务中创建的每个组对象都有一个唯一的标识符 SID。Windows Server 2012 使用 SID 来标识分配给它的组和权限。当删除一个组时，Windows Server 2012 将不再为该组使用相同的 SID，即便创建一个与所删除组名称相同的新组。因此，不能通过重新创建组对象来恢复对资源的访问。当删除一个组时，只删除了该组和与该组相关的权限，并不删除作为组成员的对象。

4.8.7 "以管理员身份运行"程序

为获得最优安全性，建议不要将网络管理员每天使用的用户对象添加为 Administrators 组成员。因为当以管理员身份登录并访问 Internet 站点时，有可能将一些不太熟悉的 Internet 站点中包含的病毒下载到系统。如果以管理员身份登录，病毒就可能会重新设置硬盘格式，删除所有文件，创建一个拥有管理员权限的新用户账号。因此，即便是网络管理员，也不要将个人用户对象添加到 Administrators 组或 Domain Admins 组中，而且在以管理员身份登录时应避免在计算机上运行非管理任务。对于多数的计算机活动，都应将用户对象添加到 Users 组或 Power Users 组中。如果只需要执行管理性任务，就以管理员身份登录或运行程序、执行任务，然后注销。

若要运行需要以 Administrator 身份登录的程序，可以使用"以管理员身份运行"程序。这个程序可以让管理员以普通身份登录的同时，能够执行具有本地或域管理员权利和权限的管理性工具。通过右击程序选择"以管理员身份运行"即可实现。

4.8.8　默认组

默认组是创建 Active Directory 域时自动创建的安全组。可以使用这些预定义的组来控制对共享资源的访问，并委派特定的域范围的管理角色。

许多默认组被自动指派了一组用户权利，授权组中的成员执行域中的特定操作。例如，Backup Operators 组的成员有权对域中的所有域控制器执行备份操作。

可以通过使用"Active Directory 用户和计算机"窗口来管理组。默认组位于 Builtin 容器和 Users 容器中。Builtin 容器包含用本地域作用域定义的组。Users 容器包含通过全局作用域定义的组和通过本地域作用域定义的组。可将这些容器中的组移动到域中的其他组或组织单位，但不能将它们移动到其他域。

4.9　用组策略管理 Windows Server 2012 域中的服务器和客户端计算机

组策略提供进一步控制和集中管理用户桌面环境的功能。组策略可以控制用户使用的程序，出现在用户桌面的程序和"开始"菜单的选项。

通常，用户不需要设置组策略，而是由组策略管理员配置和管理它们。组策略通常在整个域或网络上设置并用来实施公司的管理策略。即使不管理组策略，它们也会影响到用户账户、组、计算机和 OU。因此应该了解组策略是什么，并熟悉不同类型的组策略。

4.9.1　组策略简介

组策略是一组配置设置，应用于活动目录存储中的一个或多个对象。组策略管理员利用组策略可以控制域中用户的工作环境。例如定制的"开始"菜单，自动安装的应用程序以及对文件、文件夹和 Windows Server 2012 系统设置的限制访问。另外，使用"Active Directory 站点和服务"管理器，组策略管理员可以在站点上设置组策略。

组策略还授予用户和组权力。组策略和本地需求之间可能存在冲突，例如，组策略可能限制用户访问在工作中需要使用的资源。当冲突发生时，必须请求组策略管理员解决冲突。例如，如果作用在域一级的组策略限制用户访问在工作中需要执行的应用程序，就需要联系组策略管理员更改这种设置。

1. 组策略优点

（1）保护用户环境。

作为安全要求较高的网络管理员，可能希望为每台计算机创建一个锁定的工作环境。通过为指定用户实现相应的组策略设置，并结合 NTFS 权限、强制用户配置文件和其他 Windows

Server 2012 安全特性，可以阻止用户安装软件和访问非授权程序或数据，还可以阻止用户删除对操作系统或应用程序功能有重要作用的文件。

（2）增强用户环境。

可以使用组策略通过下列操作来增强用户环境。

- 自动安装应用程序到用户的"开始"菜单。
- 启动应用程序分发，方便用户在网络上找到并安装相应的应用程序。
- 安装文件或快捷方式到网络上的相应位置或用户计算机上的特定文件夹。
- 当用户登录或注销、计算机启动或关闭时，自动执行任务或应用程序。
- 重定向文件夹到网络位置增强数据可靠性。

2. 组策略类型

组策略可以作用于网络上各种组件和 Active Directory 对象。组策略类型有以下几种。

（1）软件设置。

实现应用程序自动安装的策略有两种方法：指派应用程序，组策略直接在用户计算机上安装或升级应用程序，或为用户提供应用程序的链接，指派的应用程序用户无法删除；发布应用程序，组策略管理员通过 Active Directory 服务发布应用程序，应用程序出现在用户"控制面板"的"添加/删除程序"的安装组件列表中，用户可以卸载这些应用程序。

（2）脚本设置。

组策略管理员可以设定在指定时间运行脚本和批处理文件，例如在计算机系统启动、关闭、用户登录或注销时。脚本可以自动执行重复性任务，如映射网络驱动器。

（3）安全设置。

组策略管理员可以限制用户访问文件和文件夹，配置账户限制（如在 Windows Server 2012 锁定用户账户之前允许用户输入错误口令的次数），设置本地策略（如用户权利和审计），控制服务操作，限制注册表和事件日志文件的访问，设置公钥访问和配置 IPSec 策略。

（4）管理模板。

管理基于注册表的组策略，可以利用它来强制注册表设置，并控制桌面的外观和状态，包括操作系统组件和应用程序。

（5）远程安装服务。

当运行用户安装向导时，控制显示给用户的远程安装服务（RIS）安装选项。

（6）文件夹重定向。

可以重定向 Windows Server 2012 指定的文件夹从用户配置文件默认位置到另一个网络位置，从而对文件夹进行集中管理。

4.9.2　组策略结构

组策略是应用到 Active Directory 存储器中的一个或多个对象的配置设置的集合。这些设置包含在组策略对象（Group Policy Object，GPO）中。GPO 在容器和模板中存储组策略的信息。

1. GPO

GPO 中包含作用于站点、域和 OU 的组策略设置以及写入存储在活动目录中的组策略容器（Group Policy Container，GPC）的属性信息。另外，GPO 在称为组策略模板（Group Policy Template，GPT）的文件夹结构中存储组策略信息。通常情况下，GPO 结构管理员是隐藏的。

一个或多个 GPO 可以应用于站点、域或 OU。存储在 Active Directory 中的一个或多个容器可以关联同一个 GPO，单一的容器可以关联多个 GPO。可以通过安全组成员的方式过滤 GPO 的作用域。

存储在 GPC 中的组策略数据很少且不经常改变，而存储在 GPT 中的组策略数据很多并经常改变。

在每台 Windows Server 2012 计算机上都存在本地 GPO，并且在默认情况下只配置安全设置。本地 GPO 存储在%system%\system32\GroupPolicy 文件夹下，并具有下列访问控制列表（ACL）权限设置。

- Administrator：完全控制。
- SYSTEM：完全控制。
- Authenticated User：读写，列出文件夹内容、读。

2. GPC

GPC 是存储 GPO 属性并包含计算机和用户组策略信息子容器的 Active Directory 对象。GPC 中包含信息的版本确保 GPC 中的信息同 GPT 中的信息同步，还包含用于识别 GPO 是否启动的状态信息。

GPC 存储用于配置应用程序的 Windows Server 2012 类存储信息。类存储是一个作用于应用程序、接口和 API 的基于服务器的存储库，提供应用程序指派和发布功能。

3. GPT

GPT 是包含在域控制器的%systemroot%\SYSVOL\sysvol\<domain_name>\policies 文件夹下的文件夹结构。GPT 是存储管理模板、安全设置、脚本文件和软件设置的组策略设置信息的容器。

4.9.3 应用组策略

在应用组策略之前，必须先创建 GPO，然后编辑策略、管理权限和管理继承。

1. 创建 GPO

创建组策略的第一步是创建或打开 GPO。创建 GPO 的步骤如下。

（1）"服务器管理器"中单击"工具"→"组策略管理"→"组策略管理"窗口。

（2）在左侧的"控制台树"中依次展开"林：poet.fjnu.edu.cn"→"域"→"poet.fjnu.edu"，右击"组策略对象"，如图 4.9.1 所示，选择"新建"命令，弹出"新建 GPO"对话框，如图 4.9.2 所示，在"名称"文本框中输入"实验室 GPO"。

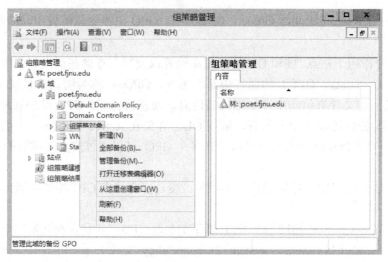

图 4.9.1　组策略管理

图 4.9.2　新建 GPO

2. 使用组策略管理器

创建 GPO 之后，可以利用组策略管理器为计算机和用户设定组策略设置，右击创建的 GPO，选择"编辑"按钮，出现"组策略管理编辑器"窗口，如图 4.9.3 所示。

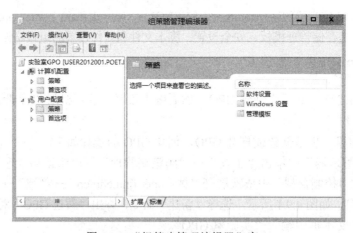

图 4.9.3　"组策略管理编辑器"窗口

组策略管理编辑器包括计算机配置节点和用户配置节点，每个节点下包括软件配置、Windows 设置和管理模板。

（1）计算机配置。

计算机配置包括所有与计算机相关的策略设置，它们用来指定操作系统行为、桌面行为、安全设置、计算机开机与关机脚本、指定的计算机应用选项以及应用设置。当操作系统被初始化时，在固定的刷新周期内，与计算机相关的组策略被实施。一般情况下，计算机策略比与之冲突的用户策略具有更高的优先级。

（2）用户配置。

用户配置包括所有与用户相关的策略设置，它们用来指定操作系统行为、桌面设置、安全设置、指定和发布的应用选项、应用设置、文件夹重定向选项、用户登录与注销脚本等。当用户登录到计算机时，在固定的刷新周期内，与用户相关的组策略被实施。

3. GPO 权限

创建一个 GPO，则每个安全组会添加这个对象并被配置一组属性。在默认情况下，Domain Admins、Enterprise Admins 和 System 组对于 GPO 被赋予读、写、创建和删除所有子对象权限。Creator Owner 系统组被分配管理 GPO 中的子对象的特定权限。Authenticated Users 系统组被赋予读和应用组策略访问权限。在默认情况下，只有 Authenticated Users 组被赋予应用组策略的属性。除了 Authenticated Users 组，其他组的成员可以编辑 GPO。包含在 GPO 中的策略设置不会应用于具有拒绝应用组策略权限（Deny）的组的成员。

管理员可以指定用户和计算机组对相应对象具有应用组策略访问权限。对 GPO 具有读和应用组策略访问权限的组，可以接受已配置的包含在对象中的组策略设置。

GPO 的默认组列表及其属性如表 4.9.1 所示。

表 4.9.1　GPO 的默认组列表及其属性

安 全 组	默 认 设 置
Authenticated Users	读和应用组策略
Creator Owner	为 GPO 中的子对象和属性分配 Special Object 和 Attribute 权限
Domain Admins	读、写、创建所有子对象、删除所有子对象
Enterprise Admins	读、写、创建所有子对象、删除所有子对象
System	读、写、创建所有子对象、删除所有子对象

要编辑 GPO，用户必须对该对象具有读和写的权限。只读模式下，如果打开组策略编辑器，只能编辑出现在名称空间的组策略对象。而在编辑期间发生修改，不会被保存或出现激活步骤。管理员可能希望在编辑 GPO 时断开 GPO 同站点、域或 OU 的连接，或可能希望保留此连接，但禁用计算机和用户节点配置。

除了文件夹重定向和软件安装外，用户不能使用安全组的方法应用（或阻止）组策略对象中的一些设置。在文件夹重定向和软件安装中，GPO 对象级别可以有额外的访问控制列表配置，可以进一步基于安全组成员实现操作控制。

要编辑 GPO，用户必须符合下列条件之一。

- Administrator。
- Creator Owner。
- 委托访问组策略对象的用户。

可以通过打开包含相应的 GPO 的站点、域或 OU 的属性对话框并选择"组策略"选项卡修改 GPO 的权限。单击创建的 GPO，将会在"组策略管理"对话框的右侧窗口中显示该 GPO 的信息。选择"委派选项卡"，单击"高级"弹出该 GPO 的安全设置对话框，如图 4.9.4 所示。在这个选项卡中，可以改变基本的权限或单击"高级"按钮改变高级权限。

图 4.9.4　GPO 的"安全"选项卡

通常情况下，组策略从父容器向子容器向下继承。如果在高层的父容器上设定组策略，则该组策略将作用于父容器下面的所有子容器，包括每一个容器中的用户和计算机对象。但是，如果为子容器指定了一个组策略设置，则子容器的组策略设置将覆盖父容器的组策略设置。

如果父 OU 上有没有配置的策略设置，子 OU 不会继承它们，配置为禁用的策略设置也以禁用方式被继承。而且，如果父 OU 上配置了策略而在子 OU 中没有配置相同的策略，则子 OU 会继承父 OU 上的策略设置。

如果父策略和子策略兼容，子容器继承父容器策略，并且子容器的策略设置也生效，只有在它们兼容时，策略才被继承。例如，如果父策略在桌面上放置一个指定的文件夹，并且子策略放置另外一个文件夹，则用户会看到这两个文件夹。

如果父 OU 上的策略设置同子 OU 上的同样的策略设置不兼容，子容器不继承父容器的策略设置，子容器的策略设置将生效。对于站点上的策略没有锁定继承设置，因为站点在 GPO 层次结构的第一层。如果在子容器上选择此选项，这个子容器将不继承任何父容器的 GPO 策略设置。

4.9.4　管理组策略的方法

1. 管理软件设置

使用组策略可以集中管理软件分发，可以为一组用户或计算机安装、指派、发布、升级、修复和卸载软件。

在使用组策略管理器配置软件之前，要求应用程序具有 Microsoft Windows Installer（.msi）软件包。软件包可以通过如下两种方法获得。

- 软件厂商或开发人员为应用程序提供 Microsoft Windows Installer 安装包。
- 管理员利用重新打包工具为应用程序重新打包，生成 Microsoft Windows Installer 软件包。

可以为计算机和用户指派应用程序，也可以为用户发布应用程序。在指派应用程序到用户时，应用程序向下次登录到工作站上的用户广播。应用程序跟随用户进行广播而不管用户实际使用的物理计算机。该应用程序在用户第一次触发计算机上的应用程序时进行安装，这种触发可以是在"开始"菜单选择该应用程序，或是激活与该应用程序相关的文档。在指派应用程序给计算机时，应用程序广播并在安全的情况下执行安装。一般情况下在计算机启动时进行，从而计算机上没有竞争的进程。

在发布应用程序到用户时，应用程序在用户的计算机上显示为未安装。在桌面和"开始"菜单没有快捷方式，用户计算机的本地注册表也并未被修改。相反，发布的应用程序在活动目录保存发布属性。然后，应用程序名称和文件触发的信息对活动目录容器中的用户可见。所以，用户可以使用"控制面板"中的"添加/删除程序"安装应用程序，或通过单击与应用程序相关的文件触发安装（如 Microsoft Word 的.doc）。

要指派或发布应用程序，须创建一个共享文件夹并将应用程序文件和软件包文件（.msi 文件）复制到共享文件夹下。为共享文件夹分配如下权限：

everyone=read；Administrator=Full control。

打开"组策略管理"控制台，右击指定的 GPO 选择"编辑"，如图 4.9.5 所示，在弹出的

图 4.9.5　组策略管理——编辑 GPO

"组策略管理编辑器"窗口中，依次展开"用户配置"→"策略"→"软件设置"，右击"软件安装"选择"属性"，如图 4.9.6 所示。在弹出的"软件安装属性"对话框的"默认程序数据包位置"文本框处填入所需安装软件所在的共享文件夹 UNC 路径，并单击"确定"按钮，如图 4.9.7 所示。在如图 4.9.6 所示的"组策略管理编辑器"对话框中，选择"软件安装"→"新建"→"数据包"，在弹出的窗口中选择需要安装的.msi 文件，单击"打开"，出现"部署软件"对话框，将选择部署方法设置为"已分配"，单击"确定"按钮后在图 4.9.5 右侧窗口中将显示已分配的软件。被分配的应用程序会出现在站点、域或 OU 中的所有用户的"开始"菜单中，因此分配具有强制性。或单击"已发布"按钮，然后单击"确定"按钮，被发布的应用程序的名称和附加的应用程序属性将出现在站点、域或 OU 中的所有计算机的"添加/删除程序"向导中，因此发布具有可选性。

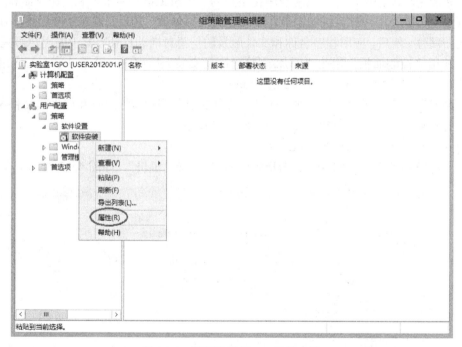

图 4.9.6　组策略管理——软件安装

2. 管理脚本

Windows Server 2012 组策略在指定脚本时有很大的灵活性，可以为计算机指派启动和关机脚本，还可以为用户指派登录和注销脚本。

Windows Server 2012 利用下列方式执行脚本。

● 在为用户或计算机设定多个登录、注销、启动或关机脚本时，Windows Server 2012 从上向下执行脚本。可以在属性对话框中确定多个脚本的执行顺序。

图 4.9.7　组策略管理——软件安装属性

- 当计算机关机时，Windows Server 2012 首先执行注销脚本，然后执行关机脚本。默认情况下，处理脚本的溢出时间是 2 min，如果注销和关机脚本处理时间超过 2 min，则必须通过软件策略调整溢出时间。

- Windows Server 2012 在 GPT 的 Scripts 文件夹中存储脚本。

- 利用 Windows Server 2012 中的组策略编辑器可以指派脚本。管理员可以为计算机配置启动和关机脚本以及为用户配置登录和注销脚本。利用脚本设定在计算机启动、关闭，用户登录、注销时执行特定的事件。

可以使用的脚本包括 Windows NT 批处理文件（.bat 成.cmd），Windows Scripting Host 的 VBScript（.vbs）或 JScripts（.js）文件。双击相应的脚本图标（启动、关闭、登录或注销）并单击"添加"按钮，选择相应的脚本，输入脚本需要的命令行参数即可完成指派脚本。可以为用户或计算机指派多个 Logon/Logoff 或 Start/Shutdown 脚本。使用属性对话框中的上和下按钮确定多个脚本的执行顺序，脚本将从上向下执行。单击"显示文件"按钮，将打开窗口显示脚本文件夹的内容，可查看 GPO 相关联的脚本文件。

3. 管理安全设置

计算机安全策略包括不同的策略范围、管理权力和用户权限。

在 Windows Server 2012 中定义了两种安全策略类型：域安全策略和计算机安全策略（即本地安全策略）。

不属于 Windows Server 2012 域中的计算机只受计算机安全策略影响，而对于域中的计算机，计算机安全策略首先生效，然后才是域安全策略生效。

Windows Server 2012 提供集中定义和管理安全策略，以及强制在域中所有计算机上分布执行的基础结构。这些安全基础结构可以分为多种可配置类型：

- 账户策略：可以为口令策略、锁定策略和 Windows Server 2012 域 Kerbros 策略配置安全设置。
- 本地策略：可以为审计策略、用户权利分配和安全选项配置安全设置，还可以设置谁能通过本地或网络访问计算机，如何审计本地事件。
- 事件日志：可以为应用程序、安全和系统事件日志配置安全设置，可以通过事件查看器访问这些日志。
- 受限制组：可以配置属于受限制组的对象。这些设置可以使管理员对敏感的组强制安全策略，如 Enterprise Admins 或 Payroll。例如，可以决定只有 Joe 和 Mary 可以成为 Enterprise Administrators 组的成员，受限制组可以强制此策略。如果第 3 个用户加入到这个组（例如，在紧急修复状态完成一些任务），下一次执行这个策略时，第 3 个用户将自动从 Enterprise Administrators 组中被删除。默认情况下，策略每隔 90 min 重新生效一次。所以第 3 个用户最多只有 90 min 拥有 Enterprise Admins 组的权力。
- 系统服务：可以为网络服务、文件和打印服务、电话和传真服务 Internet 和 Intranet 服务等系统服务器启动模式和安全选项（安全描述符）。
- 注册表：可以为注册表键配置安全设置，包括访问控制、审计和所有权。当为注册表键配置安全设置时，安全设置扩展遵循 Windows Server 2012 中的同样的树型层次结构（如活动目录存储和 NTFS）。Microsoft 建议利用继承特性只为顶层对象设置安全，然后只在必要情况下为一些子对象重新定义安全。这种方法能够最大限度简化安全结构，并减少管理工作负担，这种负担是复杂访问控制结构的结果。
- 文件系统：可以为文件系统对象配置安全设置，包括访问控制、审计和所有权。
- 公钥策略：可以配置加密数据恢复代理，自动注册策略、域根和信任的证书授权。
- 在活动目录服务上的 IP 安全策略：这种类型可以在网络上配置 IP 安全。

一组预定义的安全配置模板存储在 %sysbtemroot%\Security\Templates 文件夹中。这些预定义的安全配置可以作为安全设置的基础，根据实际情况的需要进行编辑和修改。

安全配置存储在以安全描述符定义语言（SDDL）的.inf 文本格式文件中。当分配和编辑一个安全配置时，将处理配置文件并改变关联的计算机和用户的相应配置。

4. 管理模板

"管理模板"策略显示在"计算机配置"和"用户配置"节点的"管理模板"节点下，它是基于注册表的策略设置，此层次结构根据计算机上所存在的基于 XML 的管理模板文件（.admx）的列表而创建。

使用本地组策略编辑器设置本地计算机上管理的策略设置。当计算机加入了域并受组策略管理时，则本地计算机上的策略设置会被覆盖。此外，在本地计算机上无法修改某些由域管理的策略设置。所以，对于应用于域的策略设置，建议使用组策略管理控制台。

在默认情况下，使用关机命令并不会完全关闭 Windows 8 和 Windows RT，所以在同步启动或关机过程中应用的组策略设置或脚本可能无法应用于运行 Windows 8 或 Windows RT 的计算机。解决办法是通过"重新启动计算机"命令实现对基于客户端的目标计算机进行同步启动或关机，也可以在基于客户端的目标计算机上禁用"计算机配置"→"策略"→"管理模板"→"系统"→"关机"→"需要使用快速启动"。禁用此策略设置将导致基于客户端的目标计算机完全关机，并且启动时间更长。

4.10　本章小结

本章首先介绍了 Windows Server 2012 域模式网络的概念，Active Directory 的特性、架构，接着介绍了如何创建 Windows Server 2012 域以及域操作，包括将成员服务器提升为域控制器，将域控制器降级为成员服务器，更改操作主机角色，计算机加入域和删除域成员，最后介绍了如何创建和管理域用户账户和域组，以及如何运用组策略管理 Windows Server 2012 域网络中的服务器和客户端计算机。通过本章的学习，读者可以学会创建与管理 Windows Server 2012 域模式网络及其资源。

思　考　题

1．什么是 Active Directory？Active Directory 的特性有哪些？

2．Active Directory 的架构包含哪些内容？

3．什么是全局编录？全局编录承担的目录角色有哪些？

4．如何提升成员服务器计算机为域控制器？

5．如何降级域控制器为成员服务器？

6．如何启用或禁用全局编录服务器？

7．用户账户有哪几种？如何创建本地用户账户？如何创建域用户账户？

8．用户配置文件有哪几种？如何使用漫游配置文件？如何使用强制性漫游配置文件？什么是本地组？如何创建本地组？

9．域模式下组的类型有哪些？

10．域模式下组的作用域有哪几种？各自的成员包括哪些？

11．如何规划全局组和本地域组？

12．如何创建域模式下的组？

13．什么叫组策略？使用组策略有什么好处？

14．如何创建组策略？有多少种不同的组策略？

15．组策略是如何存储的？试述组策略能实现的功能。

实 践 题

1．一台装有 Windows Server 2012 的计算机，将其配置成一个新域中的域控制器。

2．将另一台装有 Windows Server 2012 的计算机配置成该域中的额外域控制器。

3．在该域中创建 5 个域用户账户，分别是 user1、user2、user3、user4 和 user5。

4．设置 user1 用户的登录时间是 8:00am～18:00pm。

5．设置 user2 使用漫游用户配置文件，且其配置文件存放于域控制器 E 盘下的 profiles 文件夹下。

6．作为网络管理员，当网络中用户非常多时，逐一为每个用户分配权限是非常麻烦的工作，该如何操作可以最简单、快捷地对相同类型的用户账户进行管理？

7．作为网络管理员，当网络中的计算机分布在不同的地点时，如何操作才能在这些计算机上统一安装某个软件？

文件与磁盘管理 第 5 章

通过前几章的学习，我们已经掌握如何创建与管理 Windows Server 2012 工作组网络和域模式网络，并且了解了如何将计算机加入到网络中，如何管理网络中的用户账户和组账户，如何实现网络中的资源共享及 Active Directory 中资源的发布。在本章中，将介绍 Windows Server 2012 文件管理与磁盘管理的概念，使读者了解 FAT 文件系统、NTFS 文件系统、ReFS 文件系统、加密文件系统 EFS 及分布式文件系统 DFS 的各自特点，并学习如何利用 Windows Server 2012 的"磁盘管理"程序进行基本磁盘与动态磁盘的管理，如何对磁盘进行碎片整理和清理，以及如何备份和还原磁盘上的数据。

5.1　磁盘管理

计算机运行的程序和数据都保存在磁盘上，操作系统本身也保存在磁盘上，因此，操作系统必须提供一个功能强大的磁盘管理工具来对磁盘进行管理。Windows Server 2012 用"磁盘管理"程序提供了许多强大而实用的功能。

"磁盘管理"程序是用于管理磁盘、卷或分区的系统实用工具。它位于"计算机管理"控制台中，主要包括初始化磁盘，创建卷，使用 FAT、FAT32、NTFS 或 ReFS 文件系统格式化卷，创建容错磁盘系统，磁盘查错和磁盘碎片整理等。使用这些方便的磁盘管理工具对本地和远程磁盘进行各种操作。"磁盘管理"可以在不需要重新启动系统或中断用户的情况下，执行多数与磁盘相关的任务，大多数配置更改后将立即生效。

Windows Server 2012 的磁盘管理器支持基本磁盘和动态磁盘。

5.1.1　基本磁盘

基本磁盘是长期以来一直使用的磁盘类型，DOS、Windows 9x/NT、Windows 2000、Windows 7 和 Windows 8 等操作系统都支持和使用的磁盘类型。基本磁盘包括主分区（Primary Partition）

和扩展分区（Extended Partition），而在扩展分区中又可以划分出一个或多个逻辑分区。

1. 分区

分区（Partition）是物理磁盘的一部分，它的作用如同一个物理分隔单元。分区通常包括主分区和扩展分区。

2. 主分区

主分区是用来启动操作系统的分区，即系统的引导文件存放的分区。计算机自检后会自动在物理磁盘上按设定找到一个被激活的主分区，并在这个主分区中寻找启动操作系统的引导文件。每个基本磁盘最多可以被划分出 4 个主分区，通过这样的方法可以互不干扰地安装多套操作系统。如果一个基本磁盘上有一个扩展分区，则最多有 3 个主分区。

3. 扩展分区

如果主分区没有占用所有的磁盘空间，则可以将剩余的空间划分为扩展分区空间，每一块磁盘上只能有一个扩展分区。通常情况下将除了主分区以外的所有磁盘空间划分为扩展分区，扩展分区不能用来启动操作系统，并且在划分好之后不能直接使用，也不能被赋予盘符，必须要在扩展分区中划分逻辑分区后才可以使用。可以将扩展分区划分为一个逻辑分区或多个逻辑分区。

5.1.2 动态磁盘

动态磁盘是含有使用磁盘管理创建动态卷的物理磁盘，利用动态磁盘可以实现很多基本磁盘不能或不容易实现的功能。在动态磁盘上，Microsoft 公司不使用分区，而是使用卷（Volume）来描述动态磁盘上的每一个空间划分。

动态磁盘的优点如下。

（1）空间划分数目不受限制。

基本磁盘最多只能建立 4 个磁盘分区，而动态磁盘可以容纳 4 个以上的卷，卷的相关信息不存放在分区表中，而是卷之间互相复制划分信息，因此，提高了容错能力。

（2）可以动态调整卷。

不像在基本分区中，添加、删除分区之后都必须重新启动操作系统。动态磁盘的扩展、建立、删除、调整均不需要重新启动计算机即可生效。

动态磁盘有 5 种主要类型卷，可分为非磁盘阵列卷和磁盘阵列卷两大类。

1. 非磁盘阵列卷

- 简单卷：要求必须是建立在同一磁盘上的连续空间中，但在建立好之后可以扩展到同一磁盘中的其他非连续空间中。
- 跨区卷：可以将来自多个磁盘（最少 2 个，最多 32 个）中的空间置于一个跨区卷中，用户在使用的时候感觉不到是在使用多个磁盘。但向跨区卷中写入数据时必须先将同一个跨区卷中的第一个磁盘空间写满，才能再向下一个磁盘空间写入数据。每块磁盘用来组成跨区卷的空间不必相同。

2. 磁盘阵列卷

• 带区卷：可以将来自多个磁盘（最少 2 个，最多 32 个）中的相同空间置于一个带区卷中。向带区卷中写入数据时，数据按照 64 KB 分成一块，这些数据块被分散存放于组成带区卷的各个磁盘空间中。该卷具有很高的文件访问效率，但不支持容错功能。

• 镜像卷：就是简单卷的两个相同的复制卷，并且这两个卷被分别存储于一个独立的磁盘中。当向一个卷作出修改（写入或删除）时，另一个卷也完成相同的操作。镜像卷有很好的容错能力，并且可读性能好，但是磁盘利用率很低（50%）。

• RAID-5 卷：RAID-5 卷是具有容错能力的带区卷，在向 RAID-5 卷中写入数据时，系统会通过数学算法计算出写入信息的校验码并一起存放于 RAID-5 卷中，并且校验信息被置于不同的磁盘中。当一块磁盘中出现故障时，可以利用其他磁盘中的数据和校验信息恢复丢失的数据。RAID-5 卷需要至少 3 个磁盘，最多 32 个。

5.1.3 动态磁盘与基本磁盘的转换

案例：将本地计算机上的磁盘 1 和磁盘 2 转换成动态磁盘。

将基本磁盘转换为动态磁盘的步骤如下。

（1）执行"服务器管理器"→"工具"→"计算机管理"命令，打开"计算机管理"窗口，单击目录树中"存储"下的"磁盘管理"，在窗口右侧右击磁盘卷标，在弹出的快捷菜单中选择"转换到动态磁盘"命令，如图 5.1.1 所示。

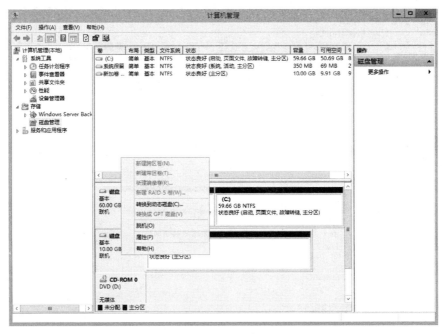

图 5.1.1　计算机管理——转换到动态磁盘

（2）接着出现"转换为动态磁盘"对话框，选中需要转换的磁盘，如图 5.1.2 所示。单击"确定"按钮。

（3）出现"要转换的磁盘"对话框，如图 5.1.3 所示。在该对话框中列出了要转换的磁盘的情况，单击"转换"按钮。

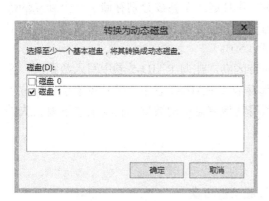

图 5.1.2　"转换为动态磁盘"对话框　　　　　图 5.1.3　"要转换的磁盘"对话框

（4）出现系统提示框，提示基本磁盘一旦转换为动态磁盘，将无法从这些磁盘上的任何卷（除了当前启动卷）启动已安装的操作系统。完成转换后，在磁盘管理窗口可以看到原来的基本磁盘已经转换成动态磁盘，而原来的分区都转换成了简单卷，如图 5.1.4 所示。

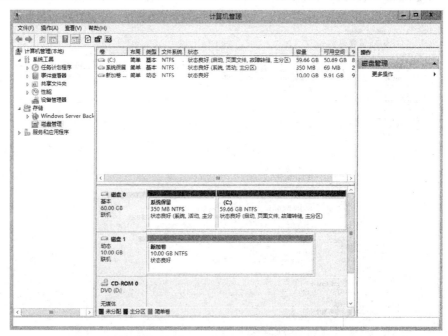

图 5.1.4　转换后的动态磁盘

在转换磁盘的过程中，如果系统提示升级所需的磁盘空间不足，则可能是因为磁盘中没有足够的未分配自由空间。这些空间在磁盘的末端，属于私有区域，用于保存卷信息。通常情况下，升级到动态磁盘需要 1 MB 的未分配磁盘空间。

如果要将动态磁盘重新还原为基本磁盘，在如图 5.1.1 所示的窗口中右击磁盘卷标，在弹出的快捷菜单中选择"转换成基本磁盘"命令，会出现报警提示框，提示尽管没有分区被创建或毁坏，但是在当前会话中所做的改变将会被丢失，同时，卷组、逻辑卷组、奇偶校验带、镜像和驱动号也会在这个操作期间丢失。单击"确定"按钮，即可完成将动态磁盘还原为基本磁盘。

5.2 文件系统

文件系统是指操作系统在存储设备上保存封包的数据所用的结构和机制。文件系统规定了文件存储的大小机制、安全机制以及文件名的长短，用户对文件和文件夹的操作都是通过文件系统来完成的。Windows Server 2012 支持 FAT16、FAT32 和 NTFS 文件系统，同时也支持光盘文件系统（CDFS）以及通用磁盘格式（UDF）。支持 FAT 仅仅是为了向后兼容和方便用户使用，而 NTFS 文件系统可以为用户提供新的、增强的功能。

操作系统访问磁盘卷中文件的能力依赖于文件系统是如何格式化卷的。表 5.2.1 列出了被不同操作系统所使用的文件系统格式。

表 5.2.1　操作系统与文件系统的兼容性

操作系统	卷的文件系统格式
Windows Server 2012	NTFS、FAT16、FAT32、ReFS
Windows 8	NTFS、FAT16、FAT32、ReFS
Windows 7	NTFS、FAT16、FAT32
Windows Server 2008	NTFS、FAT16、FAT32
Windows Server 2003	NTFS、FAT16、FAT32
Windows XP	NTFS、FAT16、FAT32
Windows 2000	NTFS、FAT16、FAT32
Windows NT	NTFS、FAT16
Windows 98/Me	FAT16、FAT32
Windows 95 OS2	FAT16、FAT32
Windows 95 第一版	FAT16
Windows 3.x	FAT16
MS-DOS	FAT16

5.2.1 FAT 文件系统

1. FAT 文件系统简介

FAT 文件系统具有驻留在逻辑卷开端的文件分配表。FAT 是一种适合小卷集与双重引导需要的文件系统。文件分配表的两个备份存储在卷中，一旦文件分配表的一个备份损坏，就可以使用另一个文件分配表。对于使用一般操作系统（例如 MS-DOS、Windows 3.x）并且对系统安全性要求不高的用户来说，FAT 是一种合适的文件管理系统。

采用 FAT 文件系统格式化的卷以簇的形式进行分配。默认的簇的大小由卷的大小决定。对于 FAT 文件系统，簇大小必须为 512～65 536 B 之间的 2 的次幂。表 5.2.2 列出 FAT16 卷默认的簇空间。如果用户在命令提示行用 format 命令格式化卷，则可指定不同的簇空间，但所指定的空间大小必须是表 5.2.2 所列出的。

表 5.2.2 FAT16 文件系统默认的簇大小

卷空间的大小	每个簇的扇区	簇空间大小
0～32 MB	1	512 B
33～64 MB	2	1 KB
65～128 MB	4	2 KB
129～255 MB	8	4 KB
256～511 MB	16	8 KB
512～1 023 MB	32	16 KB
1 024～2 047 MB	64	32 KB
2 048～4 096 MB	128	64 KB

建议对超过 511 MB 的卷不要使用 FAT16，因为簇的尺寸越大，浪费磁盘空间的可能性就越大。当相对较小的文件放在 FAT16 卷中时，FAT 不能有效地使用磁盘空间。用户不能对超过 4 GB 的卷使用 FAT16，不管簇的空间大小如何。

Windows Server 2012 也支持 FAT32，与 FAT16 相比，FAT32 的主要优点是支持更大的卷容量。FAT16 支持的卷最大只有 4 GB，而 FAT32 使卷最大可达到 2 047 GB。FAT32 簇的空间大小可从 1 个扇区（512 B）到 64 个扇区（32 KB）不等，递增应当为 2 的幂次。表 5.2.3 列出了 FAT32 默认的簇大小。如果用户有一个 2 GB 的 FAT16 驱动器，用户必须使用 32 KB 的簇。而如果采用 FAT32，对于 512 MB～8 GB 之间的驱动器空间可采用 4 KB 大小的簇。

表 5.2.3 FAT32 簇的大小

分 区 大 小	默认的簇的大小
小于 8 GB	4 KB
大于等于 8 GB 且小于 16 GB	8 KB
大于等于 16 GB 且小于 32 GB	16 KB
大于等于 32 GB	32 KB

在 FAT32 驱动器上，可用的最大文件是 4 GB 减去 2 B。在 FAT32 的文件分配表中，每个簇包括 4 B，这与 FAT16 系统每一簇包括 2 B 有所不同。因为 FAT32 需要 4 B 来存储簇的值，许多内部和磁盘上的数据结构被修改或扩展。大多数程序并没有被这些改动所影响，但读磁盘上格式的磁盘公用程序必须支持 FAT32。

FAT16 和 FAT32 的可伸缩性不是很好，当卷变大时，文件分配表也随之变大，这就相应增加了在系统重新启动时 Windows Server 2012 计算引导卷中闲置空间的时间。因此，在 Windows Server 2012 中不支持用户使用格式化程序来创建超过 32 GB 的 FAT32 卷，但它能装入其他操作系统创建的更大的 FAT32 分区，如 Windows 98。

2. FAT 卷中的文件名

由 Windows NT 3.5 开始，在保持了与 MS-DOS 或 OS/2 兼容性的同时，通过使用属性位可以在 FAT 卷中创建或者更名文件时可以使用长文件名。在创建一个长文件名文件的同时，Windows Server 2012 将对文件创建一个便利的 8.3 格式名字和一个或多个辅助文件夹条目，每个条目对应长文件名中的 13 个字符，每个辅助文件夹条目存储统一编码中长文件名的相应部分。Windows Server 2012 设置了辅助文件夹入口项的卷 ID、只读、系统和隐藏属性来标志它为长文件名的一部分，MS-DOS 一般忽略有此 4 种属性位的文件夹条目，因此，这些条目对操作系统而言是不可见的，MS-DOS 通过使用文件夹条目中的 8.3 文件名称对文件进行访问。

默认情况下，Windows Server 2012 支持 FAT 卷中的长文件名。在注册表中，如果将 HKEY_LOCAL_MACHINES\System\CurrentControlSet\Control\FileSystem\Win31Filesystem 键值改为 1，则将阻止 FAT 系统创建长文件名。

此键值阻止 Windows Server 2012 在所有 FAT 卷中创建新的长文件名，但是它并不影响现有的长文件名。

3. 使用 Windows Server 2012 中的 FAT

FAT16 在 Windows Server 2012 中的工作方式与在 MS-DOS、Windows 3.x、Windows 95/98/Me 中的工作方式完全一样。FAT32 在 Windows Server 2012 中的工作方式与其在 Windows 98/Me/2000/XP 中的工作方式相同。事实上，用户可以在当前 FAT 基本分区或逻辑驱动器上安装 Windows Server 2012。当运行 Windows Server 2012 时，用户可以在 FAT 与 NTFS 卷之间对文件进行移动或复制。

4. FAT 文件系统的安全问题

FAT 文件系统是在 20 世纪 80 年代初期为 MS-DOS 开发的，是一种最简单的文件系统，如今的计算机仍支持该文件系统。支持它的计算机操作系统包括 MS-DOS、Windows 95、Windows NT、OS/2、Macintosh、UNIX。

可移植性使 FAT 文件系统能方便地用于数据传送，但是也伴随着较大的不安全因素。例如，从服务器上拆下 FAT 格式的磁盘，可以将它装到周围的任何计算机上，不需任何专用软件即可直接读出。

从安全和管理的观点来看，FAT 文件系统有以下缺点：

- 易受损害：FAT 文件系统缺少错误恢复技术，每当 FAT 文件系统损坏时计算机将会瘫痪或者不正常关机。
- 单用户：FAT 文件系统是为类似于 MS-DOS 这样的单用户操作系统开发的，它不保存文件的权限信息。因此，除了隐藏、只读等少数几个公共属性之外，无法实施任何安全防护措施。
- 非最佳更新策略：FAT 文件系统在磁盘的第一个扇区保存其目录信息。当文件改变时，FAT 必须随之更新，这样磁盘驱动器就要不断地在磁盘分区表中寻找。当复制多个小文件时，这种开销就变得很大。
- 没有防止碎片的最佳措施：在需要时，FAT 文件系统只是简单地以第一个可用扇区为基础来分配空间，这会增加碎片，因而也就增加了添加与删除文件的访问时间。

Windows Server 2012 在很大程度上依靠文件系统的安全性来实现整个操作系统的安全性。没有文件系统的安全防范，就没有办法阻止某些人通过访问操作系统安装病毒程序，以及不适当地删除文件或访问某些敏感信息。

5.2.2 NTFS 文件系统

NTFS 是 Windows Server 2012 推荐使用的高性能的文件系统，它提供了 FAT 所没有的性能，支持许多新的文件安全、存储和容错功能。例如，Active Directory 目录服务程序和基于重析点的存储特点，只能够使用 NTFS 格式化过的卷。

1. NTFS 简介

NTFS 文件系统提供了 FAT 文件系统所没有的全面性、可靠性和兼容性。NTFS 的设计目标就是用来在很大的磁盘上很快地执行诸如读、写和搜索这样的标准文件操作，以及文件系统恢复等高级操作。

NTFS 文件系统包括了协作环境下文件服务器和终端个人计算机所需的安全特性，而且还支持对于关键数据完整性十分重要的数据访问控制和私有权限。

NTFS 文件系统的结构设计简单、功能强大。从本质上来讲，卷中的一切都是文件，文件中的一切都是属性，从数据属性到安全属性，再到文件名属性。NTFS 卷中的每个扇区都分配给了某个文件，甚至描述文件系统自身的信息也是文件的一部分。

Windows Server 2012 的 NTFS 文件系统支持以下特性：

- Active Directory：使网络管理员和网络用户可以方便灵活地查看和控制网络资源。
- 域：它是 Active Directory 的一部分，帮助网络管理员兼顾管理的简单性和网络的安全性。例如，只有在 NTFS 文件系统中，用户才能设置单个文件的许可权限而不是整个目录的许可权限。
- 重析点：是 Windows Server 2012 所包括的 NTFS 版本中新型文件系统对象。重析点具有一个用户控制数据的可定义属性，且在输入输出子系统中用于扩展功能。

- 改动日志：提供了对卷中文件所做改动的持续的记录。对每个卷，NTFS 使用改动日志以跟踪有关于添加、删除和改动文件的信息。改动日志比用于决定给定名字区改变的时间戳或文件标志信息更有效。

- 文件加密：能够大大提高信息的安全性。Windows Server 2012 使用加密文件系统（Encrypting File System，EFS）将数据存储在加密表当中，它在存储介质从使用 Windows Server 2012 的系统中移走时提供安全机制。

- 稀松文件支持：稀松文件是应用程序生成的一种特殊文件，它的文件尺寸非常大，但实际上只需要少部分的磁盘空间，NTFS 只给这种文件实际写入的数据分配磁盘存储空间，即将所有非零数据定位于磁盘上，而对那些无实际意义的数据（大量的由零组成的数据串）没有定位。

NTFS 包括完全的对压缩及未压缩文件的稀疏文件支持。NTFS 通过返回定位数据和稀松数据处理稀松文件上的读操作。在不检索全部数据集合的情况下，也可能将稀松文件作为定位数据和数据范围来读取。

用户可设置文件系统属性来充分发挥 NTFS 中稀松文件的功能。由于具有稀松文件属性集合，文件系统可释放文件中任何一处的数据，且在应用程序调用时，返回零数据而不是存储的和返回的确切数据。文件系统 APIs 允许将文件作为实际位与稀松流范围来复制或备份，网络结果是有效的文件系统存储与访问。

- 磁盘配额：是 NTFS 的新特性，可以提供对基于网络存储器的更简洁的控制。通过磁盘配额，管理员可以管理和控制每个用户所能使用的最大磁盘空间。

- 对于大容量驱动器的良好扩展性：NTFS 中最大驱动器的尺寸远远大于 FAT 格式的驱动器尺寸，NTFS 的性能和存储效率并不像 FAT 那样随着驱动器尺寸的增大而降低。

- 分布式链接跟踪：利用 Windows Server 2012 的分布式链接跟踪服务技术，使用户应用程序可以跟踪在局部区域内被移动或在一个域中移动的链接源。具有此链接跟踪服务程序的用户可以保持其引用的完整性，因为对象引用可公开移动。由 NTFS 管理的文件可被具有唯一对象的标识符引用。链接跟踪技术将文件对象标识符作为其跟踪信息的一部分存储起来。

分布式链接跟踪技术跟踪使用 Windows Server 2012 计算机上 NTFS 卷中的 OLE 链接和快捷方式。例如，创建一个文本文件的快捷方式，分布式链接跟踪允许在目标文件移到一个新的驱动器或计算机系统时此快捷方式仍保持正确。例如，将某个 Microsoft Excel 电子数据表链接到 Microsoft Word 文档中，即使 Excel 文件移至另一新驱动器或计算机系统，链接仍保持正确。

2. NTFS 的卷结构

像 FAT 文件系统一样，NTFS 文件系统使用簇作为磁盘分配的基本单元。在 NTFS 文件系统中，默认的簇大小取决于卷的大小。如果用户使用命令行提示符程序 format.com 格式化 NTFS

卷时，可以改变簇的大小。例如，在"运行"对话框中输入"format d:/a:<size>/fs:ntfs"命令可以改变 D 盘中簇的大小。NTFS 默认簇的大小如表 5.2.4 所示。

表 5.2.4　NTFS 默认簇的大小

分 区 大 小	每簇的扇区数/个	默认的簇大小
＜512 MB	1	512 B
512 MB～1 024 MB（1 GB）	2	1 KB
1 025 MB～2 048 MB（2 GB）	4	2 KB
2 049 MB～4 096 MB（4 GB）	8	4 KB
4 097 MB～8 192 MB（8 GB）	16	8 KB
8 193 MB～16 384 MB（16 GB）	32	16 KB
16 385 MB～32 768 MB（32 GB）	64	32 KB
>32 768 MB(32 GB)	128	64 KB

3. NTFS 卷中的文件名

Windows NT/2000/XP 和 Windows Server 2012 平台上的文件名至多可使用 255 个字符，且可以含有空格、多个句点以及 MS-DOS 文件名中所禁用的特殊字符。Windows Server 2012 对每个文件自动生成一个 MS-DOS 可读名，即 8.3 格式的文件名，使其他操作系统用长文件名访问文件成为可能。

通过对文件创建 8.3 格式的文件名，Windows Server 2012 可使基于 MS-DOS 和 Windows 3.x 的应用程序可识别并装载具有长文件名的文件。另外，当用户在 Windows Server 2012 的计算机上保存文件时，8.3 格式的文件名与长文件名均被保留。

为了提高拥有很多长文件名或类似文件名的卷的性能，用户可以通过设置注册表中 HKEY_LOCAL_MACHINE\SYSTEM\CurrentControlSet\Control\Filesystem 键的 NtfsDisableName Creation 键值为 1 来关闭该特性。

Windows Server 2012 不为基于 POSIX（Portable Operating System Interface of UNIX，基于 UNIX 的可移植操作系统接口）的应用程序在 NTFS 卷上创建的文件生成短文件名（8.3 格式）。这意味着如果它们创建的不是 MS-DOS 和 Windows 能合法使用的 8.3 格式文件，则必须确保使用标准的 MS-DOS 8.3 命名规则。

5.2.3　ReFS 文件系统

Windows Server 2012 中可以采用新文件系统 ReFS，即"弹性文件系统"，其设计目的是要提升可靠性，处理大量文件，检测损坏文件并实现跨机存储共享。

ReFS 与现有文件系统一样插入存储堆栈，在 NTFS 文件系统基础上保持元件兼容性。ReFS 和存储空间相辅相成，构成 Windows Server 2012 完整的存储系统，能够检测各种磁盘损坏，支持数据分段，以及分配写时复制模式（COW）等，ReFS 属性如表 5.2.5 所示。

表 5.2.5　ReFS 属性

属　　性	磁盘上格式的限制
单个文件的最大规模	2^{64} 1 D
单个卷的最大规模	格式支持带有 16 KB 群集规模的 2^{78} B（$2^{64} \times 16 \times 2^{10}$），Windows 堆栈寻址允许 2^{64} B
目录中的最大文件数量	2^{64} B
卷中的最大目录数量	2^{64} B
最大文件名长度	32 K Unicode 字符
最大路径长度	32 KB
任何存储池的最大规模	4 PB
系统中存储池的最大数量	无限制
存储池中空间的最大数量	无限制

总之，管理员运用 ReFS 能够在无须考虑单块磁盘容量的前提下创建出非常巨大的存储空间。

5.3　用"磁盘管理"处理系统分区

利用"磁盘管理"程序可以实现对磁盘的管理。在"计算机管理"窗口中，单击"存储"项目下的"磁盘管理"，在右侧子窗口中会显示当前的磁盘状况。

5.3.1　在基本磁盘上创建磁盘分区

分区可以简单地看作是操作系统中文件系统所使用的存储数据的区域。将磁盘进行分区后，格式化磁盘就是将文件系统放置在分区上，并在磁盘上划分磁道和扇区，以及创建文件表。

案例：为尚未分区的基本磁盘 2 创建磁盘分区，分区的大小约为 2 GB。

利用"磁盘管理"在基本磁盘上创建磁盘分区的步骤如下：

（1）在图 5.3.1 所示窗口右侧的磁盘列表中，右击基本磁盘 2 选择"联机"命令，此时磁盘状态将从"脱机"转变为"没有初始化"。

（2）再次右击该磁盘，选择"初始化磁盘"命令，弹出"初始化磁盘"对话框，如图 5.3.2 所示，选择需要初始化的磁盘，并选择磁盘分区形式。此处有两种磁盘分区形式：MBR（Master Boot Record，主引导记录）和 GPT（GUID Partition Table，全局唯一标识分区表），MBR 磁盘分区由分区程序产生，它不依赖任何操作系统，而且磁盘引导程序也是可以改变的，从而能够实现多系统引导，支持最大卷为 2 TB（Terabytes）并且每个磁盘最多有 4 个主分区（或 3 个主分区，1个扩展分区和无限制的逻辑驱动器）。GPT 是一个实体磁盘的分区结构，它是 EFI（可扩展固件接口标准）的一部分，用来替代 BIOS 中的主引导记录分区表。GPT 磁盘分区样式支持最大卷为 18 EB（Exabytes）并且每个磁盘的分区数没有上限，只受操作系统的限制。与 MBR 分区的磁盘不同，重要的平台操作数据位于分区，而不是位于非分区或隐藏扇区。另外，GPT 分区磁盘有备份分区表来提高分区数据结构的完整性。此处选择"MBR"选项并单击"确定"按钮。

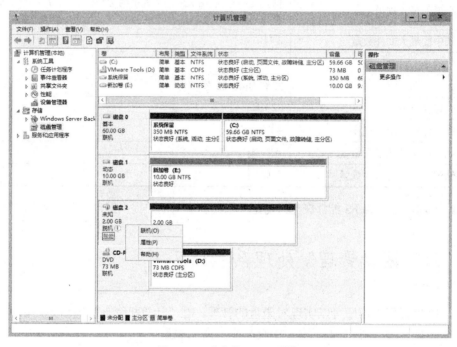

图 5.3.1　磁盘管理——联机

（3）右击磁盘 2 右侧的"未分配"空间，选择"新建简单卷"进入"新建简单卷向导"，单击"下一步"指定卷大小，在"分区大小"文本框中为这个新建的分区输入空间大小，在此例中输入 2 045 MB。在该对话框中系统会自动计算得到可用空间的最大值和最小值。设置完后单击"下一步"按钮。

（4）进入分配驱动器号对话框，此处选择"F"。单击"下一步"按钮，出现"格式化分区"对话框，如图 5.3.3 所示。在该对话框中设定是否格式化这个新建的分区，以及该分区所使用的文件系统和卷标。选中"执行快速格式化"复选框，则系统会使用快速格式化的方式来格式化分

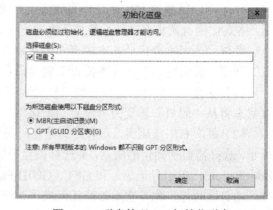

图 5.3.2　磁盘管理——初始化磁盘

区，这会大大提高创建新的分区的速度。选中"启用文件和文件夹压缩"复选框，则自动在整个分区上启用 NTFS 压缩功能。

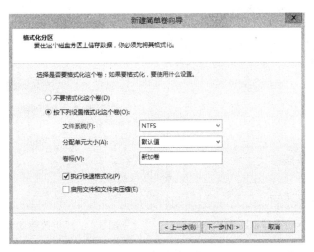

图 5.3.3　新建磁盘分区向导——"格式化分区"对话框

（5）单击"下一步"按钮，出现"正在完成新建磁盘分区向导"对话框，单击"完成"按钮。

（6）返回"计算机管理"窗口，在该窗口中可以看到新建的磁盘分区正在完成格式化的过程。

5.3.2　格式化分区

利用"磁盘管理"可以对分区进行格式化。

（1）在"计算机管理"窗口中选择"磁盘管理"，在右侧子窗口中右击要格式化的分区，在弹出的快捷菜单中选择"格式化"命令，打开"格式化"对话框，如图 5.3.4 所示。

在"卷标"文本框中输入该分区的标识；在"文件系统"下拉列表框中选择要使用的文件系统；在"分配单元大小"下拉列表中选择"默认值"，单击"确定"按钮。

（2）出现系统警告对话框，提示格式化操作将清除该分区上的所有数据。单击"确定"按钮即开始格式化分区操作。

图 5.3.4　格式化分区

5.3.3　更改驱动器号和路径

每一个分区或卷都有一个唯一的标识，利用"磁盘管理"可以设置分区或卷的盘符。

（1）在"磁盘管理"的右侧子窗格中右击要更改盘符的驱动器，在弹出的快捷菜单中选择

"更改驱动器名和路径"命令，打开"更改…驱动器号和路径"对话框，如图5.3.5所示。

（2）单击"更改"按钮，打开如图5.3.6所示的"更改驱动器号和路径"对话框。在该对话框中可以选择一个新的驱动器号。

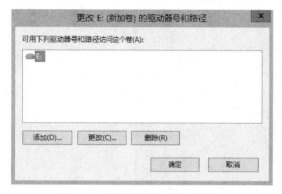

图5.3.5 更改驱动器号和路径 　　　　　图5.3.6 "更改驱动器号和路径"对话框

（3）单击"确定"按钮即可完成驱动器号和路径的更改。

5.3.4 压缩卷

当磁盘存在未使用的剩余空间时，可以利用系统提供的"压缩卷"功能将其变成另外一个未分割的可用空间，即缩小原磁盘分割区的容量，将剩余空间划分为一个新的磁盘分割区。具体步骤如下：

（1）右击磁盘右侧"新加卷"处，选择"压缩卷"命令，弹出"压缩"对话框，如图5.3.7所示。

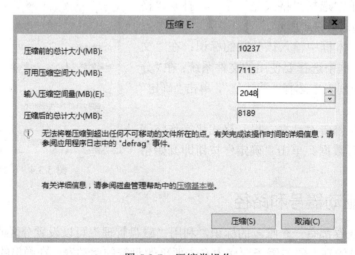

图5.3.7 压缩卷操作

（2）输入压缩空间量，此处输入 2 048 MB，即 2 GB，单击"压缩"即可实现。

5.3.5 创建卷

将基本磁盘转换成动态磁盘以后，磁盘上的每一个原有分区成为简单卷，此时如果磁盘上还有未指派的空间，就可以使用创建卷的方式将其加以利用。

1. 创建跨区卷

跨区卷是将分散在多个磁盘上的空间组合到一个卷中，用户在使用时不会感觉到是在使用多个磁盘，当一个磁盘空间写满后再把数据写入另一个磁盘中，用户不必选择将数据放在哪块磁盘中。利用跨区卷可以将分散在多个磁盘上的小空间组合在一起，形成一个大的、可以统一使用和管理的卷。

案例：创建一个跨区卷 G，该卷来自磁盘 1 中 500 MB 的磁盘空间和磁盘 2 中 200 MB 的磁盘空间。

具体操作步骤如下：

（1）在"计算机管理"窗口中选择"磁盘管理"，在右侧子窗口中右击未指派空间，在弹出的快捷菜单中选择"新建跨区卷"命令，出现"新建跨区卷向导"的欢迎界面，单击"下一步"按钮打开新建跨区卷的"选择磁盘"对话框。

（2）在"选择磁盘"对话框中，跨区卷的空间组成要求必须来自两个或两个以上的磁盘空间，因此在"可用"列表中选择一个磁盘，单击"添加"按钮，将其加入到"已选的"列表中。然后在"已选的"列表中选择磁盘，在"选择空间量"对话框中输入来自不同磁盘的空间大小。在"卷大小总数"文本框中可以看到新建卷的空间大小，如图 5.3.8 所示。

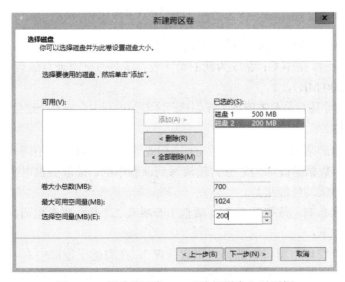

图 5.3.8 新建跨区卷——"选择磁盘"对话框

（3）单击"下一步"按钮，打开"指派驱动器号和路径"对话框，在这里为新建的跨区卷选择一个字符标识卷。虽然跨区卷的空间是由来自多个磁盘的空间组成，但对于用户和应用程序而言，一个跨区卷是一个整体，所以用一个字母表示，此例中用字母 G 表示。

（4）单击"下一步"按钮，打开"卷区格式化分区"对话框，选择跨区卷格式化时使用的文件系统和卷标。

（5）单击"下一步"按钮，打开"正在完成新建跨区卷向导"对话框，在此对话框中对要创建的跨区卷的信息做总结说明，如图 5.3.9 所示。

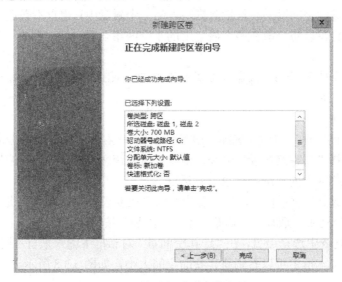

图 5.3.9 完成新建跨区卷向导

（6）单击"完成"按钮，系统开始将来自不同磁盘的空间组合到一个卷中，并开始格式化该卷，如图 5.3.10 所示。图中 G：卷成为新的跨区卷，该卷的空间来自磁盘 1（大小为 500 MB）和磁盘 2（大小为 200 MB）。

注意：若其中一个磁盘是基本磁盘，在创建跨区卷的过程中会将整个磁盘先转换成动态磁盘。

2. 创建带区卷

带区卷的空间也必须来自不同磁盘的空间，但是带区卷要求来自不同磁盘空间的大小必须相同，而且待写入的数据是被均匀划分再轮流写到该卷中的。读取数据时也是轮流读取不同的磁盘，所以带区卷的读写性能最好。

案例：创建带区卷 H，该带区卷来自磁盘 1 和磁盘 2，每个磁盘空间的大小为 300 MB。

具体操作步骤如下：

（1）在"计算机管理"窗口中选择"磁盘管理"，在右侧子窗口中右击未指派空间，在弹出的快捷菜单中选择"新建带区卷"命令，出现"新建带区卷向导"的欢迎界面，单击"下一步"按钮打开新建带区卷的"选择磁盘"对话框。

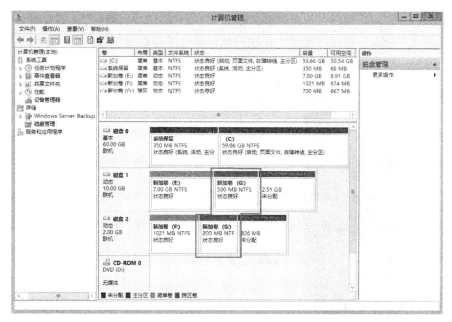

图 5.3.10 磁盘管理——G 卷为新建的跨区卷

（2）在这里给出新建带区卷的大小，来自不同磁盘的空间必须相同，如图 5.3.11 所示。

图 5.3.11 来自不同磁盘的空间必须相同

（3）单击"下一步"按钮，出现"指定驱动器号和路径"对话框，为该带区卷选择一个字符标识卷，此例中选择 H。

（4）单击"下一步"按钮，出现"卷区格式化"对话框，选择格式化类型和文件系统。

（5）单击"下一步"按钮，出现"正在完成新建带区卷向导"对话框，如图 5.3.12 所示。该对话框中的提示信息是对要创建带区卷的信息说明。

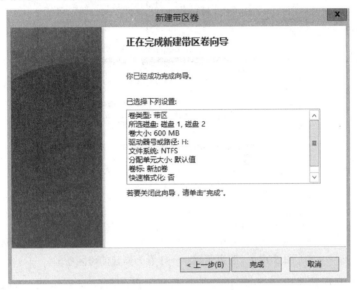

图 5.3.12　完成新建带区卷向导

（6）单击"完成"按钮，系统开始将来自不同磁盘的空间组合到一个卷中，如图 5.3.13 所示。图中的大小为分别为 300 MB 的来自于磁盘 1 和磁盘 2 的 H 卷即为新建的带区卷。

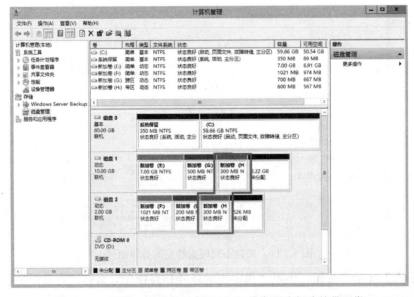

图 5.3.13　磁盘 1 和磁盘 2 中 300 MB 的卷即为新建的带区卷

3. 创建镜像卷

镜像卷是一种具有容错功能的卷，组成该卷的空间必须来自不同的磁盘。数据在写入的时候被同时写入到两个磁盘中，当一块磁盘出现故障时可以由另一块提供数据。镜像卷的容错能力好，但是这种卷的磁盘利用率很低，只有50%。

案例：创建镜像卷I，该镜像卷由磁盘1和磁盘2的空间构成，大小为524 MB。

具体操作步骤如下：

（1）在"计算机管理"窗口中选择"磁盘管理"，在右侧子窗口中右击未指派空间，在弹出的快捷菜单中选择"新建镜像卷"命令，出现"新建镜像卷向导"的欢迎界面，单击"下一步"按钮打开新建镜像卷的"选择磁盘"对话框。

（2）在"选择磁盘"对话框中输入镜像卷的大小。来自不同磁盘的空间必须一样，但在卷大小总数中显示的大小只有全部空间的一半，因此说镜像卷的利用率只有50%，如图5.3.14所示。

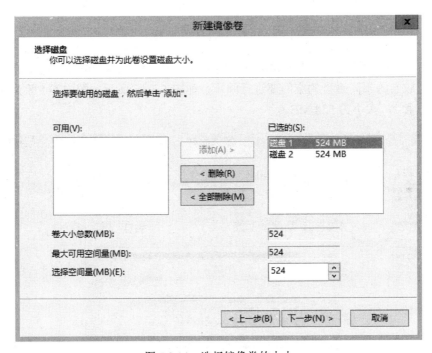

图 5.3.14　选择镜像卷的大小

（3）单击"下一步"按钮，出现"指派驱动器号和路径"对话框。

（4）单击"下一步"按钮，出现"卷区格式化分区"对话框。

（5）单击"下一步"按钮，出现"正在完成新建镜像卷向导"对话框，如图5.3.15所示，在该对话框中出现欲创建的镜像卷的信息。

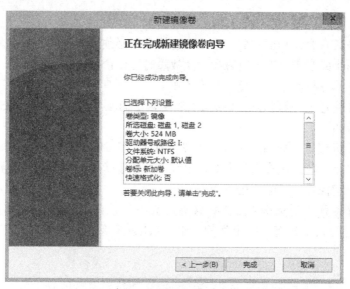

图 5.3.15 完成创建镜像卷

（6）单击"完成"按钮，系统开始格式化镜像卷，并且镜像卷中的内容要求完全一致，在格式化之后组成卷的不同磁盘的空间要进行同步，如图 5.3.16 所示。图中卷 I 即为镜像卷。来自磁盘 1 和磁盘 2，大小为 524 MB。

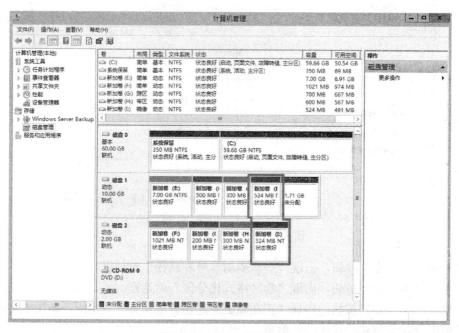

图 5.3.16 新建的镜像卷 I

4. 创建 RAID-5 卷

RAID-5 卷也是一种具有容错能力的卷，该卷兼顾了磁盘利用率和容错能力，当组成该卷的磁盘中有一个磁盘出现故障时，可以由校验数据和剩余的数据重新生成丢失的数据。校验数据是系统根据保存的数据通过数学方法计算出来的冗余信息，并将此信息交错地保存在不同的磁盘上。创建 RAID-5 卷要求需要 3～32 块磁盘，而且要求来自不同磁盘的空间大小必须相同。另外，RAID-5 卷中每个磁盘不可包含系统磁盘区和启动磁盘区。RAID-5 在数据的存储方式上，将数据分成等量的 64 KB，例如，若配置的 RAID-5 卷是由 5 个磁盘组成，则系统将数据划分成每 4 个 64 KB 一组，每次写入时会将一组 4 个 64 KB 的数据和冗余信息分别写入 5 个磁盘中，直到所有数据写入完毕。但要注意的是，RAID-5 卷只有在一个磁盘出现故障的情况下，才能提供容错功能，当多个磁盘同时出现故障的时候，系统将无法读取 RAID-5 卷中的数据。RAID-5 卷一旦建立就无法被扩展。在 Windows Server 2012 中，RAID-5 可以被格式化成 NTFS 或者 ReFS 格式。

注意：配置 RAID-5 卷至少需要三个具有未分配空间的磁盘。

案例：将磁盘 1、2 和 3 中各选取 100 MB 配置成 RAID-5 卷 J。

具体操作步骤如下：

（1）右击磁盘 1 中未分配空间，选择"新建 RAID-5 卷"，出现"新建 RAID-5 卷向导"的欢迎界面，单击"下一步"按钮打开新建 RAID-5 卷的"选择磁盘"对话框。

（2）在"选择磁盘"对话框中输入 RAID-5 卷的大小。来自不同磁盘的空间必须一样，但在卷大小总数中显示的大小只有全部空间的 2/3，如图 5.3.17 所示。

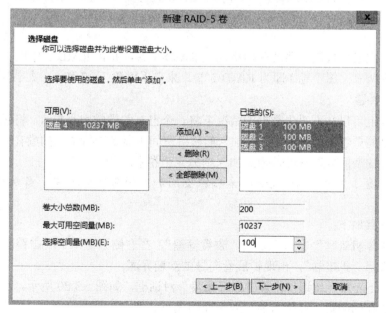

图 5.3.17 选择 RAID-5 卷的大小

（3）单击"下一步"按钮，出现"指派驱动器号和路径"对话框。

（4）单击"下一步"按钮，出现"卷区格式化分区"对话框。

（5）单击"下一步"按钮，出现"正在完成新建 RAID-5 卷向导"对话框，如图 5.3.18 所示，在该对话框中出现欲创建的 RAID-5 卷的信息。

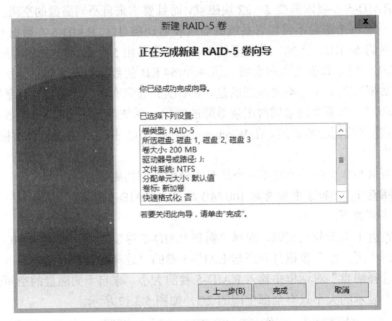

图 5.3.18　完成创建 RAID-5 卷

（6）单击"完成"按钮，系统开始格式化 RAID-5 卷，并且 RAID-5 中的内容要求完全一致，如图 5.3.19 所示。图中卷 J 即为 RAID-5 卷。来自于磁盘 1、2 和 3，大小为 100 MB。

5. 创建扩展卷

在动态磁盘上可以在不丢失数据的情况下将一个已有的卷的大小扩大，将磁盘上未指派的空间加入到一个简单卷或跨区卷中。要加入的磁盘空间不需要与待加入的卷在空间上相邻。但是不能将已分配的空间以扩展卷的形式加入到另一个卷中。

案例：将磁盘 1 中的 1 GB 大小的未指派空间加入到跨区卷 E 中，作为跨区卷 E 的扩展卷。

具体操作步骤如下：

（1）在"计算机管理"窗口中单击"磁盘管理"，在右侧子窗口中右击跨区卷 E，在弹出的快捷菜单中选择"扩展卷"，出现扩展卷向导的欢迎界面。

（2）单击"下一步"按钮，出现"选择磁盘"对话框，如图 5.3.20 所示，在该对话框中选择要加入空间所在的磁盘，并输入要加入空间的大小。

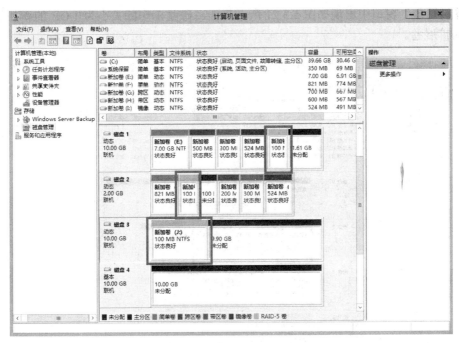

图 5.3.19 新建的 RAID-5 卷 J

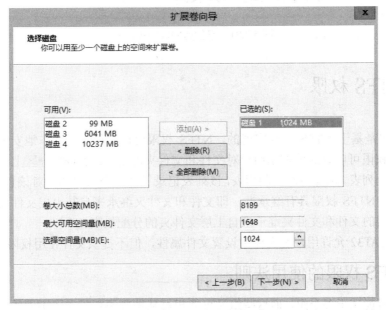

图 5.3.20 扩展卷向导——"选择磁盘"对话框

（3）单击"下一步"按钮，出现"完成扩展卷向导"对话框，单击"完成"按钮结束操作。

在"计算机管理"窗口中出现如图 5.3.21 所示界面。磁盘 1 中的大小为 1 GB 的新加卷即为跨区卷 E 的扩展卷。

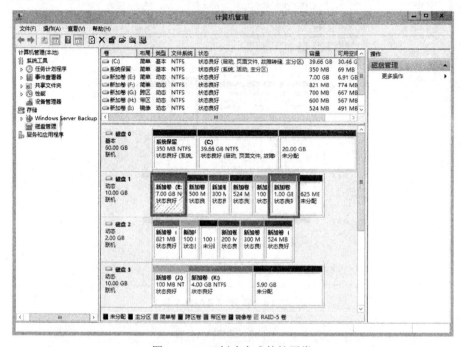

图 5.3.21 已创建完成的扩展卷

5.4 NTFS 权限

NTFS 权限是基于 NTFS 分区实现的，NTFS 权限可以实现高度的本地安全性。通过对用户赋予 NTFS 权限可以有效地控制用户对文件和文件夹的访问。NTFS 分区上的每一个文件和文件夹都有一个列表，称为访问控制列表，该列表记录了每一个用户和组对该资源的访问权限。在默认情况下，NTFS 权限具有继承性，即文件和文件夹继承来自其上层文件夹的权限。当然也可以禁止下层的文件和文件夹继承来自上层文件夹的分配权限。

FAT16 与 FAT32 允许用户在文件中设置文件属性，但不提供文件使用权限。

5.4.1 NTFS 权限的使用法则

一个用户可能属于多个组，而这些组又可能相对某种资源被赋予了不同的访问权限，另外用户或组可能对某个文件夹和该文件夹下的文件有不同的访问权限。在这种情况下，就必须通过 NTFS 权限法则来判断用户到底对资源有何种访问权限。

1. 权限最大法则

当一个用户同时属于多个组，而这些组又有可能相对某种资源被赋予了不同的访问权限时，用户对该资源的最终有效权限是在这些组中最宽松的权限——加权限，即将所有的权限加在一起作为该用户的权限。

2. 文件权限超越文件夹权限法则

当用户或组对某个文件夹以及该文件夹下的文件有不同的访问权限时，用户对文件的最终权限是用户被赋予访问该文件的权限，即文件权限超越文件的上级文件夹的权限。用户访问该文件夹下的文件不受文件夹权限的限制，而只受被赋予的文件权限的限制。

3. 拒绝权限超越所有其他权限法则

当用户对某个资源有拒绝权限时，该权限覆盖其他任何权限，即在访问该资源的时候只有拒绝权限是有效的。当有拒绝权限时权限最大法则无效。

5.4.2　使用 NTFS 权限控制文件与文件夹的访问

案例：在磁盘上有一个名为"试卷"的文件夹，现在想赋予用户张伟具有访问该文件夹的权限，并且夺取该文件夹的所有权。

具体操作步骤如下：

（1）在"Windows 资源管理器"窗口中，右击要设置权限的文件或文件夹，此例中右击"试卷"文件夹，在快捷菜单中选择"属性"命令，打开其属性对话框，单击"安全"选项卡，如图 5.4.1 所示。

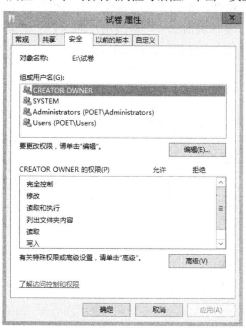

图 5.4.1　"安全"选项卡

在此对话框中会显示出该文件夹的用户列表及某用户和组对该文件夹的权限列表。

（2）单击"编辑"按钮，打开"试卷的权限"对话框，再选择"添加"按钮，打开"选择用户、计算机、服务账户或组"对话框，如图 5.4.2 所示。

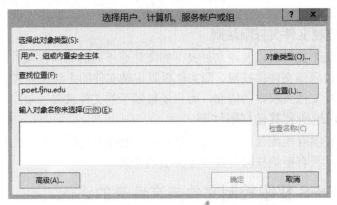

图 5.4.2 "选择用户、计算机、服务账户或组"对话框

（3）在"输入对象名称来选择"文本框中输入要添加的用户和组，也可以单击"高级"→"立即查找"按钮，从"搜索结果"对话框中选定要添加的用户和组。此例中选定张伟。

（4）单击"确定"按钮，返回文件夹的属性对话框，在组和用户列表框中就可以看到刚添加的用户张伟。

（5）再次单击"确定"按钮，返回"试卷属性"对话框，单击"高级"按钮，打开"试卷的高级安全设置"对话框，在该对话框中可修改用户的 NTFS 权限，如图 5.4.3 所示。

图 5.4.3 "试卷的高级安全设置"对话框

（6）在"权限条目"列表框中单击要修改 NTFS 权限的用户，此例中选择张伟用户再单击"编辑"按钮，打开"试卷的权限项目"对话框，如图 5.4.4 所示。在"基本权限"区域可以选择 NTFS 的特殊权限，并通过相应的组合为用户赋予符合要求的权限。

图 5.4.4 "试卷的权限项目"对话框

（7）单击"确定"按钮，返回"试卷的高级安全设置"对话框。如果希望让某个用户获得该文件夹的所有权，则单击该对话框中"所有者：…"（此例中为"所有者：Administrators（POET\Administrators）"）右侧的"更改"按钮，打开"选择用户、计算机、服务账户或组"对话框，单击"高级"按钮，并通过"立即查找"选择"张伟"作为所有者，连续单击"确定"返回"试卷的高级安全设置"对话，即可看到所有者已经更换为"张伟（zhangwei@poet.fjnu.edu）"如图 5.4.5 所示。

每个对象都有所有者，无论是在 NTFS 卷中还是在 Active Directory 中。所有者控制对象权限的设置方法以及授予权限的对象。管理员更改文件权限时，必须首先取得文件所有权。

默认情况下，在 Windows Server 2012 系统中的文件所有者是 Administrators 组。即使对象已经拒绝了所有访问，所有者也可随时更改对象的权限。

（8）在"试卷的高级安全设置"对话框中，单击"有效访问"选项卡，如图 5.4.6 所示。在"用户/组"右侧单击"选择用户"按钮可以选定某个用户或组，再单击"查看有效访问"按钮即可查看该用户或组的有效权限。

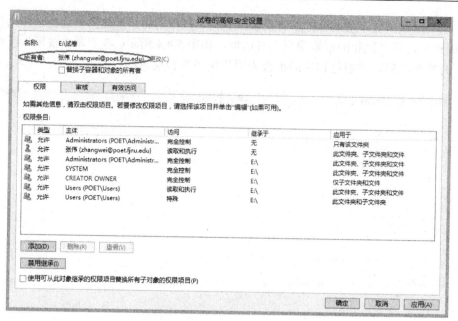

图 5.4.5 变更文件夹的所有者

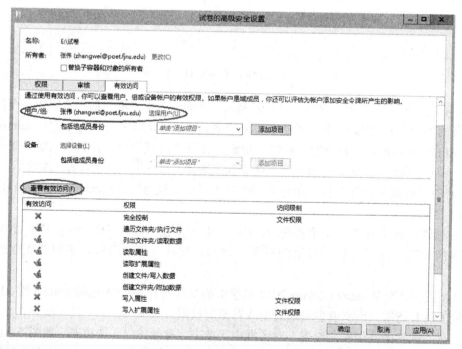

图 5.4.6 "有效访问"选项卡

"有效权限"工具只生成用户拥有的权限的近似值。由于可根据用户登录的方式授予或拒绝权限，因此用户拥有的实际权限可能不同。"有效权限"工具不能确定用户未登录时的特定信息，因此，有效权限只反映用户或组指定的权限，而不是用户登录时指定的权限。

注意：此案例是赋予某个用户访问的文件夹权限，使用同样的方法，可以将该权限赋予某个组。

5.4.3 移动和复制文件时 NTFS 权限的继承性

在同一个 NTFS 分区内或不同 NTFS 分区之间移动或复制一个文件或文件夹时，该文件或文件夹的 NTFS 权限会发生不同的变化：

* 在同一个分区内移动文件或文件夹时，此文件和文件夹会保留原位置的一切 NTFS 权限，因为在同一分区内的移动实质上是在目的位置上将原位置的文件或文件夹被搬移过来。

* 在不同的 NTFS 分区之间移动文件或文件夹时，文件或文件夹会继承目的分区中文件夹的权限，因为其实质是在原位置删除该文件或文件夹，并且在目的位置新建该文件或文件夹。

* 在同一个 NTFS 分区内复制文件或文件夹时，文件或文件夹将继承目的位置中的文件夹的权限。

* 在不同的 NTFS 分区之间复制文件或文件夹时，文件或文件夹将继承目的位置中文件夹的权限。

当从 NTFS 分区向 FAT 分区中复制或移动文件和文件夹时，都将导致文件和文件夹的权限丢失，因为 FAT 分区不支持 NTFS 权限。

5.4.4 使用 NTFS 文件压缩数据

Windows Server 2012 支持 NTFS 卷的单个文件或文件夹的压缩。NTFS 卷上的压缩文件不必解压就可被任一基于 Windows 的应用程序读和写。当文件读取时自动解压，当文件被关闭或保存时又再次压缩。

要注意的是，数据的压缩和解压缩过程要消耗 CPU 运算资源，是以牺牲 CPU 运算速度为代价来换取空间的，因此，如果磁盘空间不紧张，建议不要使用该功能。另外，NTFS 的压缩功能对于一些已经压缩过的文件（如 ZIP 文件、JPG 文件、MP3 文件等）来说，无法进一步缩小该类文件所占用的磁盘空间。

用户可设置文件夹的压缩状态，并通过使用"计算机"或 Compact 命令行程序压缩或解压文件。

案例：对"试卷"文件夹进行压缩，以节省磁盘空间。

具体操作步骤如下：

（1）打开"计算机"，右击要设置压缩状态的文件或文件夹，在此例中右击"试卷"文件夹，在弹出的菜单中选择"属性"命令，在"属性"对话框中的"常规"选项卡上单击"高级"按钮，打开"高级属性"对话框，如图 5.4.7 所示。选中"压缩内容以便节省磁盘空间"复选框，并单击"确定"按钮。

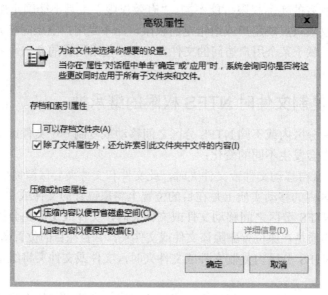

图 5.4.7 "高级属性"对话框

（2）在"试卷属性"对话框中单击"确定"或"应用"按钮，弹出如图 5.4.8 所示对话框，此对话框给出用户只压缩文件夹，或是压缩文件夹及其子文件夹及文件的选项。如果要同时改变该文件夹及其内部的文件夹或文件的压缩状态，则选中"将更改应用于此文件夹、子文件夹和文件"复选框。

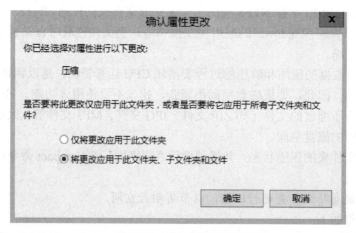

图 5.4.8 确认压缩对象

系统默认将设置为压缩的磁盘、文件夹及文件的名称用蓝色显示，若要变更该设置可打开"计算机"，在菜单栏中选择"查看"→"选项"命令，弹出"文件夹选项"对话框，在其中"查看"选项卡的"用彩色显示加密或压缩 NTFS 文件"项上做相应变更，如图 5.4.9 所示。

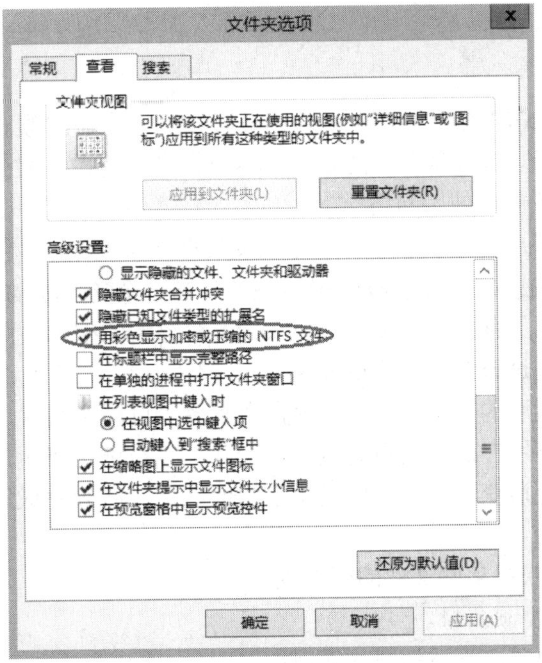

图 5.4.9   用彩色显示加密或压缩的 NTFS 文件选项

5.4.5   压缩对于移动和复制文件的影响

在同一个 NTFS 分区与在不同 NTFS 分区之间复制或移动文件及文件夹，其压缩属性会有不同的变化。

● 当在同一个 NTFS 分区中复制文件或文件夹时，文件或文件夹会继承目标位置的文件夹的压缩状态。

● 当在同一个 NTFS 分区中移动文件或文件夹时，文件或文件夹会保留原有的压缩状态。

● 当在不同的 NTFS 分区之间复制文件或文件夹时，文件或文件夹会继承目标位置的文件夹的压缩状态。

● 当在不同的 NTFS 分区之间移动文件或文件夹时，文件或文件夹会继承目标位置的文件夹的压缩状态。

将文件从 FAT 文件夹移动或复制到 NTFS 文件夹时，遵从目标文件夹的压缩属性。因为 Windows Server 2012 只支持 NTFS 卷中文件的压缩，所以任何被压缩过的 NTFS 文件复制或移动到 FAT 卷中时将自动解压。类似地，压缩过的 NTFS 文件复制或移动到软盘时也自动解压。

5.5　磁盘配额

在 Windows Server 2012 网络中，系统管理员可以利用磁盘配额监视和限制客户机访问服务器资源的磁盘空间数量。这样做可以防止某个客户机过量地占用服务器和网络资源，导致其他的客户机无法访问服务器和使用网络。

磁盘配额是以每个用户、每个卷为基础进行跟踪的，用户只能对它们所拥有的文件进行配额管理。系统为不同的卷独立跟踪配额，即使这些卷是同一个物理驱动器上不同的卷也是如此。但是，如果用户在同一卷上有不同的配额，那么指定给该卷的配额适用于所有这些配额，用户对两种配额的使用不能超过该卷上指定的配额。

磁盘配额对用户是透明的，当用户询问磁盘上有多少可用空间时，系统只会通告该用户可利用的配额余量。如果该用户的使用量超过这个余量，系统就会指示该磁盘已满。

为了在超过配额余量后获取更多的空闲磁盘空间，用户必须完成以下的操作：

- 删除文件。
- 通过另一个用户获得某些文件的所有权。
- 通过管理员增加配额余量。

当用户使用磁盘配额时，下述情况均适用：

- 一个卷上所设定的磁盘配额只适用于该卷。
- 磁盘配额不能设定于单独的文件或文件夹上。
- 磁盘配额建立在未压缩文件基础之上。通过压缩数据可以增加可用空间。
- 如果用户的计算机配置成了一个具有 Windows Server 2012 和 Windows NT 4.0 的多引导系统，用户在运行 Windows NT 4.0 时可以超过其磁盘配额界限。但是，当用户运行 Windows Server 2012 时，用户必须将文件移到一个不同的分区或删除文件，直到所使用的空间量低于用户的磁盘配额界限。
- 为了支持磁盘配额，必须用 NTFS 对磁盘卷进行格式化。
- 要管理一个卷上的配额，用户必须是该驱动器所在的计算机上管理员组的成员。

如果该卷不是用 NTFS 格式化的，或用户不是本地计算机上管理员组的成员，则选项卡不会显示在该卷的属性对话框上。

每个文件所使用的磁盘空间直接由拥有该文件的用户进行管理。文件所有者由该文件安全信息中的 SID 进行标识。分配给一个用户总的磁盘空间等于所有数据流长度之和，属性集流和常驻用户数据流会影响该用户的磁盘配额。

磁盘配额对卷的使用进行监控，防止用户影响其他用户对该卷的使用。例如，如果一个用户在一个卷上保存 50 MB 的数据，而每个用户在该卷上只分配了 50 MB 的空间，那么在向该卷写入其他数据之前，必须将其中一些数据移走或删除。而其他用户可以继续在该卷上保存数据，直到其所占用的空间达到 50 MB。

磁盘配额并不阻止管理员分配比该磁盘上可用空间要大的空间。例如，100 个用户使用一个 1 GB 的卷，每个用户可分配 100 MB 的空间，这样，每个用户可以得到一个合理的磁盘空间量。

磁盘配额建立在文件所有权的基础上，并且与该卷上文件的位置无关。如果用户在同一个卷上将文件从一个文件夹移到另一个文件夹，卷空间使用情况不会改变；如果用户在同一个卷上将文件复制到一个不同的文件夹中，该卷空间的使用就会加倍。

启用配额会使服务器系统开销稍微增加，而且还会降低文件服务器的性能。

案例：将域控制器的 E 盘使用空间分配给每个用户，最大为 1 GB，当其使用的磁盘空间达到 750 MB 时给出警告提示。

在 NTFS 文件系统上设置磁盘限额的操作如下：

（1）在"计算机"中右击要设定磁盘配额的驱动器，在弹出的快捷菜单中选择"属性"命令，单击"配额"选项卡，如图 5.5.1 所示。

（2）在"配额"选项卡下选中"启用配额管理"复选框。如果选中"拒绝将磁盘空间给超过配额限制的用户"复选框，则当用户超过分配给其的限额时，操作系统将会拒绝用户向该驱动器上写入数据。

图 5.5.1 "配额"选项卡

（3）在"将磁盘空间限制为"文本框中输入允许用户使用的最大的磁盘空间值；在"将警告等级设为"文本框中输入一个值，当用户使用的空间超过此值时操作系统会发出警告。例如，用户可以将一个用户的磁盘配额界限设置成 1 GB，将磁盘配额警告设置成 750 MB。该用户在该卷上所能保存的数据不能超过 1 GB，如果该用户在该卷上保存了 750 MB 的数据，则磁盘配额系统将记录一个系统事件。

当启用一个卷的磁盘配额时，系统会自动地为新用户跟踪卷的使用情况。但是，现有的卷用户没有适用于他们的磁盘配额。

（4）单击"配额项"按钮，打开驱动器的配额项窗口，如图 5.5.2 所示。

（5）单击菜单栏中的"配额"，在下拉菜单中选择"新建磁盘配额"命令。在弹出的"选择用户"对话框中选择要设置限制配额的用户，如图 5.5.3 所示。

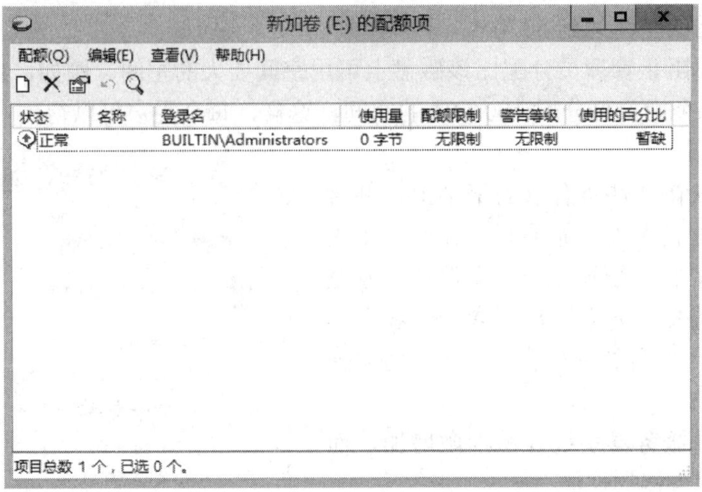

图 5.5.2 驱动器的配额项目对话框

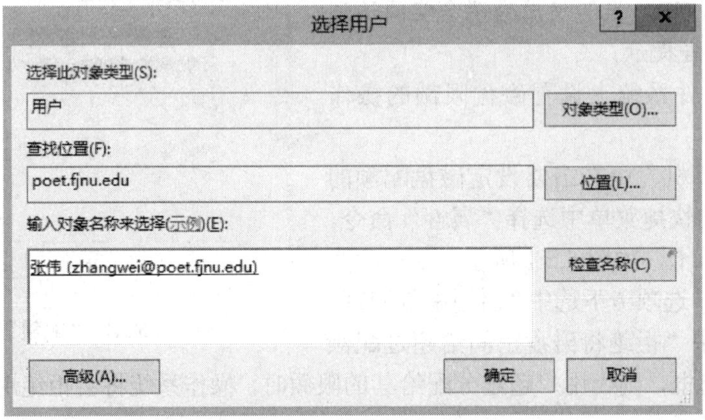

图 5.5.3 "选择用户"对话框

（6）单击"确定"按钮，出现"添加新配额项"对话框，如图 5.5.4 所示。在此对话框中输入允许用户使用的磁盘空间的最大值和警告值。

当选中了如图 5.5.1 所示的"拒绝将磁盘空间给超过配额限制的用户"复选框时，超过其磁盘配额界限的用户将得到一个"磁盘空间不足"的错误信息，并且在没有移动或删除文件的情况下，不能向该卷写入额外的数据。个别程序会根据具体情况选定其错误处理方法。

如果不选该选项，则用户可以超过他们的配

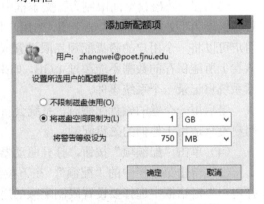

图 5.5.4 "添加新配额项"对话框

额界限。当管理员不想拒绝用户对一个卷的访问，但想跟踪每个用户的磁盘空间使用情况时，这是十分有用的。同时，还可以指明当用户超过其配额或配额界限时是否要记录一个事件。

当选中了如图 5.5.1 所示"用户超出配额限制时记录事件"复选框时，如果用户超过了其配额界限，就会向系统日志写入一个事件。管理员可以用事件查看器查看这些事件。如果不设置一个触发器来记录事件，则系统不会向用户警报该事件。

5.6 整理磁盘

由于用户的数据都是存储在磁盘上，所以对磁盘的保护和整理是非常重要的。在 Windows Server 2012 中有一些内置的文件系统维护工具和磁盘整理工具，可以使用这些工具对磁盘进行维护和整理。

5.6.1 磁盘碎片整理

当计算机磁盘中安装了大量的应用软件或存放了大量的文件后，用户可能要不断删除一些不常用的应用程序并安装一些新的应用程序，这样，由于应用程序文件可能存储在不连续的空间（簇）中，同一个文件也可能插空存储在不同的磁盘位置里，因此系统读取这个文件时所花费的时间，要比读取同一个连续存放的文件多。随着使用次数的增多，这种文件碎片可能越来越多，因此，系统的性能就会显著下降。

磁盘上的文件和文件夹通常占用磁盘的多个簇，并且每个簇大都分散在磁盘上，这些分散的簇称为文件碎片。磁盘上的文件碎片越多，Windows 读取文件的速度越慢，新建文件的速度也越慢。磁盘碎片整理程序可以将分散在磁盘驱动器中的文件碎片整合起来，同时也将分散的可用簇整合起来。通过碎片整理，用户的文件系统将会得到巩固，磁盘上的空闲空间也会得到充分利用。

整理磁盘碎片需要花费系统较长的时间，决定时间长短主要有 4 个因素：磁盘空间的大小、磁盘中包含的文件数量、磁盘上碎片的数量和可用的本地系统资源。

在进行磁盘碎片整理之前，应该先使用磁盘碎片整理程序中的分析功能得到磁盘空间使用情况的信息，信息将显示磁盘上有多少碎片文件和文件夹。用户可根据信息来决定是否需要对磁盘进行整理。

磁盘碎片整理的操作步骤如下：

（1）在"服务器管理器"窗口中，单击"工具"目录下的"碎片整理和优化驱动器"选项，弹出"优化驱动器"窗口，如图 5.6.1 所示。

（2）在对磁盘进行碎片整理之前，可以单击"分析"按钮，启用系统的磁盘碎片分析功能，查看分析报告确定该磁盘是否需要碎片整理，单击"优化"进行碎片整理，如图 5.6.2 所示。

在磁盘碎片整理的过程中，可以单击"停止"按钮来结束整理工作。

图 5.6.1 "优化驱动器"窗口

图 5.6.2 磁盘碎片整理过程

5.6.2 磁盘清理

磁盘清理程序通过检索计算机磁盘，寻找临时文件、Internet 脱机文件和不再使用的程序文件，并删除它们，达到释放计算机磁盘空间的目的。

在 Windows Server 2012 中可以启动 cleanmgr.exe 或者通过安装"桌面体验"功能，启动"磁盘清理"。安装桌面体验功能可以在服务器管理器中选择"添加角色和功能",在"添加角色和功能向导"中都按照默认选择,在"功能"对话框的"用户界面和基础结构(已安装)"中选中"桌面体验"复选框,并在弹出的"添加桌面体验所需的功能"对话框中,单击"添加功能"按钮,然后单击"下一步"进入"确认"对话框,单击"安装"按钮。当提示"在<计算机名>上重新启动挂起。你必须重新启动目标服务器才能完成安装"时,单击"关闭"按钮即可。

进行磁盘清理的具体操作步骤如下:

(1)选择桌面体验中的"磁盘清理",弹出"磁盘清理:驱动器选择"对话框,在下拉列表中选择需要清理的磁盘,此处选择 C 盘,如图 5.6.3 所示。单击"确定"则弹出磁盘清理窗口,如希望结束清理,单击"取消"按钮即可。

图 5.6.3 磁盘清理:驱动器选择

(2)经过一段时间后,出现如图 5.6.4 所示对话框。在"要删除的文件"列表框中列出了所有可删除文件及占用磁盘空间的大小。单击文件列表中的一项,用户可以在对话框"描述"中查看该类文件内容,以及这种文件的作用等说明文本。

(3)选中要删除的文件,单击"确定"按钮将完成删除操作。

(4)单击"其他选项"选项卡,如图 5.6.5 所示。在该选项卡中用户可以选择删除 Windows 不用的程序和功能以释放磁盘空间。

图 5.6.4 选定要删除的文件,以获得磁盘空间

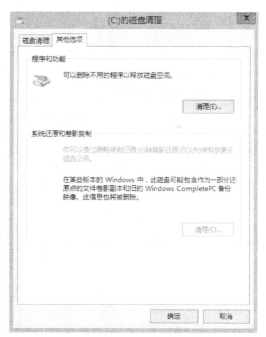

图 5.6.5 "其他选项"选项卡

单击"程序和功能"选项组的"清理"按钮,将打开"控制面板"的"卸载或更改程序"对话框,在该对话框中可以选择要删除的程序。

单击"系统还原和卷影复制"选项组的"清理"按钮,将删除除了最近的系统还原点之外的所有还原点,释放部分磁盘空间。

5.6.3 磁盘检错

利用磁盘检错功能可以对磁盘进行查错,并且自动修复文件系统错误和恢复坏扇区。

磁盘检错的操作步骤如下:

(1)在"计算机"窗口中选定要进行磁盘检查的驱动器,右击该驱动器,在弹出的快捷菜单中选择"属性"命令,打开"本地磁盘属性"对话框,单击"工具"选项卡,如图 5.6.6 所示。

(2)在"查错"选项组中单击"检查"按钮,打开"错误检查"对话框,如图 5.6.7 所示。通过单击"扫描驱动器"来检查磁盘是否有错误。但要注意的是,在开始检查磁盘之前,应该关闭磁盘上所有已打开的文件或程序。

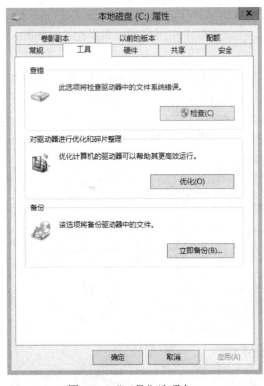

图 5.6.6 "工具"选项卡

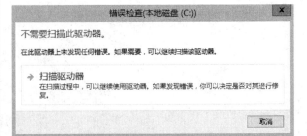

图 5.6.7 错误检查

（3）系统检查完毕后会出现完成磁盘检查的提示信息，单击"关闭"按钮，完成磁盘检查操作。

5.7 磁盘及系统的备份和还原

数据的备份是相当重要的，一旦发生重大的灾难，只能依靠以前的备份来恢复数据，如果没有备份，个人的长期工作成果或者一个公司多年的数据、资料很可能就会毁于一旦，所以，数据的备份是相当重要的。

5.7.1 磁盘及系统的备份

利用 Windows Server 2012 的备份工具，可以将磁盘上的数据备份到其他存储媒体上，如备份到 U 盘、外接硬盘、Zip 盘以及可擦写 CD-ROM 等。

磁盘备份的操作步骤如下：

（1）在"服务器管理器"的"仪表板"中选择"添加角色和功能"，打开"添加角色和功能向导"，依照系统默认设置连续单击"下一步"进入"功能"对话框，选中"Windows Server Backup"复选框，如图 5.7.1 所示。然后单击"下一步"按钮确认安装。

图 5.7.1　添加 Windows Server Backup 功能

（2）单击"开始"→"管理工具"，弹出"管理工具"窗口，选择"Windows Server Backup"，其功能界面如图5.7.2所示。

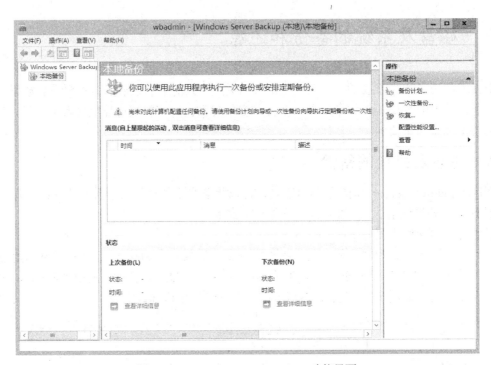

图5.7.2　Windows Server Backup 功能界面

（3）在功能界面最右侧的"操作"窗口可以看到备份有两种模式："备份计划"与"一次性备份"。在"备份计划"中可以设定进行备份的日期和时间，当到达该设定时间点时，系统就会执行备份工作。"一次性备份"将执行单次备份工作。

若要执行"备份计划"则可以进行如下操作：

① 单击"备份计划"，弹出"备份计划向导"，在"开始"页面单击"下一步"进入"选择备份配置"。

② 在"选择备份配置"中可以执行两种类型的配置："整个服务器"与"自定义"。"整个服务器"将备份所有服务器数据、应用程序和系统状态；"自定义"将选择自定义卷、文件用于备份，如图5.7.3所示。根据需要完成选择后单击"下一步"按钮。

③ 若选择"整个服务器"则直接进入"指定备份时间"页面，如图5.7.4所示。

在该页面中可以分别指定"每日一次"或"每日多次"的执行模式，并且可以指定备份的具体时刻，完成设定后单击"下一步"进入"指定目标类型"。

图 5.7.3 备份计划——选择备份配置

图 5.7.4 备份计划——指定备份时间

④ 若选择"自定义",则在下一步中将进入"选择要备份的项"页面。单击"添加项目"按钮,在弹出的对话框中选择需要备份的磁盘、文件或文件夹,然后单击"确定"按钮,返回即可看到列表中出现要备份的内容,此处以备份 E 盘的"试卷"文件夹为例,如图 5.7.5 所示,再单击"下一步"则进入图 5.7.4 所示的"指定备份时间"页面。

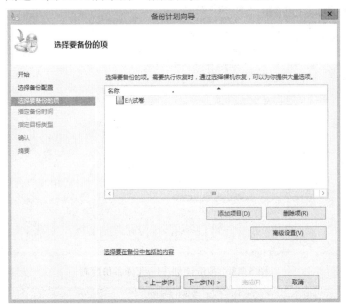

图 5.7.5　备份计划——选择要备份的项

⑤ 在"指定目标类型"页面中有三种类型:

● "备份到专用于备份的硬盘(推荐)":这是最安全的备份方式,但是所使用的硬盘将被格式化,然后专用于存储备份。

● "备份到卷":此磁盘中的数据仍被保留,但该磁盘的性能将有所下降,并且下降程度可能高达 200%。建议不要在同一卷上存储其他服务器数据。

● "备份到共享网络文件夹":可将数据备份到网络上其他计算机的共用文件夹内,但要注意的是,由于创建新备份时将覆盖以前的备份,因此一次只能拥有一个备份。

此处以选择"备份到专用于备份的硬盘(推荐)"为例,单击"下一步"按钮。

⑥ 进入"选择目标磁盘"页面,单击"显示所有可用磁盘"按钮,在弹出的对话框中选中目标磁盘并单击"确定"按钮返回,选中的目标磁盘将显示在列表框中,如图 5.7.6 所示。选中该磁盘并单击"下一步"按钮。

此时将弹出警告窗口,警告备份目标磁盘将被格式化,其中现有数据将被删除,因此要备份的磁盘不可以包含目标磁盘,单击"是"以使用所选磁盘。

⑦ 在"确认"页面单击"完成"按钮,等待格式化磁盘,当进入"摘要"页面时,单击"关闭"按钮完成备份计划配置,在指定的时刻将自动执行备份操作。

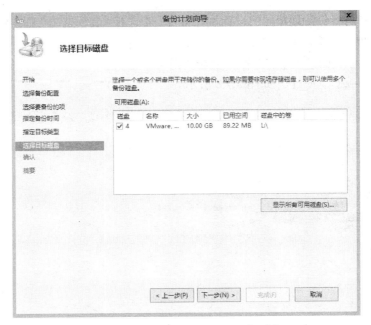

图 5.7.6 备份计划——选择目标磁盘

若要执行"一次性备份"则可以进行如下操作：

① 单击"一次性备份"，弹出"一次性备份向导"，此时有两种创建备份的方式："计划的备份选项"与"其他选项"，如图 5.7.7 所示。若选择"计划的备份选项"，则在有备份计划的

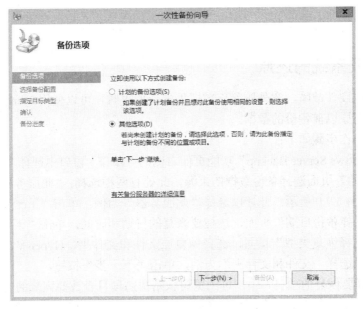

图 5.7.7 一次性备份向导

情况下，可以选择与备份计划相同的设置执行备份；若选择"其他选项"则重新进行备份设定。此处以"其他选项"为例，单击"下一步"按钮。

② 后续步骤与"备份计划"类似，但在"指定目标类型"中可以选择备份到"本地驱动器"或"远程共享文件夹"中，如图 5.7.8 所示。

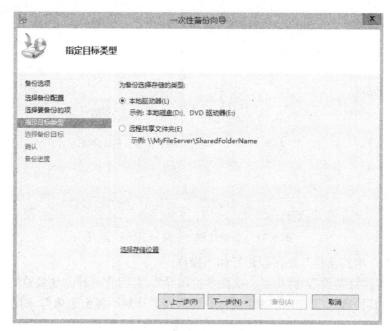

图 5.7.8　一次性备份——指定目标类型

5.7.2　磁盘及系统的还原

当计算机出现硬件故障、意外删除、数据丢失或损害时，可以使用 Windows Server 2012 的故障恢复工具还原以前备份的数据。

还原文件的操作步骤如下：

（1）在"Windows Server Backup"功能页面右侧的"操作"窗口中选择"恢复"，打开"恢复向导"。在"开始"页面选择备份数据的来源，此处有两种选择："此服务器"和"在其他位置存储备份"，如图 5.7.9 所示。此处以选择"此服务器"为例，单击"下一步"按钮。

（2）进入"选择备份日期"页面，选择要恢复的日期和时间，单击"下一步"按钮。

（3）进入"选择恢复类型"页面，选择恢复原文件和文件夹、Hyper-V、卷、应用程序及系统状态。此处以选择"文件和文件夹"为例，单击"下一步"按钮。

（4）在"选择要恢复的项目"中，可浏览树状结构的项目查找要恢复的文件或文件夹。单击树状结构中或"名称"下的某个项目，选择该项目进行恢复，然后单击"下一步"按钮。

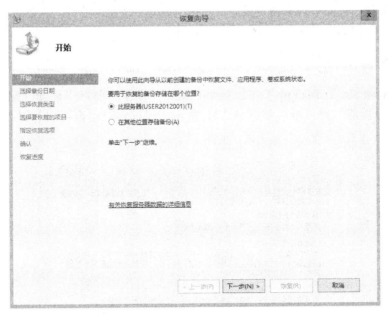

图 5.7.9　恢复向导开始

（5）在"指定恢复选项"页面中选择恢复目标的原始位置、安全设置等，如图 5.7.10 所示。完成所需选择后单击"下一步"按钮。

图 5.7.10　恢复向导——指定恢复选项

（6）在"确认"页面中确认恢复信息，单击"恢复"按钮，监视"恢复进度"的进程，完成后单击"关闭"按钮完成文件和文件夹恢复操作。

5.7.3　配置备份性能

在"Windows Server Backup"功能页面右侧的"操作"窗口中选择"配置性能设置"，打开"优化备份性能"对话框，如图 5.7.11 所示。通过该对话框可以针对备份性能进行高级设置。

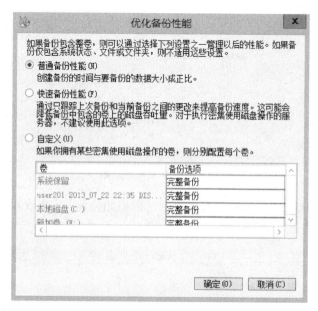

图 5.7.11　"优化备份性能"对话框

● "普通备份性能"：建立备份的时间与要备份的数据大小成正比，这种备份方式不会降低系统运作性能。

● "快速备份性能"：所选磁盘内只有新建的文件或有变动的文件才会被备份，以前备份过但没有再变动的文件不再备份。这种增量的备份方式速度快，但是追踪文件变动状态的操作会降低系统性能。

5.8　加密文件系统

Windows Server 2012 为存储在 NTFS 卷上的文件提供了加密功能的加密文件系统（EFS）。加密对加密该文件的用户是透明的，也就是说，加密者在使用已加密的文件前不用手动解密，就可以正常打开和修改文件内容。

使用 EFS 类似于使用文件或文件夹上的权限。两种方法都可用于限制数据的访问。然而，未经许可对加密文件或文件夹进行物理访问的入侵者，将无法阅读这些文件和文件夹中的内容。如果入侵者试图打开或复制已加密文件或文件夹，将收到拒绝访问消息。文件和文件夹上的权限不能防止未授权的物理攻击。

使用 EFS 加密 NTFS 分区上的文件和文件夹的操作如下：

（1）在"Windows 资源管理器"或"计算机"中选中要加密的文件或文件夹，右击，在弹出的快捷菜单中选择"属性"命令，在"常规"选项卡中单击"高级"按钮，打开"高级属性"对话框，如图 5.8.1 所示。

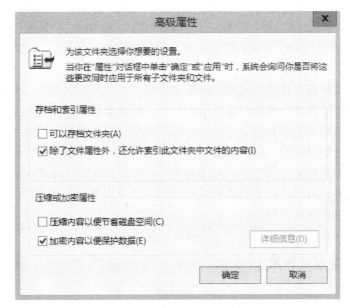

图 5.8.1 "高级属性"对话框

（2）选中"加密内容以便保护数据"复选框，单击"确定"按钮。

（3）在属性对话框中单击"应用"按钮，将弹出"确认属性更改"对话框。如果选中"仅将更改应用于该文件夹"复选框，则将只加密选择的文件夹及其下文件和文件夹中的数据；如果选中"将更改应用于该文件夹、子文件夹和文件"复选框，则将加密所有加入到这个文件夹下的文件和文件夹及子文件夹下的数据。

（4）单击"确定"按钮结束操作。

在使用加密文件和文件夹时，需注意以下几点：

● 只有 NTFS 卷上的文件或文件夹才能被加密。由于 WebDAV（Web 分布式创作和版本控制）使用 NTFS，当通过 WebDAV 加密文件时需用 NTFS。

- 不能加密压缩的文件或文件夹。如果用户加密某个压缩文件或文件夹，则该文件或文件夹将会被解压。
- 如果将加密的文件复制或移动到非 NTFS 格式的卷上，该文件将会被解密。
- 如果将非加密文件移动到加密文件夹中，则这些文件将在新文件夹中自动加密，然而，反向操作则不能自动解密文件。文件必须明确解密。
- 无法加密标记为"系统"属性的文件，并且位于 systemroot 目录结构中的文件也无法加密。
- 加密文件夹或文件不能防止删除或列出文件或目录。具有合适权限的人员可以删除或列出已加密文件夹或文件。因此，建议结合 NTFS 权限使用 EFS。
- 在允许进行远程加密的远程计算机上可以加密或解密文件及文件夹。然而，如果通过网络打开已加密文件，通过此过程在网络上传输的数据并未加密。必须使用诸如 SSL/TLS（安全套接字层/传输层安全性）或 IPSec 等其他协议通过有线加密数据。但 WebDAV 可在本地加密文件并采用加密格式发送。

当用户对一个文件或文件夹加密时，EFS 会为用户产生一对公钥和私钥对，利用这个私钥可以完成对文件解密的操作。该私钥是基于用户的，即该私钥只属于进行加密操作的用户，其他用户的私钥是无法解密该数据的。即使其他用户改变了文件的权限或属性，或得到了文件的所有权也仍然无法将数据解密，因此，加密文件不能被共享使用。

如果因为某些原因对文件加密的用户不存在了，将导致文件无法解密，EFS 使用经过加密的数据恢复代理来解密数据。加密的数据恢复代理功能可以整合到域的组策略中，因此，可以针对整个域来设置数据恢复代理。

5.9 分布式文件系统

分布式文件系统（Distributed File System，DFS）是 Windows Server 2012 的一个服务工具，利用 DFS 系统管理员可以使用户方便地访问和管理网络各处的文件。通过 DFS 可以使分布在多个服务器上的文件，如同位于网络上的一个位置一样显示在用户面前，用户在访问文件时不再需要知道和指定它们的实际物理位置。

5.9.1 DFS 概述

DFS 是若干不同的逻辑磁盘分区或卷标组合在一起形成的完整的层次文件系统。DFS 为实际分布在网络上任意位置的资源，提供一个逻辑上的树形文件系统结构，从而为用户提供了与分布于网络各处的共享文件夹建立连接的简便途径。单独的 DFS 共享文件夹的作用相当于通过网络上其他共享文件夹的访问点。不论下面的资源具体位置如何，用户不必知道资源在网络的实际位置，就可以通过 DFS 对其进行访问。

通常，当遇到以下情形时，管理员应该考虑实施 DFS。

- 期望添加文件服务器或修改文件位置。
- 访问目标的用户分布在一个或多个站点上。
- 大多数用户都需要访问多个目标。
- 通过重新分布目标可以改善服务器的负载平衡状况。
- 用户需要连续地访问目标。
- 组织中有供内部或外部使用的网站。

可采用两种方式实施：一种是独立的根目录，另一种是域。

独立的 DFS 把它的配置信息存放在本地计算机注册表中，独立的 DFS 根目录有以下特征：

- 不使用 Active Directory。
- 只能有一个根目录级别的目标。
- 使用文件复制服务（File Replication Service，FRS）不能支持自动文件复制。
- 通过服务器群集支持容错。

基于域的 DFS 把它的配置信息存放在活动目录中。由于这个信息在域中的多个域控制器上有效，所以基于域的 DFS 为域中的 DFS 提供高有效性。基于域的 DFS 根目录有以下特征：

- 它必须宿主在域成员服务器上。
- 它的 DFS 名称空间能自动发布到 Active Directory 中。
- 可以有多个根目录级别的目标。
- 通过文件复制服务支持自动文件复制。
- 通过 FRS 支持容错。

5.9.2 DFS 的特点及好处

1. 访问文件更加容易

DFS 使用户可以更容易地访问文件，即使文件可能在物理上分布于多个服务器上，用户也只需转到网络上的一个位置即可访问文件。而且，当更改目标的物理位置时，不会影响用户访问文件夹，因为文件的位置看起来相同，所以它们仍然以与以前相同的方式访问文件夹。用户不再需要多个驱动器映射即可访问它们的文件。

计划的文件服务器维护、软件升级和其他任务（一般需要服务器脱机）可以在不中断用户访问的情况下完成，这对 Web 服务器特别有用。将网站的根目录作为 DFS 根目录，可以在分布式文件系统中移动资源，而不会断开任何 HTML 链接。

2. 可用性

域 DFS 以下列两种方法确保用户保持对其文件的访问：

首先，Windows Server 2012 操作系统自动将 DFS 映射发布到 Active Directory 中。这可确保 DFS 名称空间对于域中所有服务器上的用户总是可视的。

其次，管理员可在域中的多个服务器上复制 DFS 根目录和目标文件。这样，即使在保存这些文件的某个物理服务器不可用的情况下，用户仍然可以访问它们的文件。

3. 服务器负载平衡

DFS 根目录可以支持物理上分布在网络中的多个目标。这一点很有用，例如，如果确知某个文件将被用户频繁访问，当所有用户都在单个服务器上物理地访问此文件时，必然会增加服务器负载，而 DFS 可确保用户对该文件的访问分布于多个服务器。从而实现服务器负载平衡。然而，在用户看来，该文件是在网络的同一个位置上。

4. 文件和文件夹安全

因为共享的资源 DFS 管理使用标准 NTFS 和文件共享权限，所以可使用以前的安全组和用户账户以确保只有授权的用户才能访问敏感数据。

除了授予必要的权限外，DFS 不实施任何超出 Windows Server 2012 系统所提供的其他安全措施。为 DFS 根目录或 DFS 链接指派的权限确保用户可以添加新 DFS 链接。

目标的权限与 DFS 拓扑无关。例如，假定有一个名为 MarketingDocs 的 DFS 链接，并且有适当的权限可以访问 MarketingDocs 所指向的特定目标。此时，用户就可以访问目标集中的其他目标，而不管是否有权限访问那些其他目标。

然而，具有访问这些目标的权限决定用户是否可以访问目标中的任何信息。此访问由标准 Windows Server 2012 安全控制台决定。

总之，当用户尝试访问某个目标及其内容时，底层文件系统将强制安全性。因此，FAT 卷提供文件上的共享级安全，而 NTFS 卷提供了完整的 Windows Server 2012 安全性。为了维护安全，应使用 NTFS 和文件共享权限以保证 DFS 所使用的任何共享文件夹的安全，以便只有授权用户可以访问它们。

5.9.3　DFS 的架构

在 Windows Server 2012 中，通过配置 "DNS 命名空间" 和 "DFS 复制" 两种服务以构建 DFS。

"DFS 命名空间" 可以将位于不同服务器上的共享文件夹组合到一个或多个逻辑结构的命名空间。每个命名空间作为具有一系列子文件夹的单个共享文件夹显示给用户。但是，命名空间的基本结构可以包含位于不同服务器以及多个站点中的大量文件共享。"DFS 复制" 可有效地在多个服务器和站点上复制文件夹（包括那些由 DFS 命名空间路径引用的文件夹）。DFS 命名空间又分为 "基于域的命名空间" 和 "独立命名空间" 两种类型。其中 "基于域的命名空间" 将数据存储在一个或者多个命名空间服务器和 AD DS 中，可以使用多部服务器以增加该命名空间的可用性。Windows Server 2008 模式的网域命名空间是一种从 Windows Server 2008 开始新增的模式，其包括对基于访问权限的枚举（Access-Based Enumeration，ABE）以及可伸缩性的支持，即对于用户而言，只能看到共享文件夹中有权浏览的部分。"独立命名空间"与"基于域的命名空间"最根本的不同在于，将数据存放在服务器的注册表里。而数据存放的位置将影响 DFS 的配置，"基于域的命名空间"在建立多台命名空间服务器的情况下具备容错功能，而"独立命名空间"除非在使用服务器集群时，否则只能有一台命名空间服务器，而且不具备容错功能。

"DFS 复制"是一种多主机复制引擎，通过使用多个进程实现多个服务器上数据的同步，采用的是远程差分压缩（RDC）算法。RDC 检测文件中数据的更改，并使"DFS 复制"仅复制已更改文件块而非整个文件。DFS 复制通过监视更新序号日志检测卷上的更改，并只在文件关闭后执行复制更改。

"命名空间服务器"用以控制命名空间。在"基于域的命名空间"中，可以将多台成员服务器或者域控制器设为该"命名空间服务器"；在"独立命名空间"中，只能将一台成员服务器或域控制器或独立服务器设为"命名空间服务器"。

"命名空间根目录"为命名空间的起点。若为"基于域的命名空间"，则名称格式为\\<域名>\<根目录名>；若为"独立命名空间"，则名称格式为"\\<计算机名>\<根目录名>"。命名空间根目录是对应到命名空间服务器内的一个共享文件夹中，且必须位于 NTFS 磁盘分区。

"文件夹目标"是存放数据的位置，其为共享文件夹的 UNC 路径，或与命名空间中的文件夹相关联的另一个命名空间的 UNC 路径。不包含"文件夹目标"的"文件夹"将被添加入命名空间，而当用户浏览包含"文件夹目标"的"文件夹"时，将会被透明地引导到其中一个"文件夹目标"。

启用 DFS 需要在 Windows Server 2012 中进行相应的安装操作，具体步骤如下：

（1）在"服务器管理器"的"仪表板"中选择"添加角色和功能"选项，连续单击"下一步"直到"服务器角色"页面，展开"文件和存储服务"。默认情况下该项已安装，但是组件并未完全安装。

（2）进一步展开其中的"文件和 iSCSI 服务"，这时会看到除了"文件服务器"为已安装外，其他组件均未安装。

对于 DFS 服务器而言，通常有两种角色。其中一种称为"命名空间服务器"，它需要安装"DFS 命名空间"服务；另一种需要互相复制共用文件夹内的数据，因此则要安装"DFS 复制"服务，如图 5.9.1 所示。

（3）若需要该服务器管理 DFS，则在单击"下一步"后的"功能"页面中依次展开"远程服务器管理工具"→"角色管理工具"→"文件服务工具"，选中"DFS 管理工具"复选框，如图 5.9.2 所示，然后单击"下一步"按钮。

（4）在"确认"页面单击"安装"按钮等待所选服务安装完成后单击"关闭"退出。安装之后不需要重启即可生效，将出现在"开始"界面中。

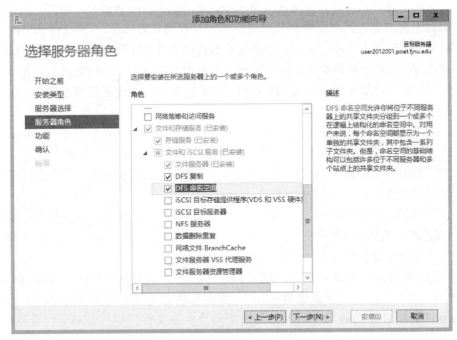

图 5.9.1 添加 DFS 复制服务与 DFS 命名空间服务

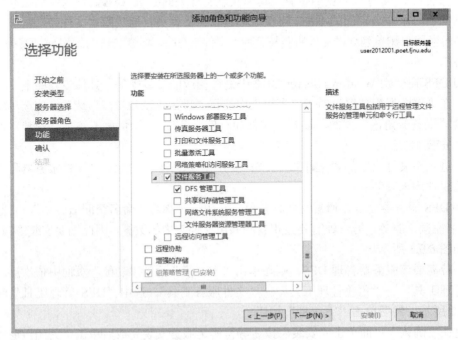

图 5.9.2 添加 DFS 管理工具

5.9.4 创建新的命名空间

具体操作步骤如下：

（1）在"开始"界面中选择"DFS Management"，打开"DFS 管理"控制台，如图 5.9.3 所示，单击右侧"操作"窗口中的"新增命名空间"命令，打开"新建命名空间向导"窗口，首先进入"命名空间服务器"页面，单击"浏览"按钮弹出"选择计算机"对话框，再单击"高级"通过"立即查找"指定命名空间服务器。此处选择计算机名为 user2012001 的服务器作为命名空间服务器，连续单击"确定"返回"命名空间服务器"页面，结果如图 5.9.4 所示，然后单击"下一步"按钮。

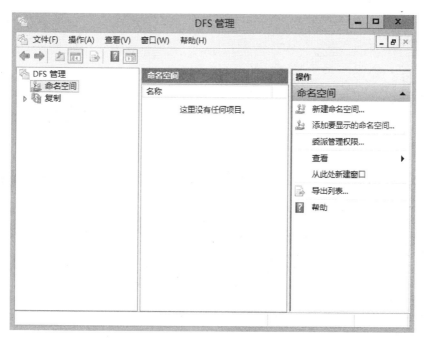

图 5.9.3　DFS 管理控制台

（2）进入"命名空间名称和设置"页面，在"名称"文本框中输入需要设定的共享文件夹的名称，此处以"Public"为例，共享文件夹的本地路径默认在系统所在安装盘下建立"DFSRoots\<共享文件夹名>"，如有必要可单击页面中的"编辑设置"按钮更改共享文件夹的设置，例如路径、共享文件夹权限等。完成设置后单击"下一步"按钮。

（3）进入"命名空间类型"页面，选择要创建的命名空间类型，此处以"基于域的命名空间"类型为例，并启用 Windows Server 2008 模式，则完整的命名空间名称将为"\\<域名>\<共享文件名>"，此处为"\\poet.fjnu.edu\Public"。若选择"独立命名空间"类型，则完整的命名空间名称将为"\\<计算机名>\<共享文件名>"，如"\\user2012001\Public"，如图 5.9.5 所示。然后单击"下一步"按钮。

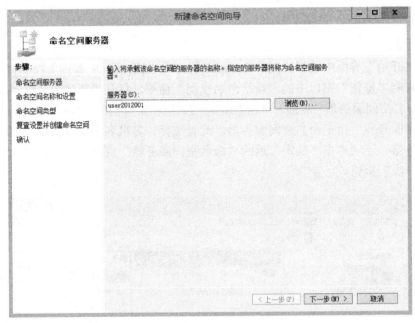

图 5.9.4　命名空间服务器

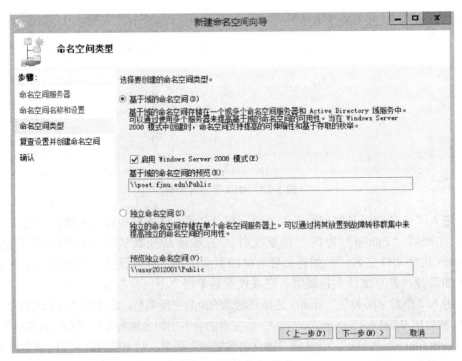

图 5.9.5　命名空间类型

（4）进入"复查设置并创建命名空间"页面，检查设定无误之后单击"创建"按钮，进入"确认"页面，等待命名空间创建成功之后单击"关闭"按钮。此时将在 DFS 管理控制台的"命名空间"里将显示创建的命名空间，如图 5.9.6 所示。

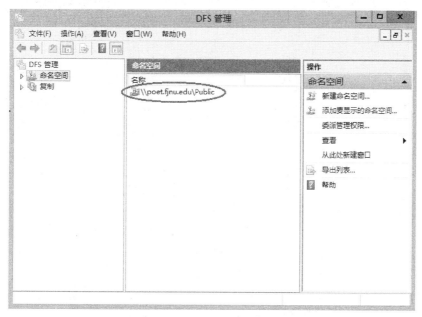

图 5.9.6　已创建的命名空间

5.9.5　建立 DFS 文件夹

案例：在命名空间服务器 user2012001 新增 DFS 文件夹 Music，并分别对应到两台成员服务器\\user2012002\Music 与\\user2012003\Music。

首先要在 user2012002 和 user2012003 中建立名为 Music 的文件夹，位置均为 C:\Music，并设置为共享文件夹，令 Everyone 均具有"读取/写入"的权限。同时在 user2012002 的 Music 中新建一些文件，以便后续验证能否实现与 user2012003 之间的 DFS 复制功能。

具体操作步骤如下：

（1）在"DFS 管理"控制台中选择已经建立的命名空间，如"\\poet.fjnu.edu\Public"。在右侧的"操作"窗口中单击"新建文件夹"选项，如图 5.9.7 所示。弹出"新建文件夹"对话框，在"名称"文本框中输入 DFS 文件夹名称"Music"，单击"添加"按钮，在弹出的"添加文件夹目标"对话框中输入目标路径，如"\\user2012002\Music"再单击"确定"返回。重复相同操作将"\\user2012003\Music"添加入"文件夹目标"列表，如 5.9.8 所示，再单击"确定"按钮。

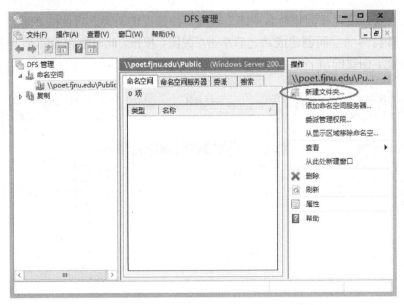

图 5.9.7　新建 DFS 文件夹

图 5.9.8　设置 DFS 文件夹目标路径

（2）将弹出"复制"窗口，询问是否创建"复制组"。这是因为若一个 DFS 文件夹对应多个目标时，这些目标中文件夹的内容需要同步，此处选择"否"完成设定，安装完成后的结果如图 5.9.9 所示。

（3）单击"操作"窗口中"复制文件夹"选项，进入"复制文件夹向导"的"复制组和已复制文件夹名"页面，设定"复制组名"与"已复制文件夹名"，此处采用默认设置，如图 5.9.10

所示，单击"下一步"按钮。

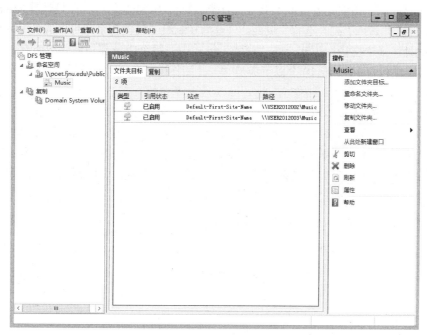

图 5.9.9 设置多个 DFS 文件夹目标路径结果

图 5.9.10 复制组和已复制文件夹名

（4）进入"复制合格"页面，将看到可参与 DFS 复制的服务器，单击"下一步"进入"主要成员"页面。"主要成员"指的是要复制到其他文件夹目标的内容的服务器，此处选择"user2012002"，然后单击"下一步"进入"拓扑选择"页面。只有当复制组中包含 3 个或更多成员时才可选择"集散"模式，此处选择"交错"模式。在"交错"模式中，每个成员都与复制组所有其他成员一起复制。当复制组中包含 10 个或 10 个以下成员时，此拓扑运转良好，然后单击"下一步"按钮。

（5）进入"复制组计划和带宽"，此处可以采用"完整"带宽的"指定带宽连续复制"或"在指定日期和时间内复制"，如图 5.9.11 所示。其中"在指定日期和时间内复制"可以指定默认情况下复制发生的日期和时间，并且至少必须创建一个复制间隔。完成设定后单击"下一步"按钮，在"复查设置并创建复制组"中检查对应设置，单击"创建"即进入"确认"页面，等待完成复制文件向导之后单击"关闭"按钮。此时会弹出提示："在复制组的成员选取该配置之前，复制不会开始。其花费的时间取决于 Active Directory 域服务复制延迟和轮询间隔"。

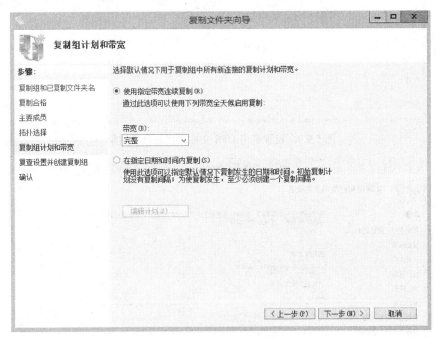

图 5.9.11　复制组计划和带宽

在之后的首次复制操作中，由于将 user2012002 设为主成员，因此会将\\user2012002\Music 中的内容复制到\\user2012003\Music 中。此后若再执行复制操作将依照所选定的拓扑结构进行。

若要修改复制操作的设定，先选中 DFS 管理控制台左端窗口中复制组 poet.fjnu.edu\public\music，在右端"操作"窗口中可按需实现"新建成员"、"新建已复制文件夹"、"新建连接"、"新建拓扑"、"创建诊断报告"、"验证拓扑"、"委派管理权限"、"编辑复制组计划"及"从显示区域移除复制组"等，如图 5.9.12 所示。

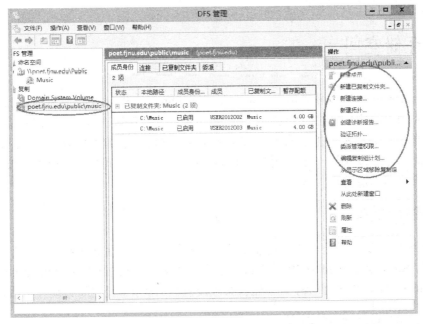

图 5.9.12　修改复制操作的设定

　　若要变更服务器之间的连接关系，可以选择 DFS 管理控制台中间窗口的"连接"选项卡，此处若要解除 user2012003 到 user2012002 上的连线，则可以双击"发送成员 user2012003"，在弹出的"USER2012003 到 USER2012002 属性"窗口中将"在此连接上启用复制"前的勾号去除即可，如图 5.9.13 所示。

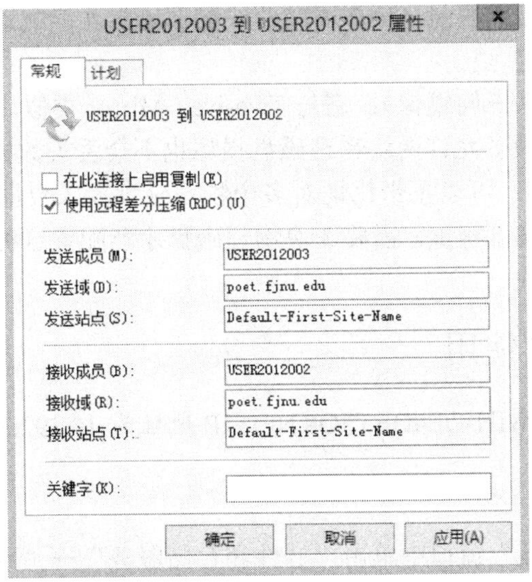

图 5.9.13　变更服务器之间连接关系

5.10 存储空间

Windows Server 2012 的新功能之一是存储空间（Storage Spaces）。这种先进的存储虚拟化功能，可以为用户的核心业务提供经济、高效、可拓展的存储解决方案，使用户能够使用业界标准来进行单台计算机和可扩展的多节点存储部署。同时，它的适用对象非常广泛，从使用 Windows 8 做个人存储的用户，到使用 Windows Server 2012 做高可用性存储并想要节约成本的企业和云托管公司都适用。

5.10.1 磁盘类型

存储空间的主要作用是虚拟化存储磁盘并提供其高可用性和可拓展性，它支持以下存储磁盘类型：Serial Attached SCSI（SAS）、Serial Advanced Technology Attachment（SATA）、USB drives 和 VHD/VHDX。此外，每个磁盘必须没有被格式化，且空间必须大于或等于 4 GB。

5.10.2 虚拟硬盘存储布局

创建虚拟磁盘时，可以选择以下几种主要存储布局：
- Simple（简单）：可以条带化地向多个物理磁盘写入数据，增加数据吞吐效率，但是不提供冗余功能。只要有一块或以上物理磁盘就可以配置这种布局。
- Two-way Mirror（双向镜像）：同时对两块物理磁盘写入相同的数据，实现数据的镜像和冗余，但代价是浪费磁盘的容量。至少需要两块物理磁盘才能配置这种布局，并允许一块磁盘损坏，数据仍然存在。
- Three-way Mirror（三向镜像）：它与 Two-way Mirror 类似，但至少需要 5 块物理磁盘才能配置这种布局，并且最多允许两块物理磁盘损坏也不会丢失数据。
- Parity（同位资料）：可以条带化地对多个物理磁盘写入数据和校验数据，增加数据可靠性，但是会浪费一部分磁盘容量。需要 3 块物理磁盘才能配置这种布局，并且最多允许一块物理磁盘损坏数据不会丢失。

5.10.3 存储空间的使用

案例：在计算机名为 WIN-QE4QBT5QKNF，IP 地址为 10.192.3.144 的计算机上使用存储空间。

具体操作步骤如下：

（1）在"服务器管理器"窗口中单击"文件和存储服务"→"磁盘"，如图 5.10.1 所示。

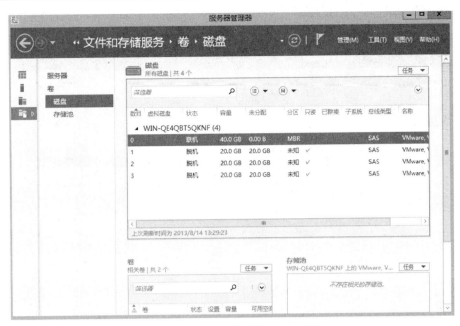

图 5.10.1　文件和存储服务——磁盘

（2）右击脱机的磁盘，单击"联机"，联机成功后如图 5.10.2 所示。

图 5.10.2　文件和存储服务——磁盘联机

（3）右击联机的磁盘，单击"初始化"，初始化成功后如图 5.10.3 所示。

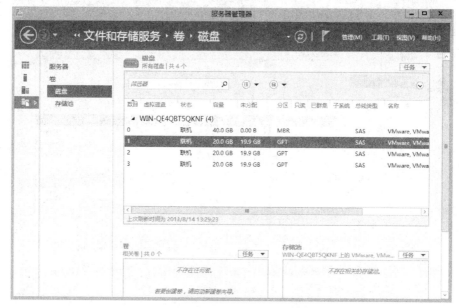

图 5.10.3　文件和存储服务——磁盘初始化

（4）单击"存储池"选项，进入如图 5.10.4 所示窗口。

图 5.10.4　文件和存储服务——存储池

（5）单击右上角的"任务"下拉按钮，选择"新建存储池"命令，如图 5.10.5 所示。

图 5.10.5 文件和存储服务——新建存储池

（6）进入如图 5.10.6 所示窗口，单击"下一步"按钮。

图 5.10.6 新建存储池——向导

（7）在"名称"文本框中输入存储池名称"我的存储池"，如图 5.10.7 所示，单击"下一步"按钮。

图 5.10.7　新建存储池——存储池名称

　　（8）往存储池中添加物理磁盘时，可以将磁盘分配设成自动或热备用。设置成自动的磁盘会成为工作磁盘，而设置成热备用的磁盘不会马上启用。只有当工作磁盘出现问题的时候，热备用磁盘才会自动接替工作。

　　选中要加入存储池的硬盘，分配为"自动"，如图 5.10.8 所示，单击"下一步"按钮。

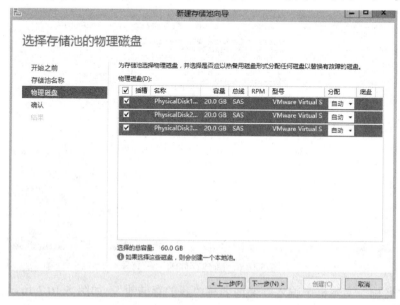

图 5.10.8　新建存储池——物理磁盘

（9）进入如图 5.10.9 所示的确认信息窗口，单击"创建"按钮。

图 5.10.9 新建存储池——确认

（10）创建成功后，如图 5.10.10 所示，单击"关闭"按钮。

图 5.10.10 新建存储池——结果

（11）如图 5.10.11 所示，已创建完成名为"我的存储池"的存储池，图右下方为存储池内的 3 个硬盘。

图 5.10.11 存储池

（12）在"虚拟磁盘"区域，单击"任务"下拉按钮，选择"新建虚拟磁盘"选项，如图 5.10.12 所示。

图 5.10.12 新建虚拟磁盘

（13）进入如图 5.10.13 所示窗口，单击"下一步"按钮。

图 5.10.13　新建虚拟磁盘——开始之前

（14）选中存储池"我的存储池"，如图 5.10.14 所示，单击"下一步"按钮。

图 5.10.14　新建虚拟磁盘——存储池

（15）在"名称"文本框中输入虚拟磁盘的名称"My Two-way Mirror"，如图 5.10.15 所示，单击"下一步"按钮。

图 5.10.15 新建虚拟磁盘——虚拟磁盘名称

（16）选中"Mirror"（本实例中有 3 个硬盘，所以系统自动设为 Two-Way Mirror），如图 5.10.16 所示，单击"下一步"按钮。

图 5.10.16 新建虚拟磁盘——存储数据布局

（17）进入如图 5.10.17 所示界面，对类型进行设置，如果选择"固定"（如 100 GB），则存储池会立即分配 100 GB 给该虚拟磁盘，即使该虚拟磁盘上的数据只有 10 GB。如果选择"精简"100 GB，那么存储池只会先分配给它实际使用的大小 10 GB，随着实际使用空间的增大而动态地增加分配的磁盘大小，最多分配到 100 GB。此处选中"固定"单选项，单击"下一步"按钮。

图 5.10.17　新建虚拟磁盘——设置

（18）输入虚拟磁盘的大小（如果选择"最大大小"，则会建立 30 GB 的虚拟硬盘），如图 5.10.18 所示，单击"下一步"按钮。

图 5.10.18　新建虚拟磁盘——大小

（19）进入如图5.10.19所示窗口，单击"创建"按钮。

图 5.10.19 新建虚拟磁盘——确认

（20）进入如图5.10.20所示窗口，单击"关闭"按钮。

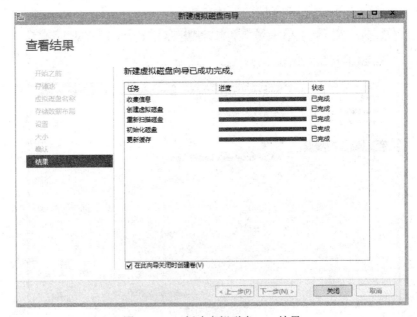

图 5.10.20 新建虚拟磁盘——结果

（21）进入如图 5.10.21 所示"新建卷"页面，单击"下一步"按钮。

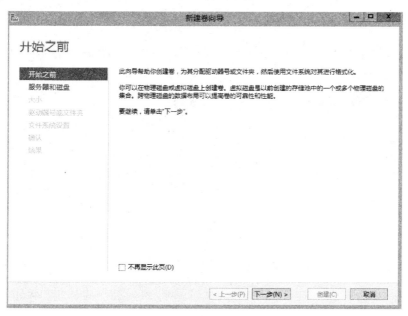

图 5.10.21　新建卷——开始之前

（22）进入如图 5.10.22 所示页面，单击"下一步"按钮。

图 5.10.22　新建卷——服务器和硬盘

（23）输入卷大小，如图 5.10.23 所示，单击"下一步"按钮。

图 5.10.23　新建卷——大小

（24）指定驱动器号，如图 5.10.24 所示，单击"下一步"按钮。

图 5.10.24　新建卷——驱动器

（25）在如图 5.10.25 所示的对话框中设置"文件系统"、"分配单元大小"和"卷标"，单击"下一步"按钮。

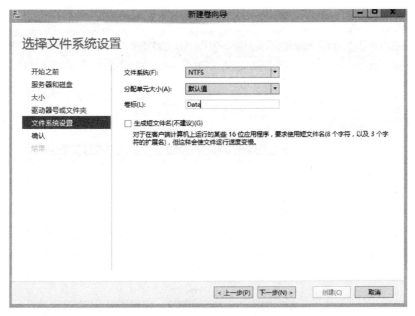

图 5.10.25　新建卷——文件系统设置

（26）出现"确认"页面时，单击"创建"按钮。出现"结果"页面时，单击"关闭"按钮。

（27）按照以上步骤，新建一个"F:"卷验证 Two-Way Mirror 作用。打开"计算机"窗口，如图 5.10.26 所示。

图 5.10.26　"计算机"窗口

（28）在 E 盘建立一个内容为 test 的 test.txt 文档。

（29）将服务器关机，移除一个硬盘，重新开启服务器。

（30）打开"存储池"页面，如图 5.10.27 所示，发现错误并出现警告。

图 5.10.27　存储池警告

（31）打开计算机 E 盘发现 test.txt 文件依然存在，内容完整，如图 5.10.28 所示，这样验证了 Two-Way Mirror 功能。

图 5.10.28　test 文件

5.11 重复数据删除

在现今的大数据量时代，虽然硬件成本降低，服务器的读写速度一直提升，但为了应对企业数据存储的爆炸式增长，服务器管理员想要合并多个服务器，进行容量伸缩和数据优化。Windows Server 2012 提供的重复数据删除功能，能够以低的存储成本和管理成本，实现高的存储效率。

5.11.1 功能

重复数据删除指的是在数据中查找和删除重复内容，而不会影响其保真度或完整性。其目标是通过将文件分割成大小可以改变的小区块（32～128 KB），并确定重复的区块，然后为每个区块保留一个副本，从而在更小的空间中存储更多的数据。区块的冗余副本由对单个副本的引用所取代。区块会进行压缩，然后以特殊的容器文件形式组织到 System Volume Information 文件夹中。

5.11.2 优点

（1）容量优化。

以更少的物理空间存储更多数据。它能比单实例存储（SIS）或 NTFS 压缩等功能实现更高的存储效率。重复数据删除功能使用子文件可变大小的区块和压缩，常规文件服务器的优化率为 2∶1，而虚拟数据的优化率最高可达 20∶1。

（2）伸缩性和性能。

具有高度的可伸缩性，能够有效利用资源且不产生干扰。它每秒可以处理大约 20 MB 数据，而且可以同时在多个卷上运行，而不会影响服务器上的其他工作负载。通过限制 CPU 和内存资源的消耗，保持对服务器工作负载的较低影响。如果服务器太忙，则重复数据删除功能可能会完全停止。此外，管理员的灵活性也比较强，可以在任意时间运行重复数据删除、设置重复数据删除功能的运行计划、建立选择策略。

（3）可靠性和数据完整性。

在应用"重复数据删除"时，能够保持数据的完整性。Windows Server 2012 使用校验和、一致性和身份验证来确保数据的完整性，而且，对于所有的元数据和最常引用的数据，重复数据删除功能会保持冗余，从而确保数据可在数据损坏时恢复。

（4）与 BranchCache 一起提高带宽效率。

通过与 BranchCache 进行集成，同样的优化技术还可应用于通过 WAN 传输到分支机构的数据，可以缩短文件下载时间和降低带宽占用。

（5）使用熟悉的工具进行优化管理。

Windows Server 2012 拥有内置服务器管理器和 Windows PowerShell 的优化功能。管理员

可以对设置进行微调从而实现更多的节省，用户也可以轻松使用 Windows PowerShell cmdlet 开始优化作业，还可使用 Unattend.xml 文件（可调用 Windows PowerShell 脚本并与 Sysprep 一起用于在系统首次启动时部署删除重复）来安装"重复数据删除"功能并在选定卷上启用删除重复。

5.11.3 重复数据删除功能的安装和使用

案例：在计算机名为 WIN-QE4QBT5QKNF，IP 地址为 10.192.3.144 的计算机上使用重复数据删除功能。

具体操作步骤如下：

（1）在"服务器管理器"窗口中，单击"管理"→"添加角色和功能"→"下一步"进入"服务器角色"对话框，选中"数据删除重复"复选框，如图 5.11.1 所示。然后单击"下一步"按钮直到安装完成。

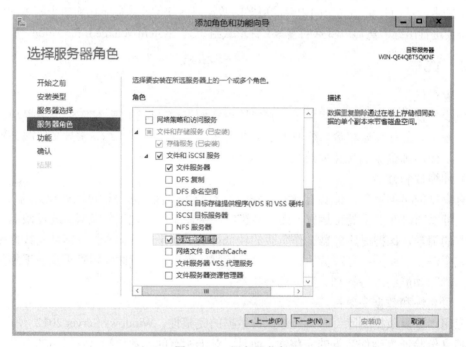

图 5.11.1 服务器角色

（2）如图 5.11.2 所示，在"服务器管理器"窗口中，单击"文件和存储服务"→"卷"，在卷 E 处右击，选择"配置数据删除重复"命令。

（3）进入如图 5.11.3 所示页面，选中"启动数据删除重复"复选框，设置时间，默认为 5 天（此处设置 0 天，以便验证数据删除重复功能）。该页面还可以配置排除的文件扩展名以及排除的文件，读者可以进行设置。

图 5.11.2 文件和存储服务——卷

图 5.11.3 删除重复设置

注：启用重复数据删除功能后，新建卷时可以进行相应的配置。此处对已建的卷进行配置。

（4）在图 5.11.3 中单击"设置删除重复计划"按钮，出现如图 5.11.4 所示页面，可以对删除重复服务进行优化（如启用后台优化、启用吞吐量优化等），设置完成后，单击"确定"按钮返回图 5.11.3 中，单击"确定"按钮完成功能配置。

图 5.11.4　删除重复计划

（5）在 E 盘中放入一些重复文件以测试重复数据删除功能，如图 5.11.5 所示。

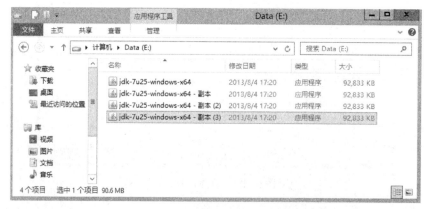

图 5.11.5　测试重复数据删除功能——E 盘中放入重复文件

（6）放入后，卷描述如图 5.11.6 所示。

图 5.11.6 测试重复数据删除功能——卷描述

（7）在 PowerShell 中使用命令查看。下面对 PowerShell 进行简要介绍。

Windows Server 2012 提供 Powershell 3.0，专门为系统管理员对机箱进行自动化管理和操作而设计的，通过简单的命令行即可获得全面、适应性高、简单的自动化管理方式。

获取 Powershell 3.0 有如下两种方式：

一种是内置，装了 Windows 8 client 或 Windows Server 2012 系统的计算机默认自带 Powershell 3.0；另一种方式是通过官网下载安装 Powershell 3.0（需要先安装.NET 4.0 支持）。

微软明确 PowerShell 3.0 作为其服务器平台底层管理标准。最新的 PowerShell 3.0 包含了大量全新的 cmdlets，实现服务器和 Windows 8 桌面的管理和自动化，其中也包括有超过 1 000 条 cmdlets 的 Hyper-V。下面使用 PowerShell 进行操作：

① 启用重复数据删除进程，如图 5.11.7 所示。

图 5.11.7 启用重复数据删除进程

② 查看重复数据删除效果，如图 5.11.8 所示，可知有 4 个文件是相同的。

图 5.11.8 查看重复数据删除效果

③ 查看数据节省率，如图 5.11.9 所示，可知节省空间 272.26 MB，节省率为 47%。

```
PS C:\Users\Administrator> get-dedupvolume

Enabled          SavedSpace          SavingsRate          Volume
-------          ----------          -----------          ------
True             272.26 MB           47 %                 E:
```

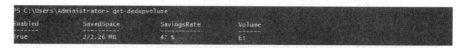

图 5.11.9 查看数据节省率

④ 查看重复数据删除的文件检索数量，可知文件总数为 4，实际文件特征为 1，如图 5.11.10 所示。

```
PS C:\Users\Administrator> get-dedupmetadata e:

Volume                              : E:
VolumeId                            : \\?\Volume{1d13406e-31c0-46f1-b36a-7fbf851bcb74}\
StoreId                             : {CB0BBF89-DB2C-4029-8C3B-26C776B3F414}
DataChunkCount                      : 1224
DataContainerCount                  : 1
DataChunkAverageSize                : 75.57 KB
DataChunkMedianSize                 : 0 B
DataStoreUncompactedFreespace       : 0 B
StreamMapChunkCount                 : 4
StreamMapContainerCount             : 1
StreamMapAverageDataChunkCount      :
StreamMapMedianDataChunkCount       :
StreamMapMaxDataChunkCount          :
HotspotChunkCount                   : 0
HotspotContainerCount               : 0
HotspotMedianReferenceCount         :
CorruptionLogEntryCount             : 0
TotalChunkStoreSize                 : 90.84 MB
```

图 5.11.10 查看重复数据删除的文件检索数量

（8）启用重复数据删除完成后，重新进入“卷描述”，也可以直观得出重复数据删除率为 47%，删除重复保存 272 MB，如图 5.11.11 所示。

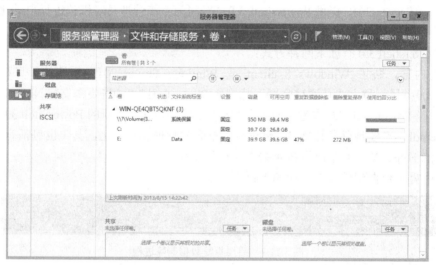

图 5.11.11 卷

5.12 本章小结

本章主要介绍了 Windows Server 2012 文件管理与磁盘管理方面的知识。首先介绍了

Windows Server 2012 所支持的基本磁盘和动态磁盘，接着介绍了 FAT 文件系统、NTFS 文件系统和 ReFs 文件系统，并详细介绍了 NTFS 权限。在本章中还重点介绍了如何利用 Windows Server 2012 "磁盘管理"实现对磁盘分区的卷进行管理，以及如何执行清理磁盘、碎片整理、磁盘配额、磁盘备份与还原等。最后介绍了如何使用 EFS 加密磁盘上的数据，利用 DFS 对网络中的分散资源实现单点访问，以及存储空间和重复数据删除功能的使用。

思 考 题

1. FAT 系统的缺点有哪些？
2. 什么是 NTFS 文件系统？NTFS 文系统有什么特点？
3. 如何使用 NTFS 权限设置文件和文件夹的访问权限？
4. 在移动和复制文件时 NTFS 权限会发生什么样的变化？
5. 如何使用 NTFS 权限压缩数据？当移动或复制文件夹时，其压缩属性会发生什么样的变化？
6. 如何实现磁盘配额？
7. 如何使用 NTFS 文件系统的 EFS 加密磁盘上的数据？
8. 什么是 DFS？使用 DFS 有什么特点和好处？
9. 什么是动态磁盘和基本磁盘？使用动态磁盘的优点是什么？
10. 动态磁盘有哪几种类型卷？各自的特点是什么？
11. 如何实现动态磁盘与基本磁盘之间的转换？
12. 如何对本机磁盘进行碎片整理？
13. 如何压缩一个 NTFS 分区上的目录？
14. 如何使用存储空间？
15. 重复数据删除的优点有哪些？如何使用此特性？

实 践 题

1. 在域的文件服务器上有一个文件夹，该文件夹有一些重要的数据可以让某些用户查看，但不能对这些数据进行修改。作为网络管理员，该如何操作才能保证实现以上的要求？

2. 网络中的计算机分布在不同的位置，而网络中的用户又经常会访问其他计算机上的文件。作为网络管理员该如何设置网络，才能用户在访问其他计算机中的资源时，好像就在访问本机中的资源一样？

第 6 章　管理打印服务

通过前面章节的学习，作为网络管理员已经掌握了如何利用组对用户账户进行统一管理，如何在 NTFS 系统中为组中的用户分配文件的访问权限，以及如何管理物理上不同地点的计算机中的文件。本章学习的重点是，作为网络管理员，该如何管理网络中的打印服务，以提供给网络的用户使用。

连接在打印服务器上的本地打印机或通过网络适配器连接在网络上的网络打印机，都可以接收各种不同系统平台上的应用程序所发送的打印作业。使用 Windows Server 2012 作为网络打印服务器，可以在任何计算机系统上进行打印工作。

6.1　Windows Server 2012 打印简介

6.1.1　打印术语

在设置打印设备之前，应该熟悉有关的 Windows 打印术语，并且理解不同的组件是如何协同工作的。下面列出一些 Windows Server 2012 的打印术语。

- 打印机（Printer）：按照微软公司的术语，打印机并不是所说的物理硬件，而是操作系统和打印设备之间的软件接口。打印机定义了文档从哪里到达打印设备（可能是一个本地端口、一个网络连接端口或一个文件），什么时候到，打印过程的其他方面如何处理，以及当用户连接打印机时所使用打印机的名字，打印机指向一台或多台打印设备。

- 打印设备（Printer Device）：打印设备是生成打印文档的物理设备。Windows Server 2012 支持本地打印设备和网络打印设备。本地打印设备直接连接到打印服务器的物理端口上。即通过本地打印端口（例如并口、串行 RS-232/422/IRDÀ、USB 或 SCSI 端口）连接在计算机上；网络打印设备通过网络而不是物理端口连接打印服务器，要求它们有自己的网络接口卡和自己的网络地址。网络打印机是网络的一个节点，计算机通过网络适配器向它发送打印作业。

- 打印服务器（Printer Server）：打印服务器是关联本地或网络打印设备的打印机所在的计算机。打印机服务器接收和处理来自客户端的打印文档。可以安装、配置和共享打印服务器上的网络打印设备。
- 打印机驱动程序（Printer Driver）：打印机驱动程序相当于硬件的接口，Windows Server 2012 操作系统只有通过这个接口，才能控制打印设备打印文档。每种打印设备类型都有相应的打印驱动程序。

6.1.2　网络打印要求

在 Windows Server 2012 网络中安装和配置打印的要求如下：

（1）网络中至少有一台计算机作为打印服务器，如果打印服务器管理多台任务繁重的打印机，则需要设置专用的打印服务器。在打印服务器上可以运行 Windows Server 2012 系统和其他操作系统，如 Windows XP Professional 等。

（2）足够的内存。如果一台打印服务器管理大量打印文档，则这台服务器需要增加额外的内存，满足通过 Windows Server 2012 执行其他任务的需求。因为如果打印服务器没有足够的内存满足工作负载，其打印性能会降低。

（3）足够的磁盘空间。用来确保 Windows Server 2012 打印服务器可以存储打印文档和其他的打印数据，直到打印服务器发送这些数据到打印设备，这在打印文档非常大或累积时很重要。

6.2　安装打印机

6.2.1　安装本地打印设备

案例：为本地计算机安装一台 Brother MFC-7420 型打印机，并将此打印机共享。

具体操作步骤如下：

（1）执行"开始"→"控制面板"→"设备和打印机"→"添加打印机"命令，打开"添加打印机"对话框，如图 6.2.1 所示。

（2）单击"我需要的打印机不在列表中"，在接着出现的窗口中选择"通过手动设置添加本地打印机或网络打印机"选项，如图 6.2.2 所示。

（3）单击"下一步"按钮出现"选择打印机端口"页面，如图 6.2.3 所示。

图 6.2.1 "添加打印机"对话框

图 6.2.2 查找打印机

图 6.2.3　选择打印机端口

（4）单击"下一步"按钮，出现"安装打印机驱动程序"页面，如图 6.2.4 所示。在该对话框中可以选择打印机的生产厂家和型号。如果待安装的打印机没有出现在列表中，可以单击"从磁盘安装"按钮，然后在弹出的对话框中指明打印驱动程序所在的路径，单击"下一步"按钮。

图 6.2.4　安装打印机驱动程序

（5）单击"下一步"按钮，出现"键入打印机名称"页面，在"打印机名称"文本框中输入打印机名称，如图 6.2.5 所示。

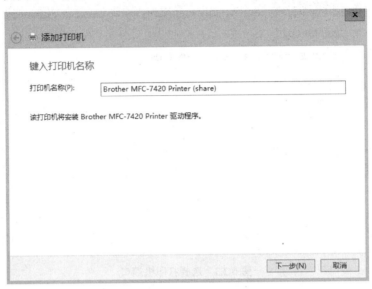

图 6.2.5 键入打印机名称

（6）单击"下一步"按钮，出现"打印机共享"页面，如图 6.2.6 所示。在该对话框中可以设置是否共享打印机，若共享，则在"共享名称"文本框中输入打印机的共享名，该共享名将在网络上被用户和应用程序识别。同时，用户也可以在"位置"文本框中标示出打印机所在的物理位置，在"注释"文本框中可以对打印机做介绍，这样，其他用户就可以通过设置的文字检索这台打印机。

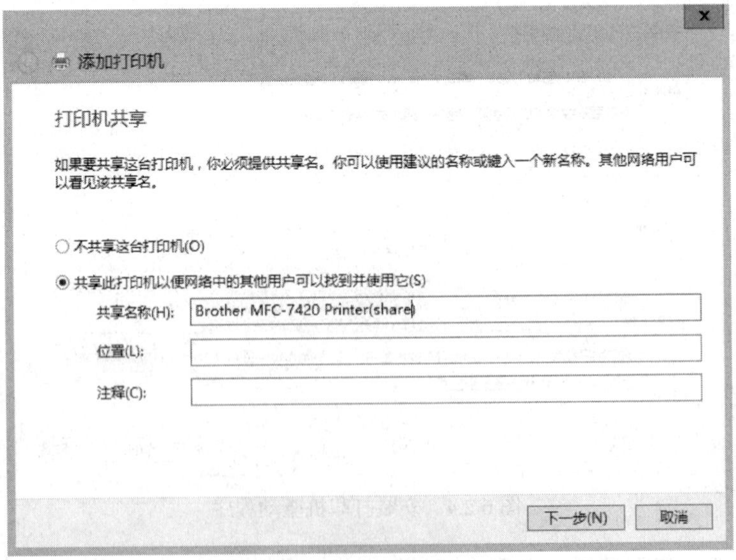

图 6.2.6 打印机共享

（7）单击"下一步"按钮，出现提示成功添加打印机的对话框，可将其设置为默认打印机，单击"打印测试页"按钮，如果打印机测试页正常，则表明打印机被正确安装，再单击"完成"即可，如图 6.2.7 所示。

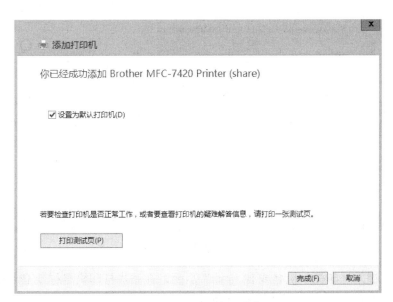

图 6.2.7　成功添加打印机

6.2.2　安装网络打印设备

安装网络打印设备的方法和步骤与安装本地打印设备的方法大致相同，其最主要的区别就是对于一般的网络打印设备，需要提供额外的端口和网络协议信息。

案例：在网络中安装一台型号为 Brother MFC-7420 的打印机，打印机的 IP 地址为 10.192.3.10。

具体安装的操作步骤如下：

（1）执行"开始"→"控制面板"→"设备和打印机"→"添加打印机"命令，打开"添加打印机"对话框。

（2）单击"我需要的打印机不在列表中"选项，在接着出现的窗口中选择"通过手动设置添加本地打印机或网络打印机"。

（3）单击"下一步"按钮，接着出现"选择打印机端口"页面，如图 6.2.8 所示。选择"创建新端口"单选按钮，在"端口类型"下拉菜单中可以选择 Local Port 或 Standard TCP/IP Port。由于本例中安装了 TCP/IP 协议，则可以提供基于这个协议的端口，选择"Standard TCP/IP Port"，单击"下一步"按钮。

图 6.2.8 选择打印机端口

（4）出现"键入打印机主机名或 IP 地址"页面，在添加打印机名称或 IP 地址的同时，端口名称会自动随着 IP 地址给出，如图 6.2.9 所示。

图 6.2.9 键入打印机主机名或 IP 地址

（5）单击"下一步"按钮，接下来的操作可以参考添加本地打印机相似的步骤来完成。

6.3 连接共享打印机

与打印设备物理相连的计算机将成为打印服务器，网络上的其他计算机若想使用这台服务器上的共享打印机，则必须要先连接到共享打印机上。连接到共享打印机的方法有许多：可以通过"网上邻居"连接到共享打印机；可以通过 Web 浏览器连接到网络打印机；可以通过"运行"对话框连接到网络打印机；也可以使用"添加打印机向导"连接共享打印机，但是对于不同的操作系统而言所能够使用的方法是不一样的。

案例：从一台运行 Windows Server 2012 的客户机上，使用"运行"对话框连接网络中的共享打印机 Brother MFC-7420（share）。

具体操作步骤如下：

（1）执行"开始"→"运行"命令，输入共享打印机的 IP 地址，如图 6.3.1 所示。

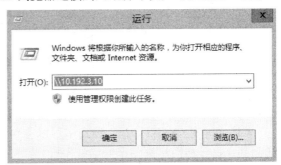

图 6.3.1 "运行"对话框

（2）单击"确定"按钮，即可看到共享的打印机，如图 6.3.2 所示。

图 6.3.2 连接到的共享打印机

（3）接着双击共享打印机的图标，便出现了安装打印机驱动程序的提示，单击"安装驱动程序"，系统便自动连接到打印机所在的计算机，下载并安装驱动程序，如图 6.3.3 所示。

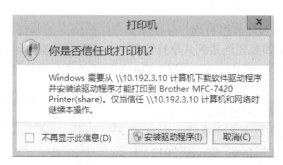

图 6.3.3　安装共享打印机程序

（4）在"设备和打印机"窗口中可以看到添加完的共享打印机。以后该客户机就可以通过访问共享打印机图标来使用网络打印机。

6.4　管理网络打印机

作为一名系统管理员，不仅要对网络中打印机的型号和性能非常清楚，而且还要知道如何通过不同的方法来设置和管理网络中的众多打印机，包括集中安装打印机驱动程序、设置默认选项、处理网络打印信息和管理网络打印作业等。这不仅有利于减少管理员的网络维护工作，而且极大地方便了网络用户对网络打印机的使用，减少了打印错误。

6.4.1　安装网络打印驱动程序

在实际工作中，不仅计算机的生产商、型号、档次的不同，而且网络中各计算机安装的操作系统也是多种多样的，因此，如果打印服务器要给网络中所有的计算机提供打印服务时，则需要在打印服务器上安装适用于网络内部各种操作系统的打印驱动程序，只有这样才能接收来自任何一台计算机的打印请求。适用于其他操作系统的驱动程序的安装操作步骤如下：

（1）在"设备和打印机"窗口中，右击需要安装其他驱动程序的打印机图标，在弹出的快捷菜单中选择"属性"命令，在"打印机属性"对话框中单击"共享"选项卡，如图 6.4.1 所示。

（2）单击"其他驱动程序"按钮，打开"其他驱动程序"对话框，如图 6.4.2 所示。在列表框中选择所有工作在网络中并要使用该打印机的操作系统。

图 6.4.1 打印机属性——"共享"选项卡

图 6.4.2 "其他驱动程序"对话框

（3）单击"确定"按钮，当打印客户机连接到位于打印服务器上的共享打印机上时，系统会自动从打印服务器上下载并安装相应的打印驱动程序，下载和安装过程无需用户干预。但有时系统无法提供相应的驱动程序，用户应手动安装，如图 6.4.3 所示。

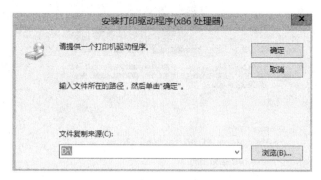

图 6.4.3 用户提供打印程序

6.4.2 打印机属性设置

在打印文件之前，一般要对打印机的属性进行设置，只有设置合适的打印机属性才能获得想要的打印效果。

在"设备和打印机"窗口中，右击要设置属性的打印机图标，在弹出的快捷菜单中选择"属性"命令，在"打印机属性"对话框中设置打印机的属性。

1. "常规"选项卡

默认时，打印机属性对话框显示"常规"选项卡，如图 6.4.4 所示。

图 6.4.4 打印机属性——"常规"选项卡

（1）"常规"选项卡的"位置"文本框主要用于显示打印机的位置。在安装打印机时，如果输入了打印机的位置，将在"位置"文本框中显示出来，用户也可以在"位置"文本框中更改打印机的位置。在"注释"文本框中，用户可以输入或更改打印机的注释。

（2）"功能"选项组中显示了打印纸张的大小、速度、分辨率等信息。如果要设置这些项，可以单击"首选项"按钮，在打开的"首选项"对话框中设置纸张的大小、方向、打印份数、介质类型等属性。其中"方向"选项组用来设置纸张的方向，无论设置为纵向还是横向打印，用户都不必在打印机中调整装纸的方向，因为纵向或者横向只是如何排版的问题，打印机会自动调整纸张中文字的方向，以正确打印文档。"纸张来源"下拉列表框中包含打印机可以使用的走纸方式。如果打印机中没有走纸设备，选中"手动"选项，打印机在打印每一页时，都会提示向计算机中加纸。如果打印机中有走纸设备，可以选中"自动选择"选项，只要纸盒中有足够的纸张，不必用户干预，打印机就可以自动完成打印作业。

2. "共享"选项卡

"打印机属性"对话框的"共享"选项卡如图 6.4.5 所示。主要用于设置是否共享打印机，以及其他版本的 Windows 操作系统共享该打印机时的驱动程序。是否共享打印机的默认值取决于安装打印机时进行的设置，如果要更改安装时的原始设置，可以在"共享"选项卡中进行。如果希望共享打印机，可以选中"共享这台打印机"复选框，并在其后的文本框中输入共享打印机的名称。如果选中"在客户端计算机上呈现作业"复选框，则客户端在将打印作业发到服务器之前，能在本地将作业呈现，以达到减少服务器负载，提高性能的作用。

图 6.4.5　打印机属性——"共享"选项卡

3. "端口"选项卡

"打印机属性"对话框的"端口"选项卡主要用于设置打印机连接和使用的端口,利用它可以快速地更改连接打印机的端口。

在"打印到下列端口"列表框中,列出了所有可用端口。如果更改了连接打印机的端口,只需要禁用原有的复选框,然后启用打印机现在连接端口的复选框即可。也可以同时选中多个端口,这样,在打印时系统会自动检测这些端口,并使用合适的端口进行打印。如果计算机连接有多台打印机,系统会使用第一个检测到的可用端口进行打印。

如果要使用其他的端口打印,可通过单击"添加端口"按钮,在打开的"打印机端口"对话框中进行选择,如图6.4.6所示。在"可用的端口类型"列表框中,列出了不同的端口类型,这些端口都是虚拟端口,因为它们都是通过网络传输的。如果要使用这些类型的服务,可以选中"可用的端口类型"列表框中的相应服务,然后单击"新端口"按钮,查找并添加相应类型的服务。

图6.4.6 "添加打印机端口"对话框

4. "高级"选项卡

"打印机属性"对话框的"高级"选项卡如图6.4.7所示。主要用于设置打印机的打印方式、处理打印文档的方式以及处理不同方式打印作业的方法。

(1)在"高级"选项卡中,单击"使用时间从"单选按钮,输入使用这台打印机的时间段,即可设定该打印机的使用时间。如果选择"始终可以使用"单选按钮,则打印机一接收到打印作业就发往打印设备打印,否则将把接收到的打印作业置于打印队列中,一直等到进入使用时间再开始打印。

如果某个企业中有两个部门,其中一个部门的打印作业量特别大,但是打印作业通常不是非常紧急的;而另一个部门的打印作业量虽然较小,但是通常都是需要立刻打印的。在只有一台打印设备的情况下,为解决这种情况就可以将来自不同部门的打印作业安排在不同的时间段进行打印。可以将多个逻辑打印机与一个打印设备相关联,再为不同的打印机设定不同的打印时间,并且给不同部门的用户使用不同的打印机,这样用户就可以将各自的打印作业发往不同的打印机在不同时间内打印出来，而实际上只是利用一台打印设备来完成这些工作的。

图 6.4.7　打印机属性——"高级"选项卡

（2）在"高级"选项卡的"优先级"数值框中输入一个数字，数字越大则优先级别越高，优先级的范围可以是 1～99。连接到同一个打印设备的打印机如果相互之间的优先级别不同，则在接收到打印文档时，有高优先级的打印机将优先使用打印设备。

如果在一个企业中有来自不同用户的文档都需要马上打印，而这些不同的文档可能来自经理或者普通的员工，那么为不同的用户设置不同的优先级就可以使一些文档在同一台打印设备上被优先打印出来。采用上述方法在打印服务器上添加多个打印机，并将这些打印机对应到同一个打印设备上，再为这些打印机设置不同的优先级别。

（3）在"高级"选项卡中，如果选中"使用后台打印，以便程序更快地结束打印"单选按钮，Windows Server 2012 将启用后台打印支持功能。应用程序进行打印时，只是将要打印的信息送到打印管理程序，并不直接参与管理打印机。所有应用程序的打印文件都将被打印机接管，即使在没有打印完文件之前关闭应用程序，也不会影响文档的打印。

如果使用后台打印，可以选择两种后台打印方式。选中"在后台处理完最后一页时开始打印"单选按钮，打印机在应用程序处理完要打印的文档之前，不会开始打印文档。对于较小的文档来说，虽然几乎感觉不到应用程序处理文件的时间，但是打印机已开始打印了，而

大的文件就要花上一点时间才能处理完毕，在这段时间中，打印机会处于等待状态。由于
Windows Server 2012 是一个多任务的系统，应用程序处理文件和打印机打印文件可以同时完
成。因此，默认情况下，系统将选中"立即开始打印"单选按钮，这样可以充分地利用计算机
的各种资源。

如果选中"直接打印到打印机"单选按钮，应用程序会直接把文件输送到打印机。在打印
完所有文件之前，不能关闭应用程序或者编辑应用程序的文件。

（4）单击"分隔页"单选按钮，打开"分隔页"对话框，如图 6.4.8 所示。可以在不同打
印作业之间设置分隔页。

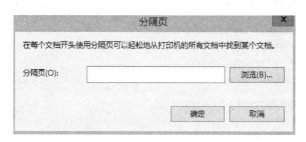

图 6.4.8　"分隔页"对话框

对于网络打印机来说，分隔页是十分重要的。在没有分隔页的情况下，不管是哪个用户的
文件，在打印完成之后，都全部按照打印顺序放在一起，要快速找到某一个用户的文件则很不
方便。分隔页是由系统在不同的打印作业之间插入的打印页。有了分隔页，不同的打印作业被
分开后，用户就可以快速地找到各自打印的文件。

分隔页文件的扩展名是.sep。可以在"分隔页"文本框中输入分隔页文件的位置，也可以
单击"浏览"按钮，打开"浏览"对话框，在"浏览"对话框中找到并选择一个分隔页文件。
最后单击"分隔页"对话框中的"确定"按钮即可。

5."颜色管理"选项卡

"颜色管理"选项卡用于设置颜色配置文件与彩色打印机相关联。若选中"使用我对此
设备的设置"复选框，则可使用"自动"或"手动"两种关联方法选择配置文件，如果选
择"自动"，则 Windows 将自动从所关联的颜色配置文件列表中选择最佳颜色配置文件；
若选择"手动"，则需要在"目前与此打印机关联的颜色配置文件"列表框中手动选择一个
配置文件。

6."安全"选项卡

"打印机属性"对话框的"安全"选项卡如图 6.4.9 所示。该选项卡主要用于设置网络用户
使用打印机的权限。

打印机的标准权限有 3 种：打印权限、管理打印机权限和管理文档权限。

- 打印权限：连接到共享打印机，将自己的打印作业发送到共享打印机打印，在共享

打印机中暂停、继续、重新启动或取消自己的打印作业。默认情况下，任何用户都拥有打印权限。

图 6.4.9 打印机属性——"安全"选项卡

- 管理打印机权限：连接共享打印机，将自己的打印作业发送到共享打印机打印，共享或停止共享打印机，设置打印机的属性，删除打印机，修改打印机的安全权限，以及获得打印机的所有权。拥有管理打印机权限的用户虽然对于打印机拥有很高的控制权，但是不能够管理被送到打印机中的文档。其对于文档的管理只能是取消所有的文件打印工作，除此之外不能够对文档进行其他的操作。
- 管理文档权限：更改文档的属性，改变文档的优先级，暂停、继续、重新启动或取消所有发送到该打印机的文档。

在"安全"选项卡的"组或用户名称"列表框中可以选择要赋予权限的用户，然后在"权限"列表框中赋予相应的权限。

如果标准的权限不适合该用户，还可以单击"高级"按钮，打开"打印机的高级安全设置"对话框，如图 6.4.10 所示。

在"权限条目"列表框中选择要赋予特殊访问权限的用户，单击"编辑"按钮，打开"打印机的权限项目"对话框，如图 6.4.11 所示。在"基本权限"列表框中可以选择相应的特殊打印权限设置。

图 6.4.10 "打印机的高级安全设置"对话框

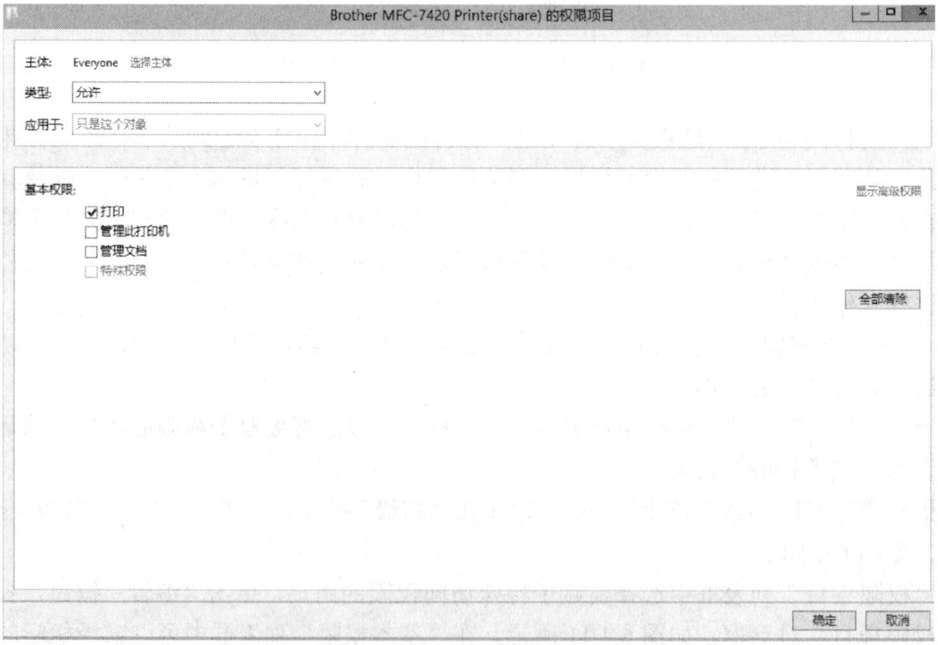

图 6.4.11 "打印机权限项目"对话框

7. "纸盒设置"选项卡

"纸盒设置"选项卡主要涉及纸张来源的设置、纸张大小的选择、默认来源等选项内容。

6.4.3 配置打印机池

若企业中有多台打印设备可供打印，则可以将这些打印设备配置成打印机池，这样，当用户将打印作业发送到打印机上后，打印机会在打印机池中自动地为打印文档选择一台空闲的打印设备打印，用户无须干预。

配置打印机池需要在打印服务器上添加一台打印设备，然后再向打印服务器添加其他的打印设备，并组成打印机池。需要注意的是，处于打印机池中的打印设备应该属于同一厂家的同一型号。

配置打印机池的步骤如下：

（1）先为打印服务器添加一台打印机。

（2）将其他打印设备与该打印服务器的其他可用端口相连接。

（3）在"设备和打印机"窗口中，右击要配置成打印机池的打印机，在弹出的快捷菜单中选择"属性"命令，打开"打印机属性"对话框。

（4）单击"端口"选项卡，选中"启用打印机池"复选框，如图 6.4.12 所示。在"端口"列表中选择要加入该打印机池的打印设备与该打印服务器所连接的端口。

图 6.4.12 "端口"选项卡

（5）单击"确定"按钮结束操作。

通过上述操作，可以将连接在打印服务器上的多台打印设备组合到一个打印机池中。用户只要连接到打印机上，打印作业就可以在打印机池中被自动分配。

6.5 管理打印文档

只要管理员所在的计算机连接到共享打印机上，并且在打印机窗口中可以看到要管理的打印机，则当打印作业被发送到打印机上之后，管理员就可以在任何地点管理打印作业。

右击"设备和打印机"窗口中的打印机的图标，选择"查看现在正在打印什么"命令，打开打印作业管理器，如图6.5.1所示。在该管理器中可以查看打印作业、暂停打印、恢复打印、撤销打印等。

图 6.5.1　打印管理器

6.5.1 查看打印队列中的文档

查看打印机打印队列中的文档有利于用户和管理员确认打印文档的输出和打印状态。例如，用户已经发送一个文档到打印机，如果想查看它的打印状态，可打开"打印管理器"窗口，在列表框中会显示出打印队列的详细内容，包括打印机正在打印的文档和每个文档的大小、页数、状态、所有者等信息。如果在列表框中没有发现自己的文档，则说明该文档已经打印完或者没有传送到打印机上来。

查看打印机打印队列中的文档，还有利于用户和管理员进行打印机的选择。例如，用户拥有多台打印机的使用权，可以在"设备和打印机"窗口中，打开各个打印机的打印管理器，查看它们的打印状态。如果发现打印速度比较快且等待打印的文档比较少的打印机，则可将自己的文档发送到该打印机进行打印，以便提高打印速度。

6.5.2 暂停和继续打印一个文档

在打印机的"打印管理器"窗口中，右市要暂停的打印文档，然后从弹出的快捷菜单中选择"暂停"命令，可以将该文档的打印工作暂停，此时状态栏上显示"中断"字样。如果用户因为某种原因需要暂停某个文档的打印，而另外一些文档相对比较小且需要马上打印出来，则应在打印队列中将前一个文档暂停下来。文档暂停之后，若想继续打印暂停打印的文档，只需在打印文档的快捷菜单中选择"继续"命令即可。不过，如果用户暂停了打印队列中优先级别最高的打印作业，打印机将停止工作，直到继续打印。

6.5.3 暂停和重新启动打印机打印作业

有时，管理员需要将整个打印机的打印工作暂停下来，如打印机需要添加打印纸、硒鼓或色带等打印材料，就需要将整个打印机的打印工作暂停。暂停打印机的打印工作可以选择"打印机"→"暂停打印"命令，标题栏会出现"中断"字样。当需要重新启动打印机打印工作时，再次选择"打印机"→"暂停打印"命令即可使打印机继续打印，标题栏的"中断"字样消失。一般情况下，管理员不允许用户来暂停打印机的打印工作，也不允许用户为打印机添加硒鼓或色带等打印材料。

6.5.4 清除打印文档

如果由于某种原因，管理员要取消某个文档的打印，则可在打印队列中选择要取消打印的文档，然后再选择"文档"→"取消"命令即可将该文档清除。如果管理员要清除所有的打印文档，可打开"打印机"菜单，选择"取消所有文档"命令来完成任务。注意，打印机没有"还原"功能，打印作业被取消之后，不能再恢复，必须重新对打印队列中的所有文档进行加载。

6.5.5 调整打印文档的顺序

在打印队列中，打印优先级高的文档将被排在打印队列的前面并优先被打印。用户可通过更改打印优先级来调整打印文档的打印次序，使急需的重要文档先打印出来，不重要文档后打印出来。要调整打印文档的顺序，可在打印队列中右击需要调整打印次序的文档，从弹出的快捷菜单中选择"属性"命令，打开"文档的属性"对话框，如图 6.5.2 所示。在"优先级"选项组中拖动滑块左右移动即可改变所选文档的优先级，但正在打印的文档的优先级不能调整。

图 6.5.2 设置文档属性

6.5.6 将打印文档转移到其他打印机

若打印文档时，打印机突然出现故障而停止打印，并且没有设置打印机池，这时需要管理员手动将打印队列中的文档转移到其他的打印机上。在"设备和打印机"窗口中右击出现故障的打印机，在弹出的快捷菜单中选择"属性"命令，单击"端口"选项卡，单击"添加端口"按钮，打开"打印机端口"对话框，如图 6.5.3 所示。单击"新端口"按钮，打开"端口名"对话框，如图 6.5.4 所示。在该对话框中按照"\\打印服务器名\打印机的共享名"输入另外一个打印机的位置，单击"确定"按钮。此时在"端口"选项卡的可用端口列表中即可看到刚添加的端口，选中该端口前面的复选框，单击"确定"按钮，即可将该打印机上的文档转移到其他打印服务器上的打印机中进行打印。

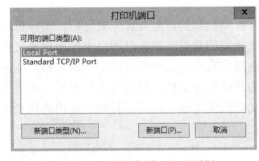

图 6.5.3 "打印机端口"对话框

图 6.5.4 "端口名"对话框

6.6 本章小结

本章首先介绍了 Windows Server 2012 的打印服务、网络打印要求；接着介绍了如何安装打印机、如何连接到共享打印机；最后介绍了如何管理网络打印机，包括如何安装网络打印驱动程序、如何设置打印属性以及如何管理打印文档。作为网络管理员，通过本章的学习，应该掌握如何管理网络中的打印服务，并能够针对不同的打印要求实现不同打印任务。

思 考 题

1. 简述打印机与打印设备的区别。
2. Windows Server 2012 对网络打印的配置要求是什么？
3. 如何安装本地打印设备？
4. 如何安装网络打印设备？
5. 连接到共享打印机有几种方法？它们是如何实现的？
6. 如何设置打印机的使用时间？
7. 如何设置打印机的优先级？
8. 如何配置打印机池？
9. 如何管理打印文档？

实 践 题

1. 某公司有很多部门，公司网络中的计算机所使用的操作系统也是各种各样的，网络中仅有一台共享打印机为网络中所有的用户提供打印服务。作为网络管理员，收到财务部员工的反映，说他们无法使用这台网络上的打印机，而人事部的计算机却可以使用这台打印机提供的打印服务。这可能是什么原因造成的呢？该如何解决呢？

2. 企业中有两个部门共用一台打印设备：人事部和财务部。其中，财务部打印报表的打印作业量特别大，但是打印作业通常都不是非常紧急，而人事部的打印作业虽然小，但通常都是需要立刻打印的。作为网络管理员，该如何设置才能使这台打印设备满足这两个部门的需求？

3. 企业网络中只有一台打印设备，来自不同的用户都需要使用这一台打印设备。作为网络管理员，该如何设置才能使这台打印设备优先为经理打印，然后为普通用户服务？

　　通过前面的学习，作为网络管理员，已经掌握了如何用 Windows Server 2012 来实现基本的网络配置和管理，包括如何创建域，如何管理域中的用户、组，如何设置域中用户访问文件的权限及如何管理网络中的打印服务等。本章将介绍如何维护网络中的计算机，如何利用性能监测工具查看系统资源的使用状况，介绍 Windows Server 2012 在灾难保护、容错和故障恢复方面的强大功能，以及如何利用这些功能在系统出现各种软硬件故障或天灾人祸时，将损失减少到最小。

7.1　性能监测

　　利用性能监测能够查看系统资源使用状况和计算机的工作负荷，有效的性能监测能够跟踪系统事件发展的趋势，防止系统发生严重的失败事件。Windows Server 2012 操作系统提供丰富的性能监测工具来监测系统性能，管理员可通过性能监测工具监测到的系统性能数据，调整系统资源的使用和分配。用户常用的性能监测工具包括事件查看器、任务管理器、性能监视器和网络监视器等。

7.1.1　事件查看器

　　Windows Server 2012 提供事件日志服务。事件日志服务用来详细记录操作系统的系统组件、应用程序和审核策略发生的事件，用户可以通过事件查看器工具查看计算机已经发生的所有事件，了解计算机的工作状态，监测计算机性能和调整系统资源分配等。

1. 日志和事件类型

　　默认情况下，Windows Server 2012 记录 3 种日志：系统日志、应用程序日志和安全日志。如果计算机安装 DNS 服务和活动目录，系统还将记录 DNS 服务器日志、目录服务日志和文件复制服务器日志。

- 系统日志：记录与 Windows Server 2012 操作系统组件相关的事件。例如，安装或删除某个网络服务，某个组件是否正常启动和关闭。
- 应用程序日志：记录与应用程序相关的所有事件。例如，应用程序在执行过程中发生哪些错误，应用程序是否正常启动和关闭等。
- 安全日志：记录审核事件。例如，用户登录和资源访问成功与否，用户访问资源时执行什么样的操作等。
- DNS 服务器日志：记录与 DNS 网络服务相关的所有事件。例如，DNS 服务启用和禁用，DNS 查询和授权等。
- 目录服务日志：记录与活动目录服务相关的所有事件。例如，新建和删除域用户账号，设置活动目录权限，服务器和全局目录的连接等。
- 文件复制服务器日志：记录与文件复制服务相关的事件。例如，文件复制失败，域控制器和 Sysvol 更新时发生的事件。

日志中记录的事件主要有信息事件、警告事件、错误事件和审核事件。

- 信息事件：表明系统组件、应用程序和网络服务正在正常地运行。例如，正常启用某个网络服务或应用程序时，系统将在日志中记录一个信息事件。
- 警告事件：表明系统或应用程序将来可能发生的事件。例如，系统磁盘空间不足时系统将记录一个警告事件。
- 错误事件：表明系统或应用程序在某方面已经发生了比较严重的问题。例如，数据丢失或服务不能启动，驱动程序不能加载等，系统将在日志中记录一个错误事件。
- 审核事件：记录与系统安全性相关的问题，即安全日志记录审核事件。审核事件有成功审核与失败审核两种类型。成功审核事件记录成功的安全事件，例如用户成功地登录到系统、成功删除文件等，系统将在安全日志中记录一个成功的审核事件；失败审核事件记录失败的安全事件，例如用户失败的登录企图、用户访问文件失败等，系统将在安全日志中记录一个失败的审核事件。

2. 启动事件查看器

单击"服务器管理器"→"工具"→"事件查看器"命令，打开"事件查看器"窗口。Windows Server 2012 域控制器的事件查看器如图 7.1.1 所示，非域控制器的 Windows Server 2012 事件查看器的查看内容在"自定义视图"、"Windows 日志"、和"应用程序和服务日志" 3 项中比域控制器中的少。

单击对话框左侧"系统"，则在右侧子窗口中显示"系统"事件的记录。双击右侧子窗口中的事件，弹出"属性"对话框，如图 7.1.2 所示。在该对话框中可查看事件的多种属性，包括事件来源、事件发生时间、事件 ID、事件任务类别、事件关键字、事件级别、事件操作代码、引发该事件的用户及引发该事件的计算机等。

图 7.1.1 "事件查看器"窗口

图 7.1.2 事件"属性"对话框

在使用"事件查看器"时通常对某些类型的事件特别关心。此时，可以使用筛选功能，只显示指定类型的事件。选择最右侧子窗口"系统"菜单下的"筛选当前日志"命令，出现如图 7.1.3 所示"筛选当前日志"对话框。在该对话框中，选中希望查看的事件类型，然后单击"确定"按钮，此时在右侧窗口中只显示选中类型的事件。

图 7.1.3 "筛选当前日志"对话框

日志文件随着时间的推移可能会大得惊人，因此需要对日志文件的大小和达到设定大小时的处理进行设置。选择最右侧子窗口"系统"菜单下的"属性"命令，打开"日志属性"对话框。如图 7.1.4 所示。在"日志最大大小"处可以设置日志大小的上限以及达到这一大小时的处理方法。

通常情况下，日志文件达到限定大小时，将处理方法设置为"按需要覆盖事件"。如果发生过非常重要的事件，希望将相应的日志保留且不会因为覆盖而遗失，可将当前的日志文件保存一个副本。右击"事件查看器"下相应项，并在弹出菜单中选择"保存选择的事件"命令，然后为日志文件命名并保存。以后用户可以通过单击"操作"菜单下的"打开保存的日志文件"命令调用并查看日志文件。

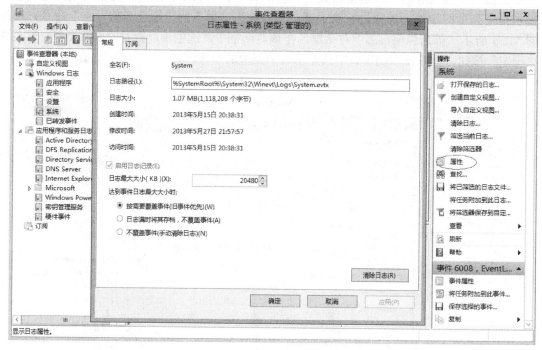

图 7.1.4 设置"日志大小"

7.1.2 任务管理器

利用"事件查看器"用户只能查到系统组件和应用程序已经发生过的事件；利用"任务管理器"用户可以查看系统当前正在运行的应用程序和进程，系统资源分配状况，网络连接状态，用户连接信息以及新建、结束和切换任务。

启动任务管理器的方法如下：
- 单击窗口左下角的"开始"，选择"任务管理器"窗口。
- 按 Ctrl+Shift+Esc 组合键，打开"任务管理器"窗口。
- 按 Ctrl+Alt+Del 组合键，打开"任务管理器"窗口。

任选上述一种方法打开"任务管理器"窗口，如图 7.1.5 所示。"任务管理器"窗口中包括"进程"、"性能"、"用户"、"详细信息"和"服务"5 个选项卡。

"进程"选项卡列出了计算机上所有正在运行的应用程序以及"后台进程"。可查看应用程序占用 CPU 和内存的情况，如图 7.1.5 所示。

"性能"选项卡可以对 CPU、物理内存和以太网的实时使用情况进行采集和显示，如图 7.1.6 所示。

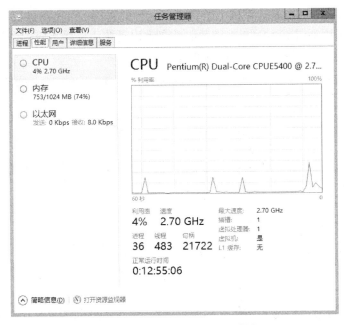

图 7.1.5 "任务管理器"——进程

图 7.1.6 "任务管理器"——性能

"用户"选项卡显示所有正在使用该计算机的用户、状态以及会话，选择一个或多个用户名称后单击"断开"按钮可以将其中断，如图 7.1.7 所示。

图 7.1.7 "任务管理器"——用户

"详细信息"选项卡列出了计算机上所有正在运行的进程,可监测进程,查看 CPU 和内存资源的分配情况。可以通过右击一个进程名称并在弹出菜单中选择相应的命令。例如,选择"结束进程"可以强行中止该进程,如图 7.1.8 所示。

图 7.1.8 "任务管理器"——详细信息

"服务"选项卡给出了本地组件服务的描述和状态,可以单击某一项服务,将该服务打开,如下图 7.1.9 所示。

图 7.1.9 "任务管理器"——服务

7.1.3 性能监视器

Windows Server 2012 的"性能"工具由"监视工具"、"数据收集器集"和"报告"三部分组成,"性能"工具能够监测系统各组件和子系统各方面的详细性能,通过性能日志能够跟踪事件发展趋势。

单击"服务器管理器"→"工具"→"性能监视器"命令,可打开"性能监视器"窗口。如图 7.1.10 所示。

1. 监视工具

"监视工具"提供线条、直方图条和报告 3 种方式收集和查看网络中计算机的实时性能数据。Windows Server 2012 的"监视工具"允许用户直接从列表窗口修改和调整数据属性,并以用户习惯的方式显示性能数据。

要利用"监视工具"查看计算机的实时性能,需要首先添加计数器。单击"监视工具"右侧子窗口菜单中的 图标,在如图 7.1.11 所示"添加计数器"对话框中,选择要监测实时性能的计算机,选择性能对象、实例和指定的计数器,然后单击"添加"按钮。

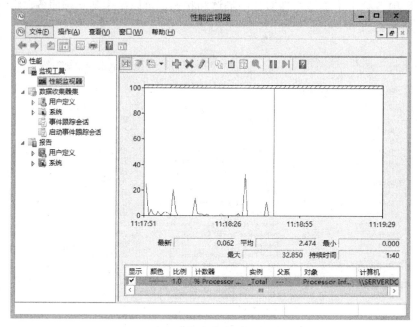

图 7.1.10 "性能监视器"窗口

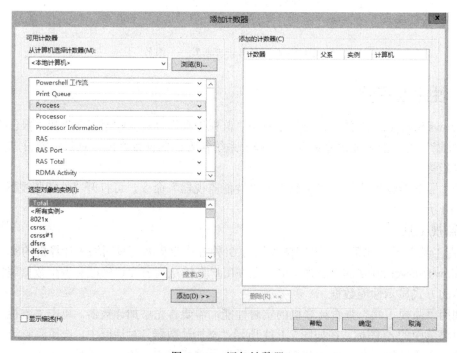

图 7.1.11 添加计数器

默认情况下，系统监视器以线条视图模式显示性能数据，用户可以通过系统监视器方便切换到直方图或报告视图模式。线条视图模式用折线图显示数据，便于监测实时数据和跟踪性能数据发展的趋势；直方图视图模式用条形图显示数据，在同时监测多个计数器的值时非常方便；报告视图模式以分栏形式显示数据，方便将监测到的实时数据输出到电子表格。在监视工具中同时监测多个计数器的值，系统将利用不同的颜色来区分每一个计数器。

2. 数据收集器集

数据收集器集除了创建可选报告文件之外，还会创建原始日志数据文件。借助"数据管理"可以配置每个数据收集器集的日志数据、报告和压缩数据的存储方式。在性能监视器中，展开"数据收集器集"并单击"用户定义"命令。在控制台中右击要配置的数据收集器集的名称，然后单击"数据管理器"，如图 7.1.12 所示。

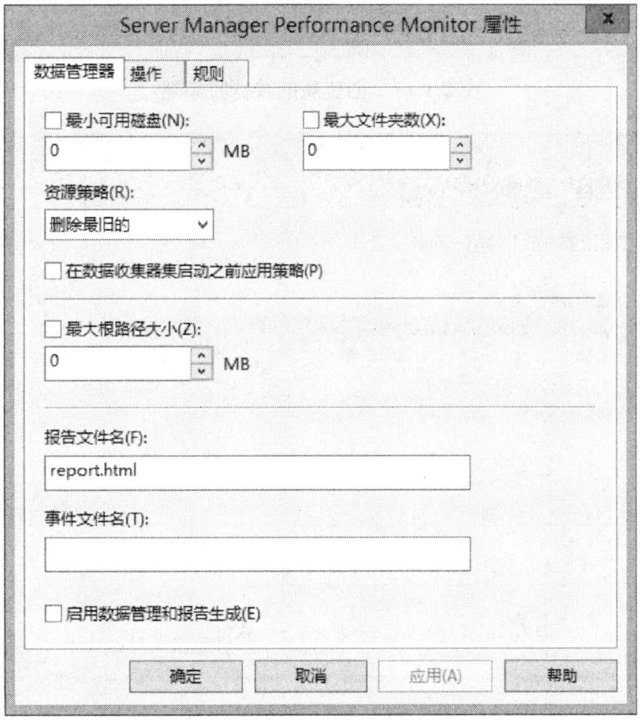

图 7.1.12　数据管理

另外，用户也可创建新的数据收集器集，然后再右击新建的数据收集器，输入数据收集的名称，并选择类型，如图 7.1.13 所示。

单击"下一步"按钮，添加性能计数器，指定报警条件和限制，如图 7.1.14 所示。

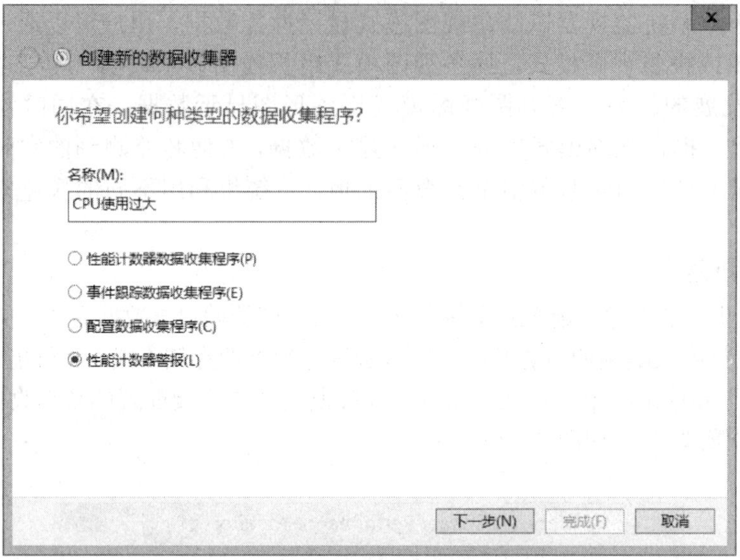

图 7.1.13 创建新的数据收集器

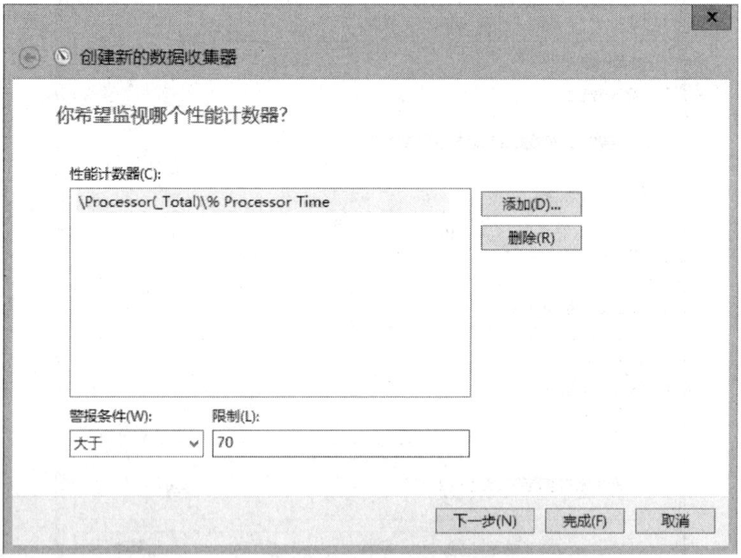

图 7.1.14 添加性能计数器

单击"下一步"按钮，选中"打开该数据收集器的属性"复选框，单击"完成"按钮，如图 7.1.15 所示。

接着在弹出的属性窗口中可对"警报"、"警报操作"和"警报任务"进行设置，如图 7.1.16 所示。

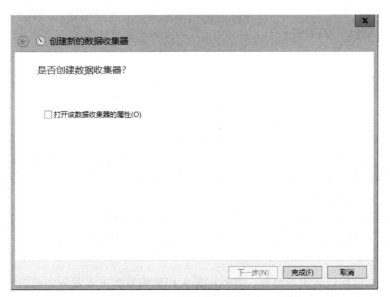

图 7.1.15　完成数据收集器的创建

图 7.1.16　对新建数据集的设置

3. 报告

查看数据收集器集报告，需要先在性能监视器中，单击"报告"→"用户定义"或"系统"，接着在导航窗格中，展开要作为报告查看的数据收集器集，在可用报告列表中单击要查看的报告，报告将在控制台子窗口中打开。

7.2　容错与灾难保护

Windows Server 2012 提供了许多处理系统故障的工具，系统故障常常会使用户不知所措，而数据损坏或丢失又会使用户痛心疾首。容错能力是指在系统出现各种软硬件故障时，可以在不间断系统运行的情况下，保护正在运行的作业和维持正常工作的能力。容错的主要内容就是要保证数据的可用性和服务的可用性。

灾难保护是指在出现故障时，尽最大可能保护重要的数据和资源不受破坏，使得在恢复正常运行时数据是可用的，不会因故障而丢失数据。另外，灾难保护也包括当出现故障时，使损失最小并不影响其他服务器或资源的运行。

当灾难发生以后应该尽快地修复，并且尽最大可能恢复到灾难发生之前的状态。除此之外，还应当分析故障发生的原因，为以后的预防提供解决方案。

Windows Server 2012 内置多种容错方案，并对很多具有容错能力的设备进行了很好的支持，使得系统具备良好的容错能力，主要有以下几种保证容错性能的方法：

● 使用不间断电源（Uninterrupt Power Supply，UPS），让服务器在电源故障时能够从容地关闭。

● 在储存系统和数据上使用一或多个磁盘阵列（Redundant Array of Independent Disks，RAID）系统，可以在硬盘故障中免受损失，如果阵列中的磁盘出现了故障，那么只要更换故障磁盘，而不会有数据损失。

● 使用容错 IP 网络，即在网络中除了可以采用冗余路由外，还可以采用将多台设备组成故障转移群集和负载平衡的方式实现网络容错。

● 使用分布式文件系统（Distributed File System，DFS），DFS 使用户更加容易访问和管理物理上跨网络分布的文件。DFS 为文件系统提供了单个访问点和一个逻辑树结构，通过 DFS，用户在访问文件时不需要知道它们的实际物理位置，即分布在多个服务器上的文件在用户面前就如同在网络的同一个位置。

● 使用备份程序来备份系统和系统状态。如果一个磁盘出现故障而必须更换，而没有使用某种 RAID 时，则可以从备份中重新还原数据和系统。

7.2.1　使用 UPS

电源故障是一种经常会遇到的故障，包括突然断电、电压不稳定、电涌、频率偏移等现象，电源故障会严重影响系统的正常工作，一些情况下还会引起系统服务中断，甚至毁坏硬件设备。

UPS 是一种将计算机与电源连接的硬件设备，其本质上是一个蓄电池，分别连接市电和计算机或其他用电设备，当市电异常中断时由蓄电池提供电源，从而保证了输入计算机的电源不会中断。因此，UPS 可以在大多数情况下保护计算机不受电源故障的侵害。而且，有些高级的 UPS 还可以在发生电源故障时启用紧急应对程序保护数据，并通知管理员将事件记录下来以供分析之用。UPS 除了一条电源线与计算机的电源相连外，还需要一条 RS-232 电缆与计算机的串口相连接。利用这条电缆，管理员可以在计算机上控制 UPS 的工作，而 UPS 也可以将电源故障情况或其他附加功能传送到计算机上。

7.2.2　使用 RAID 实现系统容错

计算机最常见的硬件故障是硬盘故障。幸运的是，RAID 已成为多数服务器的规范。RAID 保护数据的主要方法是保存冗余数据，利用保存在硬盘上的冗余数据提供当发生硬盘故障时数据的可靠性。冗余数据将重复的数据保存到多个硬盘上，这样就降低了数据保存的风险。

可以使用 RAID 磁盘控制器实施硬件 RAID 方案，也可以通过操作系统或第三方厂商的附加程序来实施 RAID 方案。Windows Server 2012 支持硬件 RAID 方案和它本身的软件 RAID 方案。实施硬件 RAID 方案需要专门的控制器（控制器适配卡），其成本比同级的软件 RAID 方案要高得多，但是因为这些额外开销，也获得了更快的速度、更高的灵活性以及更多的容错能力。与 Windows Server 2012 提供的软件 RAID 相比，一个好的硬件 RAID 控制器能支持多种 RAID、RAID 的快速重新设定、热插拔和热备用磁盘驱动器，以及读和写的专用高速缓存。

Windows Server 2012 的软件 RAID 要求将磁盘转换为动态磁盘，该磁盘将不再对其他操作系统有效。Windows Server 2012 内置的 RAID 有 RAID-0、RAID-1 和 RAID-5。

- RAID-0：RAID-0 被称为磁盘条带化集。RAID-0 将要保存的数据分成相同大小的数据块，并分别保存在多块硬盘中，数据在条带卷中被交替地、均匀地保存。系统通过这样的方式可同时将数据向硬盘中写入或读出，因此数据访问性能（读和写）是最好的。但 RAID-0 不提供数据冗余，因此，无容错能力。RAID-0 至多可以支持 32 块硬盘。
- RAID-1：RAID-1 被称为磁盘镜像。RAID-1 将数据同时向两块硬盘中写入，并且数据在硬盘中的保存状态是一样的，因此，当一块硬盘出现故障时，可以由其镜像硬盘继续运行并提供数据。RAID-1 有很高的容错能力，但 RAID-1 的磁盘利用率很低，只有 50%。RAID-1 可以支持 FAT 和 NTFS 文件系统，并能保护系统的磁盘分区和引导分区。RAID-1 至少需要两块硬盘。
- RAID-5：RAID-5 被称为带有奇偶校验的条带化集。RAID-5 的工作方式与 RAID-0 类似，但 RAID-5 在写入数据的时候还要多写入一些校验信息。这些校验信息是由被保存的数据通过数学方法计算出来的，其目的是在一部分源数据丢失的情况下，可以通过剩余的数据和校验信息恢复丢失的数据。在 RAID-5 中校验信息被写入到不同的硬盘中。RAID-5 具有良好的数据读性能，并且其磁盘利用率比 RAID-1 要高，现在被广泛地采用。但由于 RAID-5 的校验信息是由 CPU 计算出来的，因此，其系统资源占用率较高。RAID-5 支持 FAT 和 NTFS 文件系统，但不能保护系统的磁盘分区，不能包含引导分区和系统分区。RAID-5 最少需要 3 块硬盘，最多可以支持 32 块硬盘。

7.2.3 故障转移群集

故障转移群集由多台独立的计算机构成，通过互相协作的方式提高服务和应用程序的可用性和可伸缩性。群集的概念是在 Windows NT 4.0 Enterprise Edition 中首次引入的，多台群集服务器（称为节点）之间采用物理电缆和软件连接。当一个或多个节点出现故障时，服务将不间断地由其他节点提供，资源和工作量也会重新分配到这些节点上，这就称为故障转移。并且群集角色将受到主动监视以验证整个群集的工作状况，若不能正常运行，则会重新启动或选择新的节点。故障转移群集还提供群集共享卷（CSV）功能，该功能提供一致的分布式命名空间，群集角色可以使用这样的命名空间，从所有的节点访问共享存储。用户在故障转移群集的框架下将保持访问基于服务器资源的权限，因此只会承受最低程度的中断。

故障转移群集经常应用于文件服务器、打印服务器、数据库服务器和消息服务器。在 Windows Server 2012 中，故障转移群集是通过使用"故障转移群集管理器管理单元"和"故障转移群集 Windows PowerShell cmdlet"管理的，也可使用文件和存储服务中的工具进一步管理文件服务器群集上的文件共享。

Windows Server 2012 增强了以往版本的故障转移群集功能，实现了更强的扩展能力，能够更快速地故障转移，更便捷地进行管理。与 Windows Server 2008 R2 相比，Windows Server 2012 中故障转移群集的优势有以下几点：

（1）创建的群集最多可包含 64 个节点，是老版本的 4 倍。

（2）在对基础架构进行扩展后，每个群集最多可运行 4 000 个虚拟机，而每个节点最多可运行 1 024 个虚拟机。

（3）具有控制虚拟机群集管理和其他群集角色的功能。

（4）除了具备 Windows Server 2008 R2 所能提供的功能外，还可支持扩展文件服务器。

（5）支持群集感知更新（CAU）。作为一个自动化功能，CAU 在保证可用性损失极小的情况下，自动更新应用于群集服务器中的主机操作系统。

（6）管理员可同时对运行 Windows Server 2012 的群集虚拟机上的服务进行监视。

（7）Microsoft iSCSI Software Target 作为 Windows Server 2012 中的一项集成功能，通过 TCP/IP 从服务器提供故障转移群集中托管的应用程序的共享存储。可使用故障转移群集管理器或 Windows PowerShell cmdlet 将高度可用的 iSCSI 目标服务器配置为 Windows Server 2012 的群集角色。

Windows Server 2012 中故障转移群集的安装、验证故障转移配置、建立故障转移群集以及配置故障转移群集角色的具体操作步骤如下：

（1）安装故障转移群集功能。在"服务器管理器"中选择"添加角色和功能"命令，在弹出的"添加角色和功能向导"中连续单击"下一步"直到进入"功能"页面，选中"故障转移群集"复选框，如图 7.2.1 所示。然后单击"下一步"按钮，在确认页面单击"安装"按钮，等待安装完成即可。该功能安装完成后不需要重启系统。此后可以通过"服务器管理器"的"工具"菜单打开"故障转移群集管理器"，或者在开始界面选择该功能。

图 7.2.1 安装故障转移群集功能

（2）验证故障转移配置。若要建立群集，则首先应在所有节点上完成配置的自动检测。打开"故障转移群集管理器"，单击右侧子窗口中的"验证配置"命令，如图 7.2.2 所示。弹

图 7.2.2 验证配置

出"验证配置向导"对话框，单击"下一步"进入"选择服务器或群集"页面，依次选择"浏览→高级→立即查找"命令，添加要加入群集的节点，例如"user2012002"及"user2012003"，如图 7.2.3 所示。

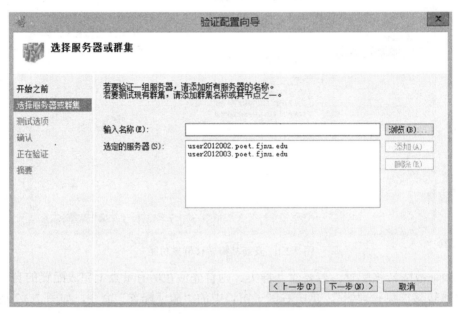

图 7.2.3　验证配置—选择服务器或群集

（3）单击"下一步"进入"测试选项"页面，可以选择"运行所有测试"或"仅运行选择的测试"两种方式。这些测试将检查群集配置、Hyper-V 配置、清单、网络、存储以及系统配置。只有当全部配置能够通过向导中的测试时，才能实现群集的建立。此外，群集解决方案中的所有硬件组件必须为"Certified for Windows Server 2012"。此处选择"运行所有测试"命令，单击"下一步"进入"确认"页面以验证配置，继续单击"下一步"进入"正在验证"页面。当测试完成后即可在"摘要"页面看到验证报告，其中将显示每一项的测试结果，如图 7.2.4 所示，单击"完成"按钮结束验证。

（4）建立故障转移群集。当通过所有的故障转移检测后即可建立群集主机，在确保节点间通信安全可靠的同时，要注意防火墙设置，因为这常会引起群集故障。单击图 7.2.2 中的"创建群集"弹出"创建群集向导"，单击"下一步"进入"选择服务器"页面，采用与图 7.2.3 类似的操作，选择所需添加的节点，此处选择"user2012002"及"user2012003"后单击"下一步"进入"用于管理群集的访问点"页面，在"群集名称"文本框中输入名称及相应的群集 IP，如"10.192.3.144"，如图 7.2.5 所示，然后单击"下一步"按钮。进入"确认"页面，确认无误后继续单击"下一步"创建新群集，可以在"正在创建新群集"页面中监视创建过程，完成后自动进入"摘要"页面，提示创建成功，单击"完成"按钮结束群集创建过程，创建结果如图 7.2.6 所示。

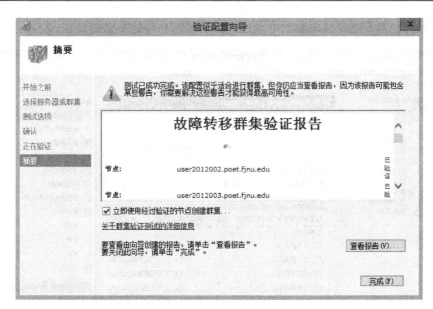

图 7.2.4 故障转移群集验证报告

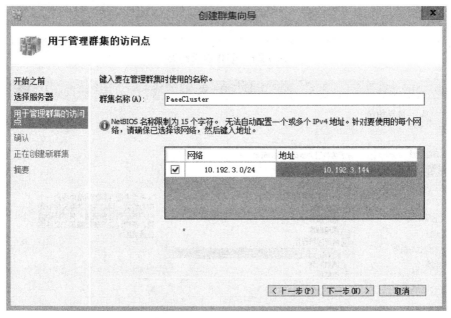

图 7.2.5 创建群集——用于管理群集的访问点

（5）配置故障转移群集角色。在图 7.2.6 的"故障转移群集管理器"右侧子窗口"操作"中单击"配置角色"命令，弹出"高可用性向导"窗口。单击"下一步"进入选择"角色"页面，如图 7.2.7 所示，可以根据需要选择相应的角色，如"文件服务器"。注意所需角色需要事先在"服务器管理器"的"仪表板"中通过"添加角色和功能"完成安装。

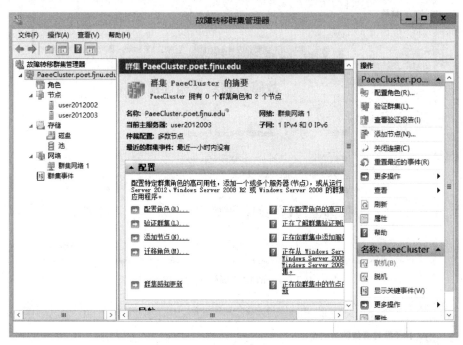

图 7.2.6 创建群集结果

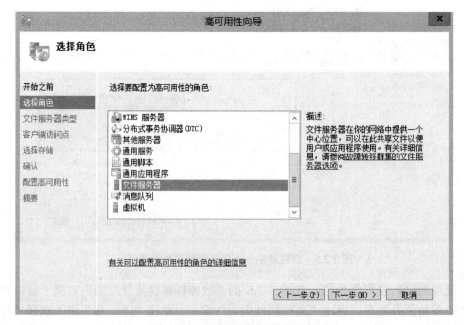

图 7.2.7 配置故障转移群集角色

7.2.4　网络负载平衡

网络负载平衡（Network Load Balancing，NLB）将两台或者多台服务器合并为单个虚拟群集，在 Windows Server 2012 中，通过 TCP/IP 网络协议实现用户需求流量的分配，增强了 Internet 服务器应用程序（如在 Web、FTP、防火墙、代理、虚拟专用网络以及其他执行关键任务的服务器上使用的应用程序）的可用性和可伸缩性，避免在需求高峰期造成的超负载带来的低性能和负面的用户体验。在 Windows Server 2012 中已不需要再借助于第三方负载平衡软硬件，而可直接在本地创建和管理 NLB。

NLB 允许使用同一组 IP 地址指定群集中所有服务器的地址，这些服务器可以称为节点，而且它还为每个节点保留一组唯一且专用的 IP 地址。用户在向 NLB 群集发起请求时，针对的是 NLB 的虚拟地址，此时所有的 NLB 节点都会收到数据包，每个节点再根据实际需要决定是否丢弃或处理该数据包。每个节点可以设置承受的负载强度，这样就可以根据新旧服务器的性能区分设置，从而提高系统的兼容性。另外，还可以将所有流量指向特定的节点，当流量增大到临界值时再让其他节点承担多余的流量。

Windows Server 2012 有 3 种 NLB 群集操作模式：单播、多播、IGMP。在单播模式下，每个 NLB 群集节点都将使用同一个群集 MAC 地址，并且所发送的数据包中源地址也会被对应修改，为了使交换机不会将此群集 MAC 地址与某个端口绑定。通过这种模式可以无缝地与大多数路由器和交换机协同工作，但是 NLB 的流量将在所有端口上广播，导致了额外的网络流量负担。在多播模式下，网络适配器将保留原有的 MAC 地址，并且还拥有一个多播 MAC 地址，这样所有进入群集的流量都会到达该多播 MAC 地址，但是大多数路由和交换机对该模式的支持不大好。IGMP 多播模式在继承多播的机制之外，NLB 将每隔 60 s 发送一次 IGMP 信息，以进一步避免进入群集流量的扩散。

此处，以 3 台服务器 user2012001、user2012002 和 user2012003 为例，说明在域环境下创建 NLB 的具体操作步骤：

（1）在"服务器管理器"仪表板上选择"添加角色和功能"命令，打开"添加角色和功能向导"对话框，连续单击"下一步"直到"功能"页面，选择"网络负载平衡"命令，再单击"下一步"进入"确认"页面，单击"安装"按钮，等待安装结束后单击"关闭"完成。

（2）在 user2012001 的开始界面打开"网络负载平衡管理器"控制台，在菜单栏中选择"群集"→"新建"命令，如图 7.2.8 所示。弹出"新群集：连接"对话框，在"主机"文本框中输入"user2012002"以添加 user2012002 作为 NLB 的一个节点，再单击"连接"按钮，若成功连接，将在"连接状态"中显示"已连接"，并在"可用于配置新群集的接口"中显示接口名称和接口 IP，如图 7.2.9 所示。

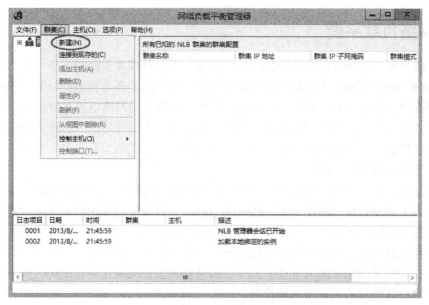

图 7.2.8　"网络负载平衡管理器"控制台

图 7.2.9　添加 NLB 的一个节点

（3）单击"下一步"进入"新群集：主机参数"对话框，按照默认设置单击"下一步"，进入"新群集：群集 IP 地址"对话框，单击"添加"设置群集 IP 地址及子网掩码，以后可通过访问该 IP 地址访问该群集，如图 7.2.10 所示。单击"确定"返回对话框后，再单击"下一步"进入"新群集：群集参数"对话框，将"完整 Internet 名称"命名为"nlb.paee.edu"，并选择"多播"模式，如图 7.2.11 所示。

图 7.2.10 添加 NLB 群集 IP 地址及子网掩码

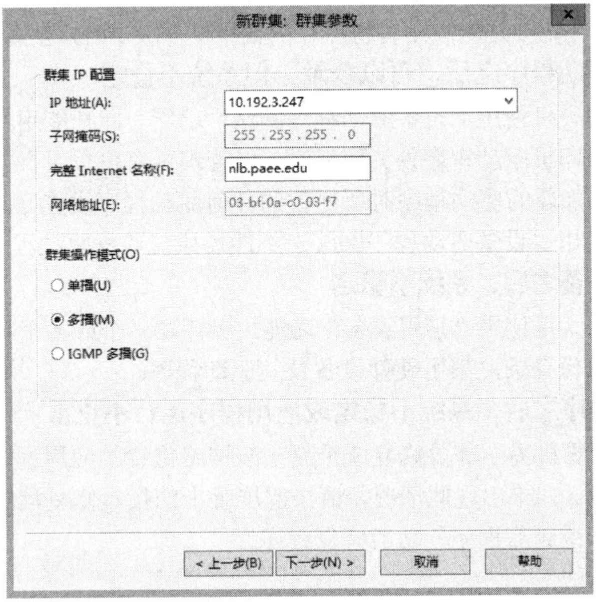

图 7.2.11 设置 NLB 群集参数

（4）单击"下一步"进入"新群集：端口规则"对话框，此处设置默认主机将处理定向到端口及群集 IP 地址的通信信息，以实现群集成员之间的负载平衡。客户端 IP 地址被用来分配客户端到指定的群集主机的连接。根据需要设置后单击"完成"结束 NLB 群集节点 user2012002 的设置。采用相似的步骤将 user2012003 也添加为 NLB 群集的节点，所不同的是在"新群集：主机参数"对话框中应将"优先级（单一主机标示符）"设为"2"，这是因为在添加 NLB 群集节点 user2012002 时该项已默认为"1"。

7.3 故障恢复

Windows Server 2012 提供了确保计算机以及安装在其上的应用程序和设备正常运行的几种功能。这些功能可以解决由于添加、删除或更换操作系统、应用程序和设备正常运行所需的文件而引起的问题。

由于对服务器的物理访问存在很高的安全风险。因此，要保证安全的环境，应该限制对所有服务器和网络硬件的物理访问。使用的恢复功能取决于所遇到的问题或故障的类型。解决具体问题所使用的功能如下。

1. 个人数据文件丢失或者已经破坏，或者希望恢复到文件的以前版本

如果在其他位置保存了数据文件副本，可以将文件副本从该位置复制到硬盘上。通过将文件复制到计算机的其他位置，利用"备份工具"可以随时将备份副本移到外部存储（如可移动磁盘）或者其他的计算机上，当需要还原使用备份保存的数据文件版本时，从备份中还原文件即可。

2. 在更新设备驱动程序之后，可以登录，但系统不稳定

当出现此种情况时，可使用"设备驱动程序回滚"功能。此功能用在当希望取消的更改只是设备驱动程序（除打印机驱动程序外）更新时，以管理员身份登录，重新安装先前使用的驱动程序，并且还原在添加新的驱动程序时所更改的任何驱动程序设置。此操作不影响任何其他文件或设置，但注意使用"设备驱动程序回滚"不能还原打印机驱动程序。

3. 在安装新的设备之后，系统不稳定

当出现此种情况时，可使用"禁用设备"功能。当怀疑一个或多个特定的硬件设备正在导致问题时，以管理员身份登录，禁用硬件设备及其驱动程序。

4. 在安装应用程序之后，系统不稳定或应用程序运行不正常

在某些情况下，计算机提示需要修复或重新安装网络位置的应用程序或原始设置媒体（如光盘程序）的应用程序。如果出现此情况，请按照屏幕上的指示修复程序。如果未出现此提示信息，可以使用"添加或删除程序"功能修复程序。

5. 操作系统未启动

如果计算机不能启动（登录屏幕未出现），可从安全模式启动。在安全模式中，Windows

使用默认设置（VGA 监视器、Microsoft 鼠标驱动程序、无网络连接和启动 Windows 所需的最少设备驱动程序）。

如果安装新的软件后计算机无法启动，可以在安全模式下以最少的服务启动，然后改变计算机的设置，或者删除引起问题的新安装的软件。如果以安全模式启动时未出现故障，则可将默认设置和最小设备驱动程序排除在可能的故障原因之外。

在 Windows Server 2012 系统自检后，按 F8 键即可进入高级启动选项，如图 7.3.1 所示。

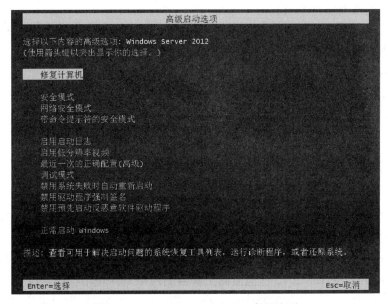

图 7.3.1　Windows Server 2012 高级选项

除"正常启动 Windows"外还有其他若干高级选项：

● 修复计算机：查看可用于解决启动问题的系统恢复工具列表，运行诊断程序或还原系统。

● 安全模式：只使用基本文件和驱动程序（串行鼠标除外的鼠标、监视器、键盘、大容量存储器、基本视频、默认系统服务以及无网络连接）启动，可以在安装新设备或驱动程序后无法启动时使用。

● 网络安全模式：使用核心驱动程序和网络支持启动 Windows。

● 带命令提示符的安全模式：使用核心驱动程序启动 Windows，并启动命令提示。登录后，屏幕出现命令提示符，而不是 Windows 桌面、"开始"菜单和任务栏。

● 启用启动日志：启动的同时将由系统加载（或没有加载）的所有驱动程序和服务记录到文件。该文件称为 ntbtlog.txt，它位于%systemroot%目录中。安全模式、带网络连接的安全模式和带命令提示符的安全模式，会将一个加载的所有驱动程序和服务的列表添加到启动日志。启动日志对于确定系统启动问题的准确原因很有用。

- 启动低分辨率视频：设置或重置显示分辨率，在低分辨率显示模式下启动 Windows。当安装的显卡驱动程序有问题或者显示设置错误时可以通过此选项启动系统。
- 最后一次正确的配置：使用 Windows 上一次登录时所保存的注册表信息和驱动程序来启动。自上次成功登录以来所做的任何驱动程序设置或其他系统设置更改都将丢失。只在配置不正确时使用。
- 调试模式：启动内核调试程序。启动时通过串行电缆将调试信息发送到另一台计算机。必须将串行电缆连接到波特率设置为 115 200 的 COM1 端口。
- 禁用系统失败时自动重新启动：阻止在 Windows 崩溃后自动重启。该功能的目的在于避免计算机进入"启动失败–重启–启动失败"的死循环。
- 禁用驱动程序强制签名：允许加载包含不正确签名的驱动程序。
- 禁用预先启动反恶意软件驱动程序：允许驱动程序在反恶意驱动程序不采取措施的情况下进行初始化。

7.4　本章小结

通过前面的学习，已经掌握了如何创建与配置 Windows Server 2012 工作组网络、域网络，如何执行文件管理及磁盘管理，以及如何完成网络配置和管理的一些基本操作，本章主要介绍了 Windows Server 2012 在性能监测与系统故障处理方面的一些功能。通过本章的学习，应学会如何利用 Windows Server 2012 性能监测工具监测网络资源使用状况，以及当系统出现故障时，采用什么样的办法可以将损失减少到最小。这对于一个网络管理员来说是非常重要的。

思　考　题

1．性能监测主要包括哪些内容？Windows Server 2012 提供的性能监测工具有哪些？各自的特点与适用场合是什么？

2．什么是容错能力？什么是灾难保护？

3．Windows Server 2012 保证系统容错性能的方法有哪些？

4．Windows Server 2012 提供了哪几种 RAID 方案？各自是如何实现容错的？

5．请简述 Windows Server 2012 中故障转移群集和网络负载平衡的工作原理。

6．Windows Server 2012 的高级启动选项有哪些？各自启动的方式是什么？

第 3 篇

安装与配置网络服务

本篇介绍如何使用 Windows Server 2012 配置和管理网络服务。网络中存在着许多种不同的服务器角色，如 Web 服务器、终端服务器、远程访问服务器、域名系统（DNS）、动态主机配置协议服务器（DHCP）等。作为网络管理员知道如何正确地配置和管理网络中的服务器，并能使之提供相应的服务，这是非常重要的。本篇的内容就是介绍在 Windows Server 2012 网络中如何配置和管理上述网络服务。最后还介绍了系统管理程序虚拟化技术 Hyper-V，用户可以在 Windows Server 2012 中通过 Hyper-V 享有服务器虚拟化的灵活性和安全性。

第 8 章　　　安装和配置 DNS 服务

本章主要介绍网络管理员如何在网络中构建域名解析服务——DNS。

8.1　DNS 服务简介

Internet 上的任何一台计算机都必须有一个 IP 地址。服务器的 IP 地址必须是固定的，而绝大多数客户机的 IP 地址是动态分配的。如果要访问服务器并使用服务器提供的服务，就需要知道这些服务器的 IP 地址，然而用户很难通过如 http://192.168.111.55 形式的 IP 地址与某个服务器及服务器提供的服务联系起来，也无法通过 IP 地址来记住众多的 Web 站点和 Internet 上的服务。解决的办法就是将 IP 地址映像为一个主机名，例如访问新浪网站可以使用 http://www.sina.com.cn，即用一个容易记忆的域名来代替枯燥的数字所代表的网络服务器的 IP 地址，并且通过 DNS 服务器保存和管理这些映像关系。

域名系统（Domain Name System，DNS），是一种组织成域层次结构的计算机和网络服务命名系统。DNS 命名用于 TCP/IP 网络，当用户在应用程序中输入 DNS 名称时，DNS 服务可以将此名称解析成与此名称相关的其他信息，如 IP 地址。

域名系统（DNS）中有下列几个基本概念。

● 域名空间：指 Internet 上所有主机唯一的、容易记忆的主机名所组成的空间，是 DNS 命名系统在一个层次上的逻辑树结构。各机构可以用它自己的域名空间创建 Internet 上不可见的专用网络。

● DNS 服务器：运行 DNS 服务器程序的计算机，其上有关于 DNS 域树结构的 DNS 数据库信息。DNS 服务器也试图解答客户机的查询。在解答查询时，DNS 服务器能提供所请求的信息，提供能帮助解析查询的另一服务器的指针，或者发送没有所请求的信息或请求的信息不存在等应答信息。

● DNS 客户端：也称为解析程序，是从服务器查询并解析 DNS 信息的程序。解析器可以同远程 DNS 服务器通信，也可以同运行 DNS 服务器程序的本地计算机通信。解析器通常内置在实用程序中，或通过库函数访问。解析器能在任何计算机上运行，包括 DNS 服务器。

 • 资源记录：是 DNS 数据库中的信息集，可用于处理客户机的查询。每台 DNS 服务器都有所需的资源记录，用来回答 DNS 名字空间的查询，因为它是那部分名字空间的授权（如果一台 DNS 服务器有某部分名字空间的信息，它就是 DNS 名字空间中这一连续部分的授权）。

 • 区域：服务器是其授权的 DNS 名字空间的连续部分。一台服务器可以是一个或多个区域的授权。

 • 区域文件：包含区域资源记录的文件，服务器是这个区域的授权。在大部分 DNS 实现中，用文本文件实现区域。

8.1.1 Internet 域名空间

Internet 上的 DNS 域名系统采用树状的层次结构，如图 8.1.1 所示。

最顶层称为根域，由 InterNIC 机构负责划分全世界的 IP 地址范围，且负责分配 Internet 上的域名结构。根域 DNS 服务器只负责处理一些顶级域名 DNS 服务器的解析请求。

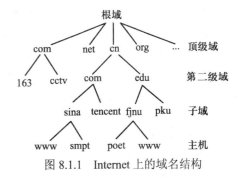

图 8.1.1　Internet 上的域名结构

第 2 层称为顶级域，是由若干字母组成的名称，用于指示国家（地区）或使用名称的单位的类型。常见的有 COM、ORG、GOV、NET 等。

第 3 层是顶级域下面的第二级域，第二级域是为在 Internet 上使用而注册到个人或单位的长度可变名称。这些名称始终基于相应的顶级域，这取决于单位的类型或使用的名称所在的地理位置。如 edu.cn，表示中国的教育机构网站。

第 4 层是第二级域下的子域，子域是单位可创建的其他名称，这些名称从已注册的二级域名中派生。它包括为扩大单位中名称的 DNS 树而添加的名称，并将其分为部门或地理位置。如 fjnu.edu.cn 中，fjnu 表示福建师范大学，属于中国教育机构。一个子域下面可以继续划分子域，或者接挂主机。

第 5 层是主机或资源名称，常见的 www 代表的是一个 Web 服务器，ftp 代表的是 FTP 服务器，news 代表的是新闻组服务器等。

通过这种层次式的结构划分，Internet 上服务器的含义就非常清楚了。

8.1.2 DNS 域名解析的方法

当 DNS 客户机需要查询程序中使用的名称时，它会查询 DNS 服务器来解析该名称。DNS 查询以各种不同的方式进行解析。客户机有时也可通过使用以前查询获得的缓存信息就地应答查询。DNS 服务器也可使用其自身的资源记录信息缓存来应答查询。

DNS 域名解析的方法主要有：递归查询法、迭代查询法和反向查询法。

1. 递归查询法

如果 DNS 服务器无法解析出 DNS 客户机所要求查询域名所对应的 IP 地址时，则 DNS 服务器代表 DNS 客户机来查询或联系其他 DNS 服务器，以完全解析该名称，最后将应答返回给客户机，这个过程称为递归查询法。

采用递归查询法进行解析，无论是否解析到服务器的 IP 地址，都要求 DNS 服务器给予 DNS 客户机一个明确的答复。DNS 服务器向其他 DNS 服务器转发请求域名的过程与 DNS 客户机无关，由 DNS 服务器自己完成域名的转发。

利用递归查询的 DNS 服务器工作量大，担负解析的任务重。因此域名缓存的作用就十分明显，只要域名缓存中存在已经解析的结果，DNS 服务器就不必要向其他 DNS 服务器发出解析请求。

2. 迭代查询法

为了克服递归查询中所有的域名解析任务都落在 DNS 服务器上的缺点，可以让 DNS 客户机也承担一定的 DNS 域名解析工作，这就是迭代查询法。

采用迭代查询法解析时，DNS 服务器如果没有解析出 DNS 客户机的域名，就将可以查询的其他 DNS 服务器的 IP 地址告诉 DNS 客户机，DNS 客户机再向其他 DNS 服务器发出域名解析请求，直到有明确的解析结果。如果最后一台 DNS 服务器也无法解析，则返回失败信息。

迭代查询中 DNS 客户机也承担域名解析的部分任务，而 DNS 服务器只负责本地解析和转发其他 DNS 服务器的 IP 地址，因此又称为转寄查询。其域名解析的过程是由 DNS 服务器和 DNS 客户机配合自动完成的。

3. 反向查询法

递归查询和迭代查询都是正向域名解析，即从域名查找 IP 地址。DNS 服务器还提供反向查询功能，即通过 IP 地址查询域名。

8.1.3 DNS 域名解析的过程

DNS 域名采用客户机/服务器模式进行解析。客户机由网络应用软件和 DNS 客户机软件构成。DNS 服务器上有两部分资料：一部分是自己建立和维护的域名数据库，存储由本机解析的域名；另外一部分是为了节省转发域名的开销而设立的域名缓存，存储的是从其他 DNS 服务器解析的历史记录。

下面以客户机的 Web 访问为例，介绍 DNS 域名解析的过程，本例所采用的解析方法是递归查询法。解析过程如图 8.1.2 所示。

（1）当在客户机的 Web 浏览器中输入某 Web 站点的域名，如 "http://www.yourweb.com"（此域名为虚构）时，Web 浏览器将域名解析请求提交给自己计算机上集成的 DNS 客户机软件。

（2）DNS 客户机软件向指定 IP 地址的 DNS 服务器发出域名解析请求，询问 www.yourweb.com

代表的 Web 服务器的 IP 地址。

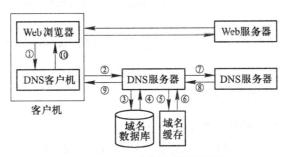

图 8.1.2 DNS 域名解析的过程

（3）DNS 服务器在自己建立的域名数据库中，查找是否有与 www.yourweb.com 相匹配的记录。域名数据库存储的是 DNS 服务器自身能够解析的资料。

（4）域名数据库将查询结果反馈给 DNS 服务器。如果在域名数据库中存在匹配的记录，如 "www.yourweb.com 对应的是 IP 地址为 192.168.111.33 的 Web 服务器"，则 DNS 服务器将查询结果反馈给 DNS 客户机。

（5）如果在域名数据库中不存在匹配的记录，DNS 服务器将访问域名缓存。域名缓存存储的是从其他 DNS 服务器转发的域名解析结果。

（6）域名缓存将查询结果反馈给 DNS 服务器，若域名缓存中查询到指定的记录，则 DNS 服务器将查询结果反馈回 DNS 客户机。

（7）若在域名缓存中也没有查询到指定的记录，则按照 DNS 服务器的设置转发域名解析请求到其他 DNS 服务器上进行查找。

（8）其他 DNS 服务器将查询结果反馈给 DNS 服务器。DNS 服务器再将查询结果反馈回 DNS 客户机。

（9）DNS 服务器将查询结果反馈给 DNS 客户机。

（10）最后，DNS 客户机将域名解析结果反馈给浏览器。若反馈成功，Web 浏览器将按指定的 IP 地址访问 Web 服务器，否则将提示网站无法解析或不可访问的信息。

8.2 安装 DNS 服务器

8.2.1 案例

在本章中欲构建的 DNS 服务器的实例如下。

- DNS 服务器：IP 地址为 10.192.3.143，计算机名为 serverDC，Windows Server 2012 操

作系统。

- 客户机 1：IP 地址为 10.192.3.148，计算机名为 server01，采用 Windows Server 2012 操作系统，浏览器为 IE10.0。
- 客户机 2：IP 地址为 10.192.3.10，计算机名为 XP，Windows XP 操作系统，浏览器为 IE10.0。

8.2.2　安装 DNS 服务器

安装 DNS 服务器的具体操作步骤如下：

（1）在计算机 serverDC 上执行"服务器管理器"→"添加角色和功能"命令，出现"添加角色和功能向导"窗口，如图 8.2.1 所示。

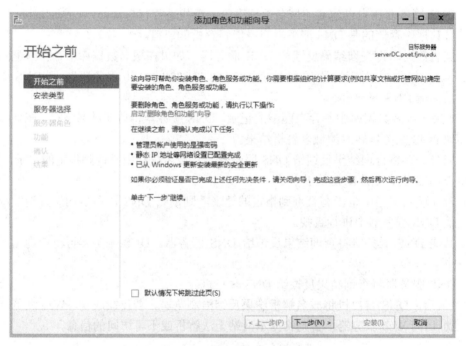

图 8.2.1　"添加角色和功能向导"窗口

（2）单击"下一步"按钮，直到"选择服务器角色"对话框，选中"DNS 服务器"复选框，如下图 8.2.2 所示。

（3）单击"下一步"按钮，直到确认安装 DNS 服务，然后单击"安装"按钮，如图 8.2.3 所示。DNS 安装完成后，创建了一个由 Active Directory 集成的区域名为 poet.fjnu.edu 的正向查找区域。

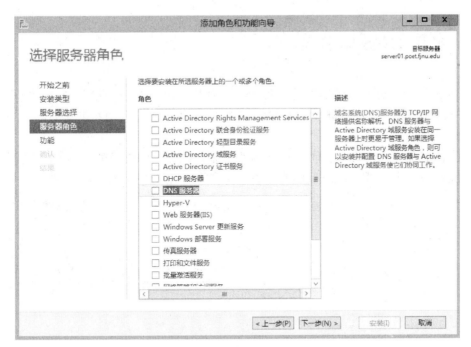

图 8.2.2 "选择服务器角色"对话框

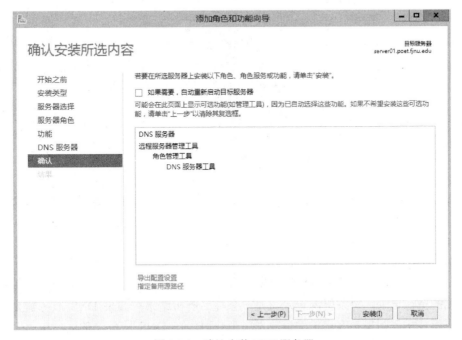

图 8.2.3 确认安装 DNS 服务器

8.3 管理 DNS 服务器

当成功地安装完 DNS 服务器以后，将 DNS 服务器启用并工作，此时，网络中的每台计算机都可以被 DNS 服务器默认解析，"计算机名.DNS 域名"就是该计算机默认的可以由 DNS 服务器解析的名称。

在"DNS 控制台"中右击已创建的 DNS 服务器，在弹出的快捷菜单中选择"所有任务"命令，出现对 DNS 服务器可以进行的操作的快捷菜单，如图 8.3.1 所示。

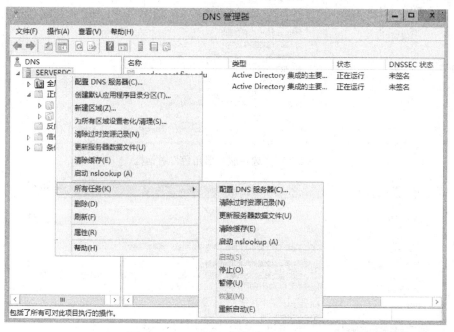

图 8.3.1　DNS 服务器管理的快捷菜单

在该快捷菜单中可以对 DNS 服务器执行的操作有：停止 DNS 服务器、暂停 DNS 服务器、启动 DNS 服务器和重启 DNS 服务器。

此外还可以进行以下操作。

1. 为所有区域设置老化/清理

Internet 上的大型的 DNS 服务器的数据库包括一个或多个区域文件。每个区域文件都拥有一组结构化的资源记录，每条资源记录就是一条域名解析结果。如果 DNS 服务器允许客户机启用动态更新技术，则每当客户机的信息发生变化时，在 DNS 服务器的区域中就会增加一条该客户机的资源记录，随着时间的推移这些资源记录会不断地在区域中累积，从而产生一些没有意义的资源记录数据，称为老化数据。

例如，在 Intranet 内部使用 DHCP 服务器动态地为客户机分配 IP 地址。对同一台客户机，DIICP 服务器每次分配的 IP 地址可能都不一样，这样在区域中可能会出现以下的资源记录：

2000client.poet.fjnu.edu	192.168.111.12
2000client.poet.fjnu.edu	192.168.111.25
2000client.poet.fjnu.edu	192.168.111.44

前面两条记录就是过时的、无意义的资源记录，即老化记录。

设置对区域中老化的数据清理操作如下：

（1）在图 8.3.1 所示菜单中选择"为所有区域设置老化/清理"命令，出现如图 8.3.2 所示"服务器老化/清理属性"对话框，用来设置对 DNS 服务器上的超过一定生命周期的 DNS 资源的处理方法。选中"清理过时资源记录"复选框，将"无刷新间隔"设置为"7 天"，表示系统将认为超过 7 天没有进行再次刷新的资源记录是老化的数据。将"刷新间隔"设置为"7 天"，表示系统要刷新的资源记录与刷新日期之间至少要有 7 天的时间间隔。

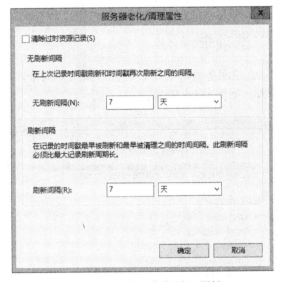

图 8.3.2 服务器老化/清理属性

（2）单击"确定"按钮，出现"服务器老化/清理确认"对话框，单击"确定"按钮，设置开始自动生效。

如果想手工清除老化的资源记录，在图 8.3.1 所示菜单中选择"清理过时资源记录"命令，出现"提示"对话框，提示"要在服务器上清理过时资源记录吗？"，单击"是"按钮即可完成清理操作。

2. 更新服务器数据文件

该选项使 DNS 服务器立即将其内存的改动内容写到磁盘上，以便在区域文件中存储。

通常情况下，只在预定义的更新间隔和 DNS 服务器关机时，才向区域文件中写入这些改动的内容。

3. 清除缓存

DNS 服务器上的缓存加速了 DNS 域名解析的性能，同时大大减少了网络上与 DNS 相关的查询通信量。缓存的数据也存在生命周期（TTL）的问题，超过生命周期的缓存信息是没有意义的。默认情况下，最小的缓存的 TTL 为 3 600 s，也可以根据需要设置每个资源记录的缓存。

在图 8.3.1 所示菜单中选择"清除缓存"命令，可手工清除 DNS 服务器上超过 TTL 的缓存数据。

8.4　配置 DNS 服务器属性

本节将主要介绍 DNS 属性设置，通过 DNS 属性设置，用户可以完成启用缓存文件、接口选项、转发器、日志及监视查询等功能，它们是保证 DNS 服务器稳定、安全运行的必要条件。

8.4.1　设置"接口"选项卡

打开"DNS 控制台"，选定服务器，右击，选择"属性"命令，在弹出服务器"属性"对话框中打开"接口"选项卡，如图 8.4.1 所示。

图 8.4.1　"接口"选项卡

默认情况下，DNS 服务器将侦听所有向该 DNS 服务器发出的域名解析请求和转发解析的 DNS 消息。如果要限制 DNS 服务器只负责侦听特定的 IP 地址发出的域名解析请求，可以选中 "只在下列 IP 地址"单选按钮，在"IP 地址"文本框中输入需要 DNS 服务器侦听的 IP 地址，单击"添加"按钮，将其添加到列表框中。

8.4.2 设置"转发器"选项卡

DNS 服务器属性的"转发器"选项卡如图 8.4.2 所示。当 DNS 服务器不能解析用户的域名解析请求时，就按照该选项卡设置的转发器转发 DNS 域名解析。

图 8.4.2 "转发器"选项卡

此时列表框中出现了一个 IP 地址，它所对应的 DNS 区域无法解析。可以单击"编辑"按钮，输入转发服务器的 IP 地址，然后单击"确定"按钮，将其添加进来，这样就为特定的域设置了特定的转发器。

默认情况下，DNS 服务器将等待 5 s，等待来自转发器 IP 地址的响应，然后尝试另一个转发器 IP 地址。在"在转发查询超时之前的秒数"中可更改 DNS 服务器等待的秒数。服务器用完所有转发器时，会尝试进行递归解析。

8.4.3 设置"高级"选项卡

在服务器属性对话框中单击"高级"选项卡，如图 8.4.3 所示。

图 8.4.3 "高级"选项卡

（1）在"服务器版本号"文本框中显示了 DNS 服务器软件的版本号，不可编辑。

（2）在"服务器选项"列表框中可以设置下列参数：

①"禁用递归（也禁用转发器）"复选框：如果选中该复选框，表示不启用 DNS 服务器的递归查询功能，不向其他转发器转发请求。默认情况下启用递归查询。

②"BIND 辅助区域"复选框：选中后表明将区域传输给运行传统 Berkeley Internet 名称域（BIND）系统的 DNS 服务器时，确定使用快速传送格式。在默认情况下，所有基于 Windows 的 DNS 服务器都使用快速传输格式，该格式在连接的传送期间进行数据压缩并可以在每个 TCP 消息中包含多个记录。

③"如果区域数据不正确，加载会失败"复选框：在默认情况下，当 DNS 服务器服务记录数据错误时，系统将忽略区域文件中任何错误的数据并继续加载区域。该选项可使用 DNS 控制台重新配置，当 DNS 服务器的服务记录错误，而且在明确区域文件中的记录数据有错误

时，使区域文件加载失败。

④ "启用循环" 复选框：如果对于查询应答来说存在多个相同类型的资源记录，则确定 DNS 服务器是否使用循环法交替和重新排序资源记录（RR）。

⑤ "启用网络掩码排序" 复选框：确定 DNS 服务器是否将同一资源记录集中的 A 资源记录重新排序，该记录集位于根据查询来源的 IP 地址进行的查询响应中。在默认情况下，DNS 服务器服务使用本地子网优先级。A 资源记录就是主机资源记录，是用于将 DNS 域名映射到计算机使用的 IP 地址的资源记录。

⑥ "保护缓存防止污染" 复选框：确定服务器是否尝试清理响应以避免缓存被破坏。默认情况下，将启用该设置。

⑦ "为远程响应启用 DNSSEC 验证" 复选框：客户端得到远程响应时，可以通过 DNSSEC 为 DNS 提供数据来源验证和数据完整性检验，可以防止针对 DNS 的相关攻击。

（3）在 "名称检查" 下拉列表框中设置 DNS 服务器用来检查正常操作期间它接收和处理的域名名称的方法，有 4 种处理方法：

① "严格的 RFC（ANSI）"：该方法严格地强制服务器处理的所有 DNS 名称使用符合 RFC 规范的命名规则。不符合 RFC 规范的名称被服务器视为错误数据。RFC 是 Internet 上的一种网络规范。

② "非 RFC（ANSI）"：该方法允许不符合 RFC 规范的名称用于 DNS 服务器。

③ "多字节（UTF8）"：该方法允许在 DNS 服务器中使用采用 Unicode 8 位转换编码方案（提议的 RFC 草案）的名称，为默认情况选项。

④ "所有名称"：允许使用上述 3 种命名规范。

（4）在 "启动时加载区域数据" 下拉列表框中，选择 DNS 服务器启动时区域数据的来源。默认情况下，DNS 服务器使用存储在注册表中的信息初始化服务，并加载在服务器上使用的任何区域数据。作为附加选项，管理员可以将 DNS 服务器配置数据保存在文件和 Active Directory 环境中，这样可以使用存储在 Active Directory 数据库中的区域数据补充本地注册数据。

（5）选中 "启用过时记录自动清理" 复选框将自动清理服务器上的老化资源记录。

在 "清理周期" 文本框中设置清理的老化资源记录和清理日期之间最短的时间间隔。

单击 "重置为默认值" 按钮将设置默认的服务器高级属性。

8.4.4 配置 "根提示" 选项卡

单击 DNS 服务器属性的 "根提示" 选项卡，如图 8.4.4 所示。

根服务器是 Internet 上一些特殊的 DNS 服务器，这些服务器上存储了很多 DNS 服务器的信息，当 Intranet 上的 DNS 服务器无法解析 DNS 域名请求时，DNS 服务器就会向其他的服务器转发域名解析请求，这时就需要用到根服务器，由根服务器提供其他 DNS 服务器的信息，根服务器帮助 DNS 服务器之间完成转发。

图 8.4.4 "根提示"选项卡

"根提示"选项卡用于配置根服务器，如果构建的 Intranet 不需要连接 Internet，此处也可以不用设置。

8.4.5 设置"日志"选项卡

在服务器属性对话框中有"调试日志"选项卡和"事件日志"选项卡，如图 8.4.5 和图 8.4.6所示。

"调试日志"用于协助管理员调试 DNS 服务器的性能。但默认情况下，不启用该选项，因为使用调试日志会降低 DNS 服务器性能，应该只用于临时使用的情况。

"事件日志"用于保留 DNS 服务器遇到错误、警告和其他事件的记录，用户可以将这个信息用于分析服务器的性能。记录到日志文件的事件类型有"没有事件"（不记录事件日志）、"只是错误"、"错误和警告"以及"所有事件"4 个选项，默认情况下选择记录所有事件，这样有利于日后的安全和性能分析。

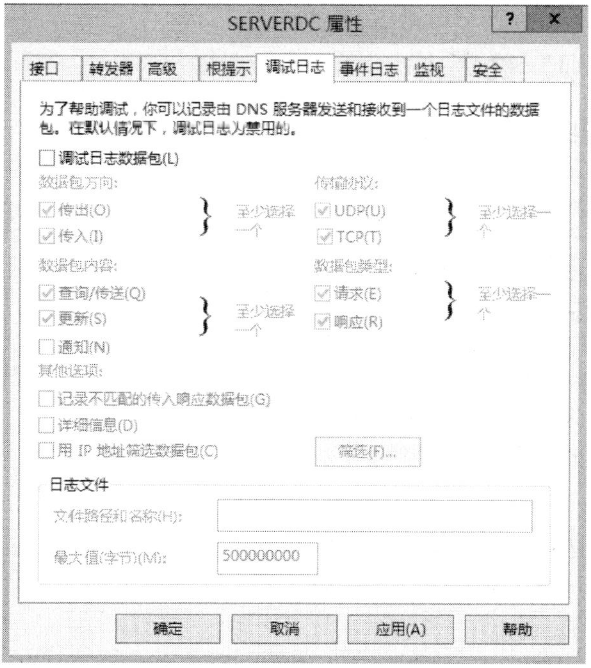

图 8.4.5 “调试日志”选项卡

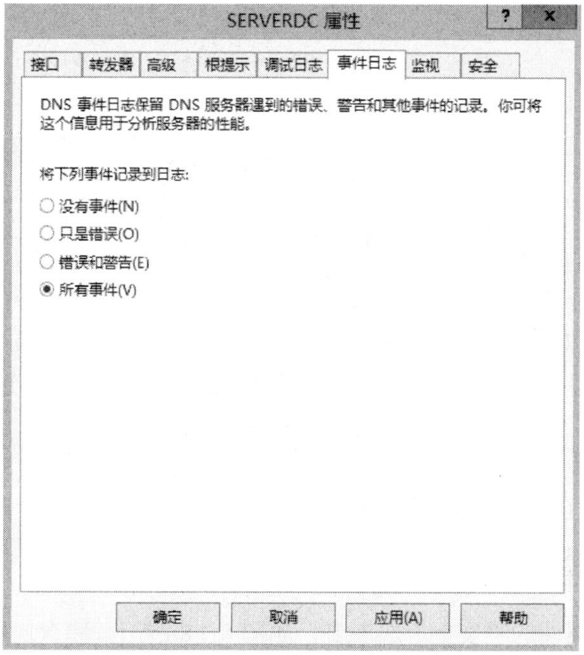

图 8.4.6 “事件日志”选项卡

8.4.6 设置"监视"选项卡

在服务器属性对话框中单击"监视"选项卡，如图 8.4.7 所示。

图 8.4.7 "监视"选项卡

"监视"选项卡主要用来帮助用户监视 DNS 服务器的运行状况，可以选中"对此 DNS 服务器的简单查询"和"对此 DNS 服务器的递归查询"复选框来监视服务器的运行状况。单击"立即测试"按钮开始进行测试，在"测试结果"列表框中若显示"通过"，则说明该 DNS 服务器运行正常，若显示"失败"则说明该 DNS 服务器运行失败。

用户还可以选中"以下间隔进行自动测试"复选框，在"测试间隔"中输入间隔时间以后，系统将按照设定的时间自动对 DNS 服务器进行测试。

8.4.7 设置"安全"选项卡

打开 DNS 服务器属性的"安全"选项卡，如图 8.4.8 所示。注意，只有创建的是与活动目录集成的 DNS 区域才有此选项卡。在该选项卡中列出了对该 DNS 服务器拥有操作权限的用户和组，并在"权限"列表框里显示了用户或组对该 DNS 服务器可以执行的操作。可以更改这些用户和组的操作权限。

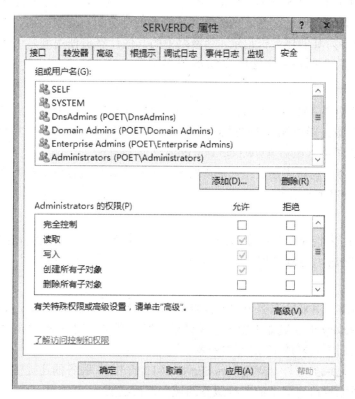

图 8.4.8 "安全"选项卡

8.5 新建资源记录

区域是由各种资源记录（Resource Records）构成的。新建区域以后便可以在该区域中建立资源记录，资源记录的种类很多，资源记录的种类决定了该资源记录对应的计算机的功能。如建立了主机记录，则表明计算机是主机（用于提供 Web 服务、FTP 服务等）。

8.5.1 资源记录的类型

常见的资源记录类型有：

1. 主机

主机（A）记录是将 DNS 域名映射到一个单一的 32 位的 IP 地址。并非网络上的所有计算机都需要主机资源记录，但是在网络上提供共享资源的计算机，如服务器、其他 DNS 服务器、邮件服务器等，需要为其创建主机记录。当网络中的其他计算机使用域名访问网络上的服务器时，可使用主机资源记录提供 IP 地址与 DNS 域名解析。

2. 别名

利用新建别名（CNAME）可以为同一个主机创建不同的 DNS 域名。例如，在同一台计算机上同时运行 FTP 服务器和 Web 服务器。用户访问 FTP 服务器时输入域名 ftp.poet.fjnu.edu，而访问 Web 服务器时输入域名 www.poet.fjnu.edu。

在两种情况下会使用新建别名：一是物理上的同一台计算机提供多种网络服务；二是因为种种需要使用不同的 DNS 域名。

3. 指针

指针（PTR）用来指向域名称空间的另一个部分，例如，在一个反向查找区域中，指针记录包含 IP 地址到 DNS 域名的映射。

4. 服务位置

服务位置（SRV）用来标识哪个服务器容纳有一个特定的服务。例如，如果客户端需要找到一个 Active Directory 域控制器来验证登录请求，客户端可以向 DNS 服务器发送一个查询来获取域控制器及它们所关联的 IP 地址的列表。

除了上述资源记录类型外，Windows Server 2012 的 DNS 服务器还提供了很多其他类型的资源记录，用于适应目前网络上的各种服务的域名解析需要。

8.5.2 新建主机

案例：在已经创建的 DNS 服务器上的正向区域 poet.fjnu.edu 中，IP 地址为 10.192.3.143 的计算机同时还提供 Web 服务，为其创建一个名为 www.poet.fjnu.edu 的主机资源记录，这样客户机就可以通过域名访问该 Web 站点。

操作步骤如下：

（1）在"DNS 控制台"窗口创建的 poet.fjnu.edu 区域名称上右击，选择"新建主机"命令，出现"新建主机"对话框，如图 8.5.1 所示。如果在"名称"文本框中输入主机名称"www"，则在"完全限定的域名"文本框中将自动出现"www.poet.fjnu.edu"。由于系统自动将区域附加在主机名后形成域名，该选项是不可编辑的。

（2）在"IP 地址"文本框中输入该主机对应的 IP 地址"10.192.3.143"。如果 IP 地址与 DNS 服务器在同一子网内，且建立了反向查找区域，可以选中"创建相关的指针（PTR）记录"复选框，这样域名和 IP 地址之间可以双向查找。

（3）完成设置后单击"添加主机"按钮，成功创建主机后会给出提示信息。单击"确定"按钮。

图 8.5.1 "新建主机"对话框

8.5.3 新建别名

案例：IP 地址为 10.192.3.143 的计算机提供 FTP 服务，为其新建别名为 ftp.poet.fjnu.edu。
操作步骤如下：

（1）在"DNS 控制台"窗口创建的区域名称上右击，选择"新建别名"命令，出现如图 8.5.2 所示"新建资源记录"对话框。

（2）在"别名"文本框中输入"ftp"，在"完全限定的域名"文本框中出现 ftp.poet.fjnu.edu，该选项也是不可编辑的。在"目标主机的完全合格的域名"文本框中输入目标主机的主机记录，单击"浏览"按钮可以在已经存在的区域中进行查找。

图 8.5.2 新建资源记录——别名

8.6 配置 DNS 客户端

客户机如果要使用 DNS 服务，必须对本机上的 DNS 客户机软件进行设置。客户端只有正确地指向 DNS 服务器才能查询到所要的 IP 地址。

8.6.1 Windows Server 2012 的 DNS 客户机配置

操作步骤如下：

（1）右击桌面右下角的网络连接标识，选择"打开网络和共享中心"→"更改适配器设置"命令，右击适配器图标选择"属性"命令。

（2）出现以太网连接属性的"网络"选项卡，如图 8.6.1 所示。在"此连接使用下列项目"列表框中双击"Internet 协议版本 4（TCP/IPv4）"。

（3）出现 Internet 协议版本 4（TCP/IP）属性的"常规"选项卡，如图 8.6.2 所示。选中"使用下面的 DNS 服务器地址"单选按钮，在"首选 DNS 服务器"文本框中输入主 DNS 服务器的 IP 地址，在"备用 DNS 服务器"文本框中输入辅助 DNS 服务器的 IP 地址。

图 8.6.1 以太网连接属性——"网络"选项卡

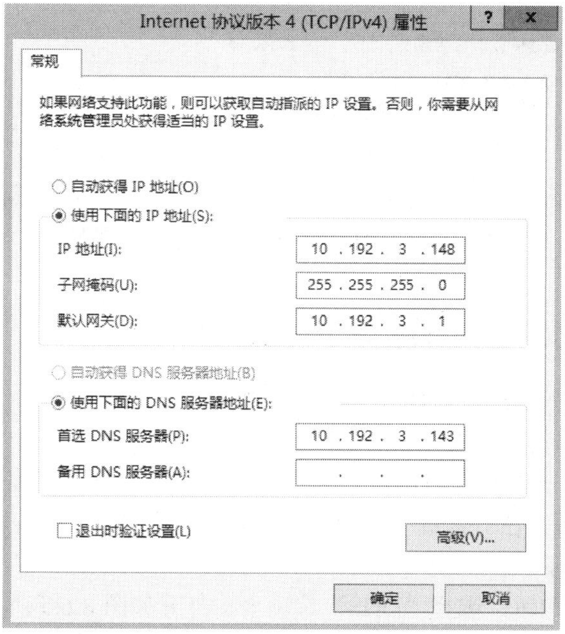

图 8.6.2 TCP/IP 属性的"常规"选项卡

（4）如果要设置多个 DNS 服务器，单击"高级"按钮，如图 8.6.3 所示。单击"添加"按钮可以添加多个 DNS 服务器。在"DNS 服务器地址"列表框中按照使用次序进行排列。如果添加 DNS 后缀，表示正常的 DNS 域名解析失败后，将尝试按照 DNS 解析名称和可能的后缀名称进行尝试查询。

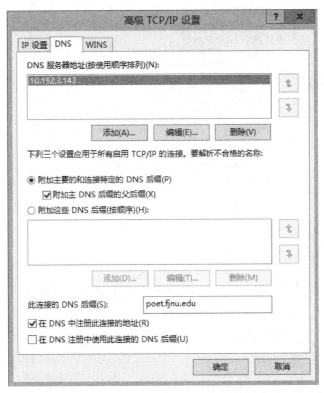

图 8.6.3　高级 TCP/IP 设置——"DNS"选项卡

8.6.2　Windows XP 的 DNS 客户机设置

下面以 Windows XP 为例介绍 DNS 客户机的配置。

操作步骤如下：

（1）单击"开始"→"网络连接"→右击"本地连接"→"属性"命令，双击"Internet 协议（TCP/IP）"复选框，在"常规"选项卡下可以设置"首选 DNS 服务器"和"备用 DNS 服务器"，如图 8.6.4 所示。

（2）单击"高级"按钮，选择"DNS"选项卡，打开如图 8.6.5 所示对话框，在"DNS 服务器地址"列表框中按照使用次序进行添加。同样添加 DNS 后缀。

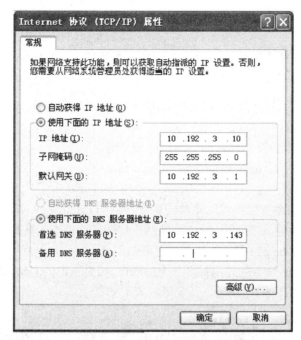

图 8.6.4 TCP/IP 属性——"常规"选项卡

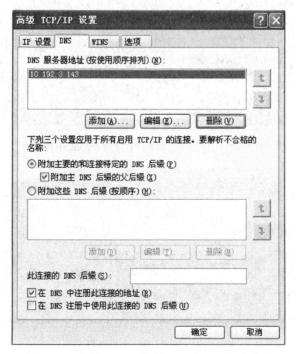

图 8.6.5 高级 TCP/IP 设置——"DNS"选项卡

8.7 DNS 诊断

nslookup 是用来进行手动 DNS 查询的最常用工具。它既可以模拟标准的客户解析器，也可以模拟服务器。作为客户解析器，nslookup 可以直接向服务器查询信息；而作为服务器，nslookup 可以实现从主服务器到辅助服务器的区域传送。

nslooup 命令的用法为：nslookup [option] [host-to-find|server]

可用于如下两种模式：

* 非交互模式：在命令行中输入完整的命令，例如 nslookup www.cvn.com.cn。

* 交互模式：只要输入 "nslookup" 并按回车键即可，不输入参数。在交互模式下，可以在提示符 ">" 下输入 "help" 或 "？" 来获得帮助信息。

交互模式下 nslookup 命令的使用如图 8.7.1 所示。如果查询的 DNS 服务器不存在，则显示 Non-existent domain，如图 8.7.2 所示。

图 8.7.1 在 "cmd" 窗口中使用 nslookup 命令

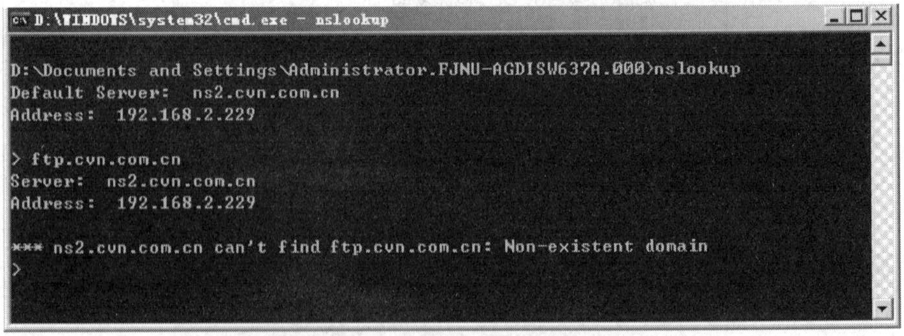

图 8.7.2 返回 DNS 不存在的消息

8.8 本章小结

域名服务是 Intranet/Internet 的重要服务，用于实现域名与 IP 地址的解析。通过本章的学习，作为网络管理员应该掌握如何构建网络中的 DNS 服务器，并如何配置和管理 DNS 服务器以及如何利用 nslookup 程序诊断 DNS 故障。

本章首先介绍了域名系统，Internet 域名解析方法及解析过程，接着介绍如何在 Windows Server 2012 上安装 DNS 服务，以及 Windows Server 2012 上 DNS 服务器的配置和管理，最后介绍了如何配置 DNS 的客户端。

思 考 题

1. 什么是域名空间？Internet 上的 DNS 域名系统采用何种层次结构？
2. 什么是域？什么是区域？二者有什么差别和联系？
3. DNS 域名解析的方法有哪些？是如何实现域名解析的？
4. 试用图示说明 DNS 域名的解析过程。
5. 如何安装 DNS 服务器？
6. DNS 有哪些属性设置？各有什么作用？
7. 如何为 DNS 服务器的数据库区域设置老化清理？
8. 如何在运行 Windows Server 2012 的计算机上配置 DNS 客户端？
9. 如何在运行 Windows XP 的计算机上配置 DNS 客户端？
10. 如何使用 nslookup 命令来查询 DNS 服务器？

实 践 题

1. 作为网络管理员，该如何在 Windows Server 2012 的 DNS 服务器上为某些特定的主机添加记录？
2. 在网络中，如果有一台计算机既提供 WWW 服务也提供 FTP 服务，但如果想以不同的域名区别这两种不同的服务时，该如何设置？

第9章　安装和配置 DHCP 服务

TCP/IP 网络上的每台计算机都必须有一个独一无二的 IP 地址，以便访问网络及其资源。在传统的小型网络中，系统管理员都是手动为网络中的计算机分配静态 IP 地址。但对于大型网络，特别是对于 Internet 网络，网络中的计算机的数量太大，而且一些计算机具有移动性和不确定性，管理员要给网络中的每一台计算机手动分配 IP 地址几乎是不可能的，这时就需要动态主机配置协议（Dynamic Host Configuration Protocol，DHCP）。本章将介绍 DHCP 的概念、DHCP 服务器的安装、DHCP 服务器的管理与配置以及客户端的配置。通过本章的学习，作为网络管理员将学会如何安装及配置网络中的 DHCP 服务。

9.1　DHCP 概述

DHCP 是一种简化主机 IP 配置管理的 TCP/IP 标准，用于减少网络客户机 IP 地址配置的复杂度和管理开销。DHCP 服务允许网络中一台计算机作为 DHCP 服务器并配置用户网络中启用 DHCP 的客户计算机。DHCP 在服务器上运行，能够自动集中管理网络上的 IP 地址和用户网络中客户计算机所配置的其他 TCP/IP 设置。

对于基于 TCP/IP 的网络，DHCP 减少了重新配置计算机的工作量和复杂性，大大降低了用于配置和重新配置网上计算机的时间。DHCP 的客户机无需手动输入任何数据，避免了手动输入而引起的配置错误，同时 DHCP 可以防止出现新计算机重用已指派的 IP 地址引起冲突的问题。

DHCP 使用客户机/服务器模式。在网络中，管理员可建立一个或多个维护 TCP/IP 配置信息，并将其提供给客户机的 DHCP 服务器。服务器数据库包含以下信息：

- 网络上所有客户机的有效配置参数。
- 在指派到客户机的地址池中维护的有效 IP 地址，以及用于手动指派的保留地址。
- 服务器提供的租约持续时间。

通过在网络上安装和配置 DHCP 服务器，启用 DHCP 的客户机可在每次启动并加入网络时，动态地获得其 IP 地址和相关配置参数。DHCP 服务器以地址租约的形式将该配置提供给发出请求的客户机。

9.1.1 DHCP 术语

下面介绍与 DHCP 相关的一些专业术语，以帮助大家了解 DHCP 并利用 DHCP 管理工具来创建和管理 DHCP 服务器。

- DHCP 客户机：任何启用 DHCP 设置的计算机。
- 作用域：一个网络完整连续的可能 IP 地址范围。DHCP 服务可以提供给作用域，典型地定义网络上的一个单一物理子网。作用域还为服务器提供管理网络分布、IP 地址分配和指派以及其他相关配置参数的主要方法。
- 超级作用域：是可用于管理的分组，用于支持同一物理网络上的多个逻辑 IP 子网。超级作用域包含成员域（子作用域）的列表，这些成员域可作为一个集合被激活。超级作用域用于配置有关作用域使用的其他详细信息，如果要配置超级作用域内使用的多数属性，管理员需要单独配置成员作用域。

案例：用户可以通过下面这个例子了解作用域和超级作用域。

假设有两个作用域，配置如下：

作用域 1：192.168.100.1～192.168.100.100。

作用域 2：192.168.200.1～192.168.200.100。

如果作用域 1 中的主机数量已经超过 100 个，这样作用域 1 的 IP 地址就不够用了。如果还有客户机要申请 IP 地址，将被拒绝。而作用域 2 的主机只有 20 个，作用域 2 的 IP 地址还有大量空余。使用超级作用域就可以将若干个作用域绑定在一起，可以统一调配使用 IP 资源。本例中通过使用超级作用域就可以将作用域 2 的 IP 地址分配给作用域 1 使用。

- 排除范围：作用域内从 DHCP 服务中排除的有限 IP 序列。排除范围保证范围中列出的任何 IP 地址不是由 DHCP 服务器提供给 DHCP 客户机的。
- 地址池：作用域中应用排除范围之后，剩下的可用 IP 就可以组成地址池。池中地址可以由 DHCP 服务器动态分配给 DHCP 客户机。
- 租约：由 DHCP 服务器指定的、客户机可以使用动态分配的 IP 地址的时间。当向一台客户机发出租约后，该租约就被看做是活动的。在租约终止前，客户机可以向 DHCP 服务器更新其租约。当租约到期或被服务器删除后，它将变为不活动的。租约期限决定了租约何时终止及客户机隔多久向 DHCP 服务器更新其租约。
- 保留：创建从 DHCP 服务器到客户机的永久地址租约指定。保留可以保证子网上的特定硬件设备总是使用相同的 IP 地址。
- 选项类型：DHCP 服务器向客户机提供 IP 地址租约时，可以指定其他客户机配置参数。例如，某些公用选项包含用于默认网关（路由器）、WINS 服务器和 DNS 服务器的 IP 地址。通常这些选项类型由各个作用域启用和配置。大部分选项在 RFC2132 中预先定义了，但用户也可用 DHCP 管理器定义和添加用户所需的选项类型。

• 选项类别：DHCP 服务用于进一步管理提供给客户机的选项类型的方法。选项类别可以在用户的 DHCP 服务器上配置以提供特定的客户机支持。当一个选项类别添加到服务器后，就可以为该类别的客户机配置提供特定类别的选项类型。对于 Windows Server 2012，客户机可以指定与服务器通信时的类别 ID。选项类别有两种类型：供应商类别和用户类别。

9.1.2 DHCP 服务的原理

DHCP 网络主要由 DHCP 客户机、DHCP 服务器和 DHCP 数据库 3 种角色组成。结构如图 9.1.1 所示。

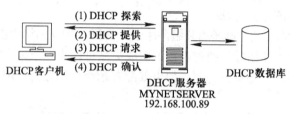

图 9.1.1 DHCP 网络的结构

1. DHCP 客户机

DHCP 客户机是安装并启用 DHCP 客户机软件的计算机。在 Windows 系统中都内置了 DHCP 客户机软件。

2. DHCP 服务器

DHCP 服务器是安装了 DHCP 服务器软件的计算机，可以向 DHCP 客户机分配 IP 地址。IP 地址的分配有两种方式：自动分配和动态分配。

• 自动分配：指 DHCP 客户机从服务器租借到 IP 地址后，该地址就永久地归该客户机使用，即永久租用，适合 IP 地址资源丰富的网络。

• 动态分配：指 DHCP 客户机从服务器租借到 IP 地址后，在租约有效期内归该客户机使用。一旦租约到期，IP 地址将回收。

3. DHCP 数据库

DHCP 服务器上的数据库存储了 DHCP 服务配置的各种信息，主要包括：网络上所有 DHCP 客户机的配置参数；为 DHCP 客户机定义的 IP 地址和保留的 IP 地址；租约设置信息。

4. DHCP 服务的运行原理

当 DHCP 客户机第一次登录网络时，它主要通过 4 个阶段与 DHCP 服务器建立联系。

（1）DHCP 客户机发送 IP 租用请求。

当客户机第一次启动并初始化时，由于客户机此时没有 IP 地址，同时也不知道 DHCP 服务器的 IP 地址，因此客户机会以 0.0.0.0 作为源地址，并以 255.255.255.255 作为目的地址向所有的 DHCP 服务器广播，请求租用 IP 地址。租用请求通过 DHCPDISCOVER 消息发送，消息中还包括客户机的硬件地址和主机名。

（2）DHCP 服务器提供 IP 地址。

子网络上的所有的 DHCP 服务器收到这个 DHCPDISCOVER 消息。服务器确定是否有权为客户机分配一个 IP 地址。此时客户机仍没有 IP 地址，因而服务器也只能使用广播，DHCP 服务器以 255.255.255.255 作为目的地址发送 DHCP OFFER 消息。消息中包括：客户机的硬件地址、提供的 IP 地址、子网掩码、IP 地址的有效时间、服务器的标识符。

（3）DHCP 客户机进行 IP 租用选择。

客户机从不止一台 DHCP 服务器接收到 IP 地址后，将从它接收到的第一个服务器响应中选择 IP 地址，并向所有 DHCP 服务器广播它接收的 IP 地址。广播通过 DHCP REQUEST 消息发送，消息中还包括接受提供 IP 地址的 DHCP 服务器的 IP 地址。其他所有 DHCP 服务器收到 DHCP REQUEST 消息后，撤销提供 IP 地址。

（4）DHCP 服务器 IP 租用认可。

当 DHCP 服务器接收到 DHCP 工作站的 DHCP REQUEST 请求后，它便向 DHCP 客户机发送一个包含它所提供的 IP 地址和其他设置的 DHCP ACK 确认信息。通知 DHCP 客户机可以使用它所提供的 IP 地址。然后 DHCP 客户机便将其 TCP/IP 协议与网卡绑定，另外，除 DHCP 工作站选中的服务器外，其他的 DHCP 服务器都将收回曾提供的 IP 地址。

9.1.3 DHCP 中继代理

在大型的网络中，可能会存在多个子网。DHCP 客户机是通过网络广播消息获得 DHCP 服务器的响应后得到 IP 地址，但广播消息是不能跨越子网的。因此，如果 DHCP 客户机和服务器在不同的子网内，客户机如何向服务器申请 IP 地址呢？这就要用到 DHCP 中继代理。

DHCP 中继代理实际上是一种软件技术，安装了 DHCP 中继代理的计算机称为 DHCP 中继代理服务器，它承担不同子网间的 DHCP 客户机和服务器的通信，其原理如图 9.1.2 所示。

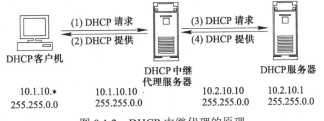

图 9.1.2　DHCP 中继代理的原理

9.2　安装 DHCP 服务器

案例：
安装 DHCP 服务器并创建作用域 DHCPDOMAIN1。

DHCP 服务器：计算机名为 serverDC，IP 地址为 10.192.3.143，采用 Windows Server 2012 操作系统。

DHCP 客户机：计算机名为 server01，IP 地址为 10.192.3.148，采用 Windows Server 2012 操作系统。

安装步骤如下：

（1）在计算机 serverDC 上打开"服务器管理器"，单击"仪表板"→"添加角色和功能"命令，出现如图 9.2.1 所示的"添加角色和功能向导"页面，单击"下一步"按钮。

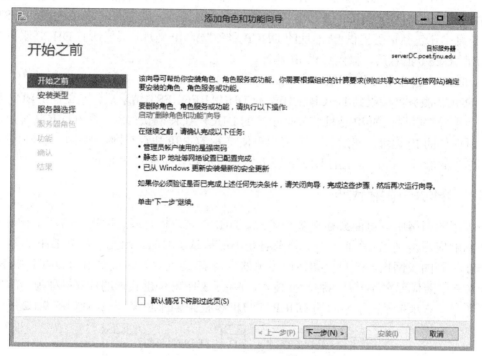

图 9.2.1 添加角色和功能向导

（2）出现选择"安装类型"页面，默认单击"下一步"按钮。

（3）出现"服务器选择"页面，默认单击"下一步"按钮。

（4）出现"选择服务器角色"页面，选中"DHCP 服务器"复选框，单击"下一步"按钮，如图 9.2.2 所示。

（5）出现"功能"选择页面，默认单击"下一步"按钮。

（6）出现有关 DHCP 服务器的说明和注意事项，默认单击"下一步"按钮。

（7）出现"确认"安装的页面，单击"安装"按钮，如图 9.2.3 所示。

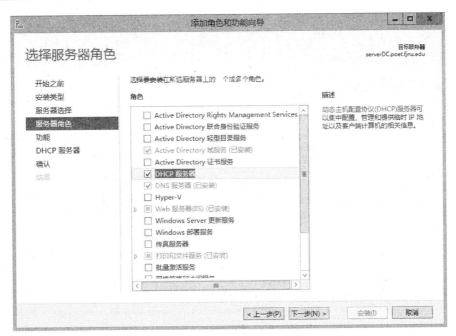

图 9.2.2 选择 DHCP 服务器

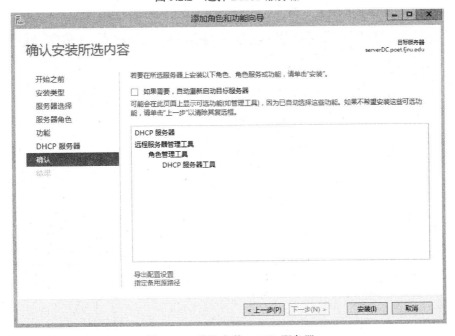

图 9.2.3 确认安装 DHCP 服务器

（8）安装完成后在"服务器管理器"的"仪表板"上出现图标，单击后如图 9.2.4 所示。

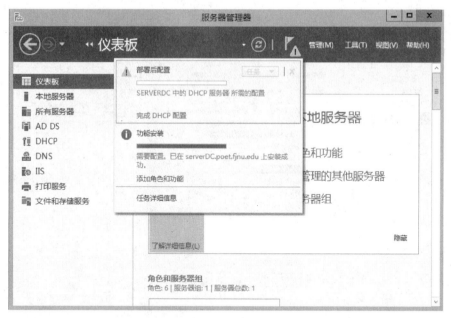

图 9.2.4 完成 DHCP 配置

（9）单击"完成 DHCP 配置"命令，出现如图 9.2.5 所示的界面。

图 9.2.5 DHCP 服务器配置描述

（10）单击"下一步"按钮，在"授权"页面对 DHCP 授权，如图 9.2.6 所示。单击"提交"按钮后即完成了 DHCP 的授权。

图 9.2.6 DHCP 服务器授权

9.3 配置 DHCP 服务器

9.3.1 新建作用域

（1）打开"服务器管理器"，单击"工具" → "DHCP"命令，在 DHCP 管理控制台中展开左侧子窗口的节点，右击"IPv4"选择"新建作用域"命令，如图 9.3.1 所示。

（2）在"新建作用域向导"页面中单击"下一步"按钮，在"作用域名称"中填写名称和描述，单击"下一步"按钮，如图 9.3.2 所示。

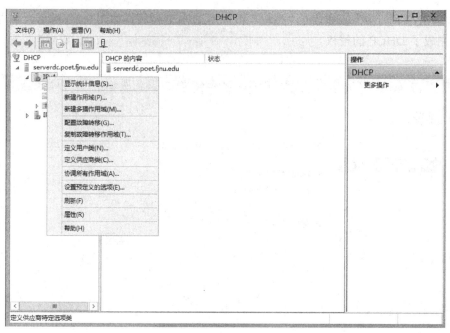

图 9.3.1 新建作用域

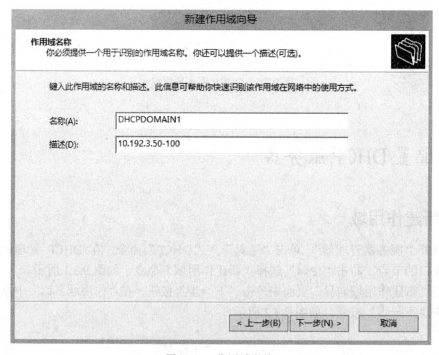

图 9.3.2 作用域名称

（3）打开"IP 地址范围"对话框，如图 9.3.3 所示。在对话框中用户可以指定作用域的地址范围。在"起始 IP 地址"和"结束 IP 地址"文本框中分别输入作用域的起始地址和结束地址。用户还需要为这些 IP 设置子网掩码。"子网掩码"选项的设置也可以通过设置"长度"来调整，一个 255 相当于 8 位的长度，255.255.255.0 相当于 24 位的长度。

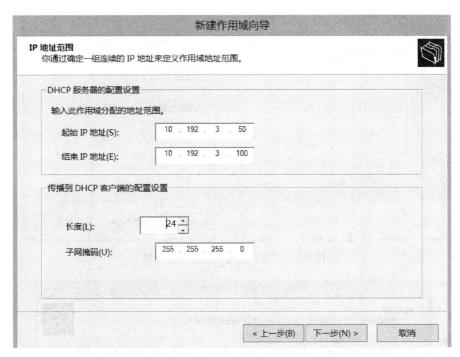

图 9.3.3 "IP 地址范围"对话框

（4）设置完毕后，单击"下一步"按钮进入"添加排除和延迟"对话框，如图 9.3.4 所示。在该对话框中，用户可以指定服务器不分配的 IP 地址。排除地址范围应该包括所有手动分配给其他 DHCP 服务器、DNS 服务器、WINS 服务器等需要固定 IP 的计算机。

（5）单击"下一步"按钮进入"租约期限"对话框。租约期限是指客户机使用 DHCP 服务器所分配的 IP 地址的时间。对于经常变动的网络，租约期限可以设置短一些，如图 9.3.5 所示。

（6）单击"下一步"按钮进入"配置 DHCP 选项"对话框。如果想要客户机使用作用域，则必须配置最常用的 DHCP 选项，如网关、DNS 服务器和 WINS 服务器等。选中"是，我想现在配置这些选项"单选项，如图 9.3.6 所示。

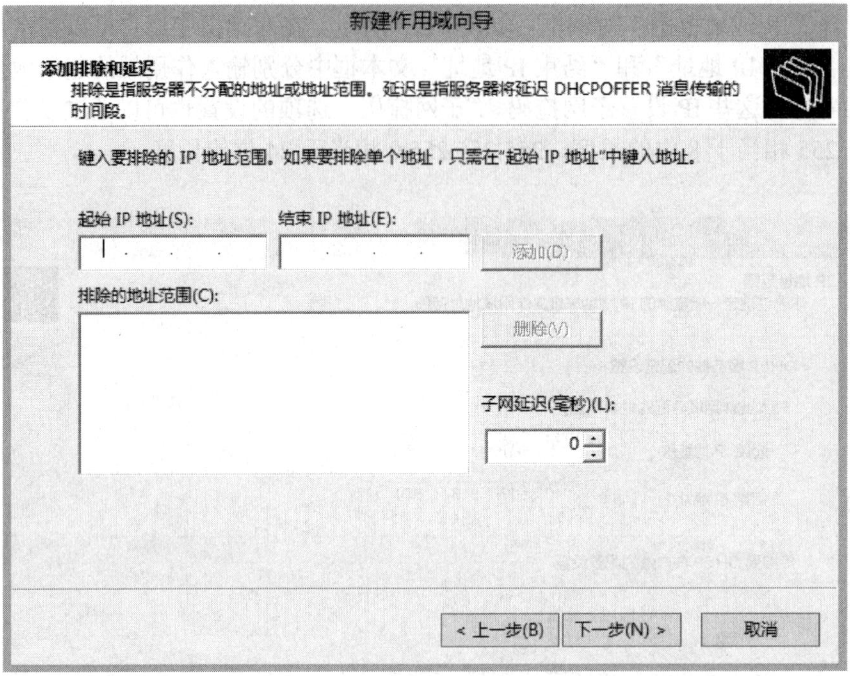

图 9.3.4 "添加排除和延迟"对话框

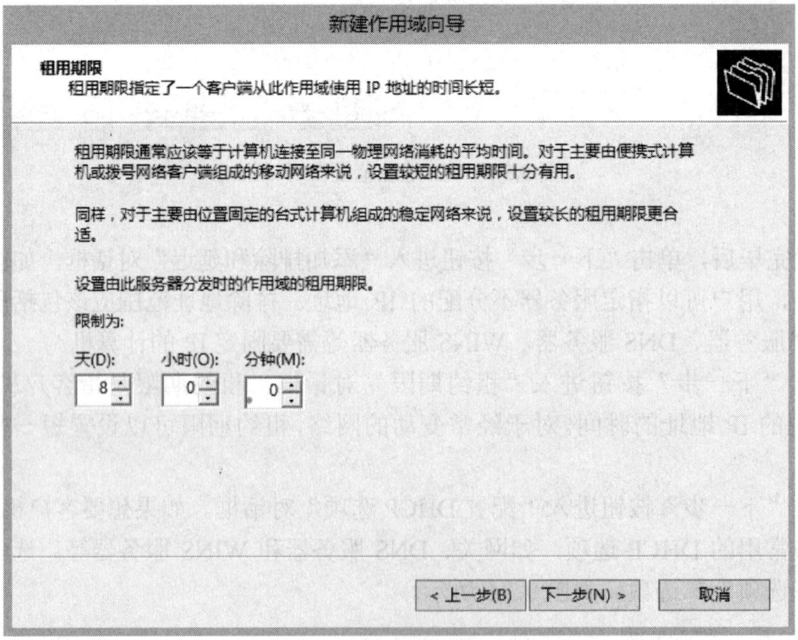

图 9.3.5 "租约期限"对话框

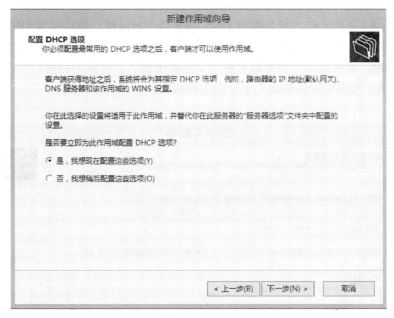

图 9.3.6 "配置 DHCP 选项"对话框

（7）出现如图 9.3.7 所示的"路由器（默认网关）"对话框。在"IP 地址"文本框中设置 DHCP 服务器发送给 DHCP 客户机使用的路由器（默认网关）的 IP 地址，可以根据自己网络的规划进行设置。完成后单击"下一步"按钮。

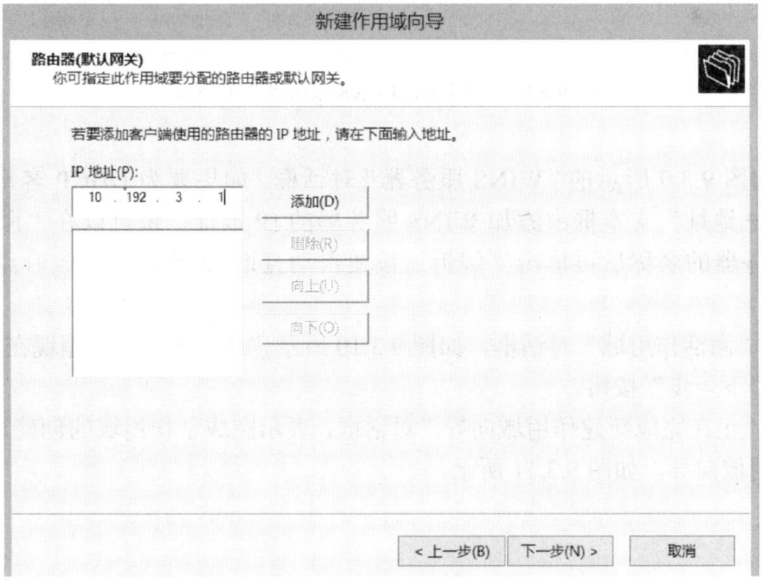

图 9.3.7 "路由器（默认网关）"对话框

（8）出现图 9.3.8 所示的"域名称和 DNS 服务器"对话框，如果要为 DHCP 客户机设置 DNS 服务器，在"父域"文本框中设置 DNS 解析的域名，在"IP 地址"文本框中添加 DNS 服务器的 IP 地址，也可以在"服务器名称"文本框中输入服务器的名称后单击"解析"按钮自动查询 IP 地址。完成设置后单击"下一步"按钮。

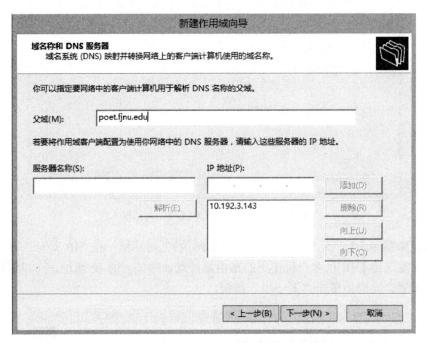

图 9.3.8 "域名称和 DNS 服务器"对话框

（9）出现如图 9.3.9 所示的"WINS 服务器"对话框。如果要为 DHCP 客户机设置 WINS 服务器，在"IP 地址"文本框中添加 WINS 服务器的 IP 地址，也可以在"服务器名称"文本框中输入服务器的名称后再单击"解析"按钮自动查询 IP 地址。完成后点击"下一步"按钮。

（10）出现"激活作用域"对话框，如图 9.3.10 所示。选择"是，我想现在激活此作用域"单选项，单击"下一步"按钮。

（11）出现"正在完成新建作用域向导"对话框，表示完成了作用域的创建过程。单击"完成"关闭新作用域向导，如图 9.3.11 所示。

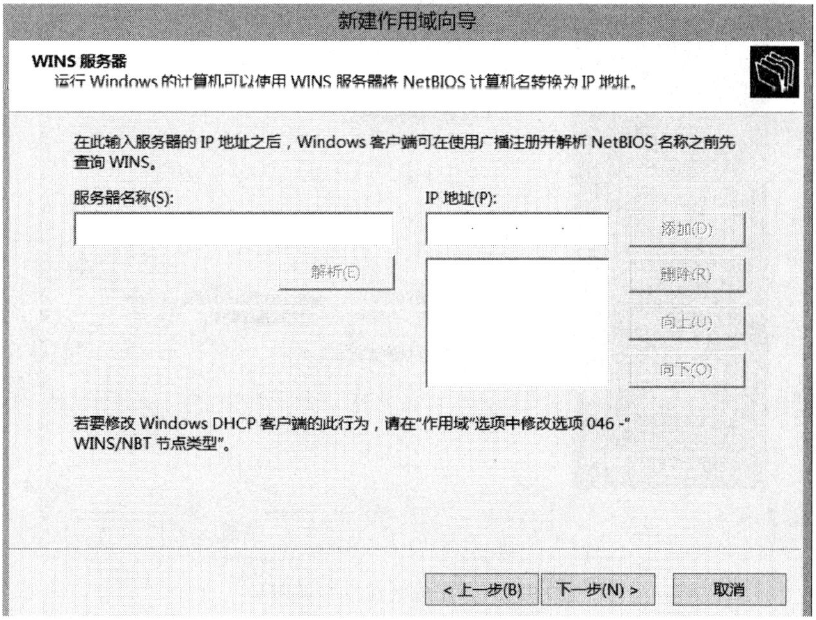

图 9.3.9 “WINS 服务器”对话框

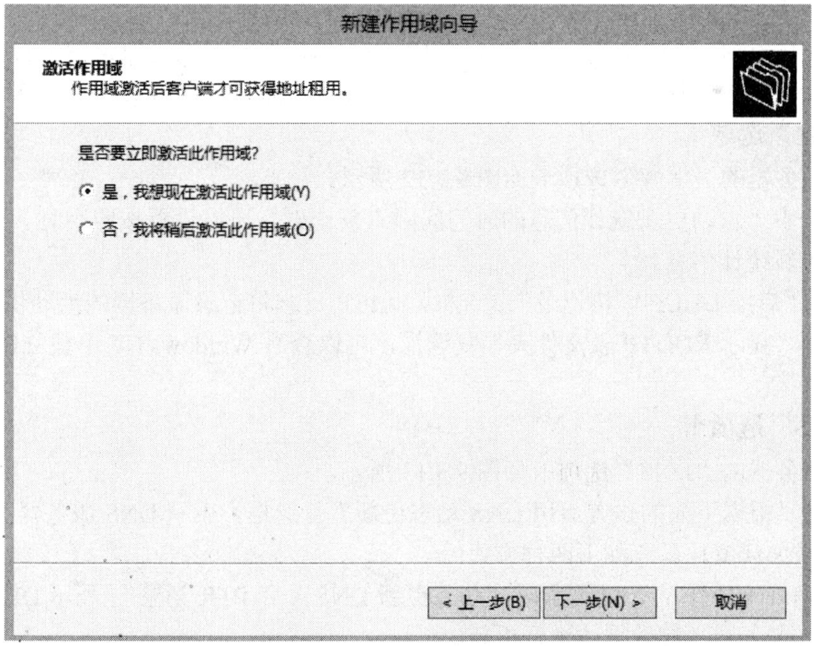

图 9.3.10 “激活作用域”对话框

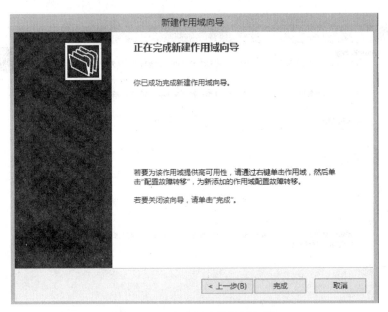

图 9.3.11　完成新建作用域向导

9.3.2　设置 DHCP 服务器

在"DHCP 控制台"中单击已创建的 DHCP 服务器，在展开的下拉菜单中右击"IPv4"并在弹出的快捷菜单中选择"属性"命令。在出现的选项卡中可以修改 DHCP 服务器的配置。

1. "常规"选项卡

DHCP 服务器的"常规"选项卡如图 9.3.12 所示。

（1）若选中"自动更新统计信息的时间间隔"复选框，可以设置按照小时、分钟为单位，服务器自动更新统计信息。

（2）选中"启用 DHCP 审核记录"复选框，DHCP 日志将记录服务器的活动供管理员参考。

（3）选中"显示 BOOTP 表文件夹"复选框，可以查看 Windows NT 下建立的 DHCP 服务器列表。

2. "DNS"选项卡

DHCP 服务器的"DNS"选项卡如图 9.3.13 所示。

（1）选中"根据下面的设置启用 DNS 动态更新"复选框，表示 DNS 服务器上该客户机的DNS 设置参数如何变化。有如下两种方式：

• "只有在 DHCP 客户端请求时才动态更新 DNS A 和 PTR 记录"：表示 DHCP 客户机主动请求，DNS 服务器上的数据才进行更新。

• "总是动态更新 DNS A 和 PTR 记录"：表示 DNS 客户机的参数发生变化后，DNS 服务器的参数就发生变化。

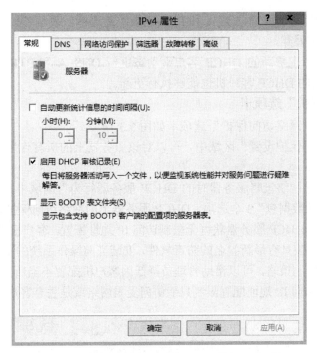

图 9.3.12　DHCP 服务器属性——"常规"选项卡

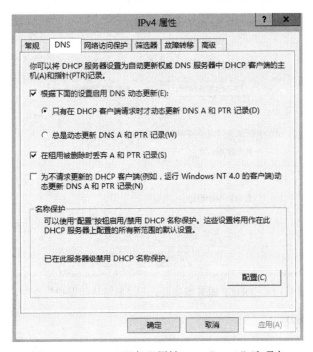

图 9.3.13　DHCP 服务器属性——"DNS"选项卡

（2）选中"在租约被删除时丢弃 A 和 PTR 记录"复选框，表示 DHCP 客户机的租约失效后，其 DNS 参数也被丢弃。

（3）选中"为不请求更新的 DHCP 客户端动态更新 DNS A 和 PTR 记录"复选框，表示 DNS 服务器对非动态的 DHCP 客户机也能够执行更新。

3. "网络访问保护"选项卡

DHCP 服务器的"网络访问保护"选项卡如图 9.3.14 所示。

（1）在"网络访问保护设置"区域中，可以对该服务器上的所有作用域是否设置网络保护做出选择。

（2）在"无法连接网络策略服务器时的 DHCP 服务器行为"区域中，有"完全访问"、"受限访问"、"丢弃客户端数据包"3 个选项。DHCP 服务器上的网络访问保护使用了 DHCP 强制功能，换而言之，为了从 DHCP 服务器获得无限制访问 IP 地址配置，客户机必须达到一定的条件，例如，它要求计算机安装具有最新签名的防毒软件，安装当前操作系统的更新并且启用基于主机的防火墙。通过这些强制策略，可以帮助管理员降低因客户机配置不当所导致的一些风险，对不符合的计算机，网络访问 IP 地址配置限制只能访问受限网络或是丢弃客户端数据包。

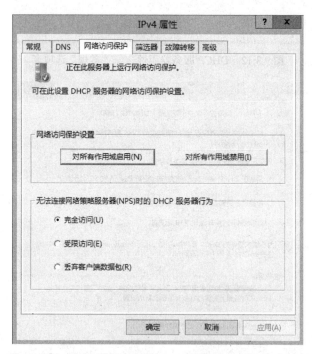

图 9.3.14　DHCP 服务器属性——"网络访问保护"选项卡

4. "筛选器"选项卡

DHCP 服务器的"筛选器"选项卡如图 9.3.15 所示。

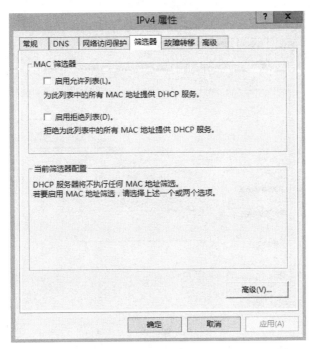

图 9.3.15 DHCP 服务器属性——"筛选器"选项卡

默认情况下 DHCP 服务器将不执行任何 MAC 地址筛选，如果要启用 MAC 筛选，可在 "MAC 筛选器"区域内选中"启用允许列表"或"启用拒绝列表"复选框。

（1）选择"启用允许列表"，则 DHCP 服务器仅向 MAC 地址在列表中的客户端提供 DHCP 服务。

（2）选择"启用拒绝列表"，则与"启用允许列表"的功能相反，向 MAC 不在列表中的客户端提供 DHCP 服务。

5. "故障转移"选项卡

DHCP 故障转移是 Windows Server 2012 操作系统的一个新功能，可以实现 DHCP 同一个作用域的 DHCP 故障转移，两台 DHCP 服务器存储相同的作用域，即一台 DHCP 服务器做主服务器，另一台 DHCP 服务器做备份服务器，当其中一台 DHCP 故障，另一台 DCHP 服务器可以接替此服务器继续工作。由于两台 DHCP 服务器存储相同作用域，客户端获取的 IP 地址不会变化。

在未做任何设置前，打开该选项用户无法编辑和查看此服务器所属的所有故障转移关系的状态。用户可以先登录主 DHCP 服务器，打开 DHCP 管理器，单击"配置故障转移"选项，"故障转移"选项卡如图 9.3.16 所示，添加伙伴服务器，配置故障转移相关参数。再在该选项中实现删除、编辑和查看此服务器所属的所有故障转移关系的状态。

6. "高级"选项卡

DHCP 服务器的"高级"选项卡如图 9.3.17 所示。

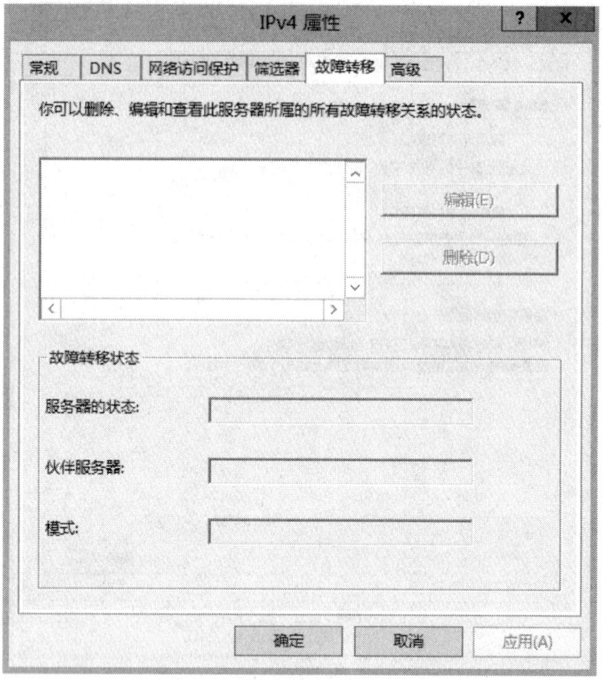

图 9.3.16　DHCP 服务器属性——“故障转移”选项卡

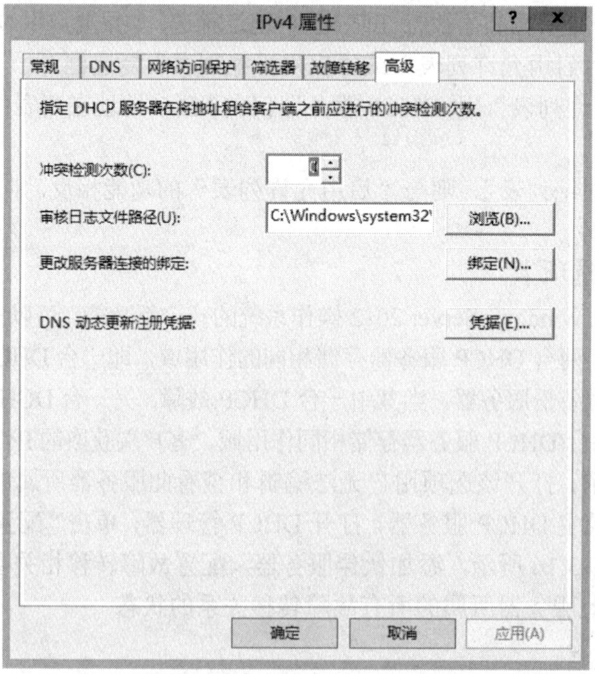

图 9.3.17　DHCP 服务器属性——“高级”选项卡

（1）"冲突检测次数"数值框中设置的参数用于 DHCP 服务器在给客户机分配 IP 地址之前，对该 IP 地址进行冲突检测的次数，最高为 5 次。

（2）"审核日志路径"文本框中可以修改审核日志文件的存储路径。

（3）当需要更改 DHCP 服务器和网络连接的关系时，可以单击"绑定"按钮，出现绑定提示界面，在"连接和服务器绑定"列表框中选定绑定关系。

（4）由于 DHCP 服务器给客户机分配 IP 地址，因此 DNS 服务器可以及时从 DHCP 服务器上获得客户机的信息。单击"凭据"按钮，出现"DNS 动态更新注册凭据"对话框，可用于设置 DHCP 服务器访问 DNS 服务器的用户名和密码，以保证网络安全。

9.3.3　创建地址域

授权 DHCP 服务器后，还可以新建并配置 IP 作用域、超级作用域、多播地址作用域。

1. 创建作用域

作用域是指派给请求动态 IP 地址的客户机的 IP 地址范围。只有新建了作用域后，DHCP 服务器才能拥有可被分配的 IP 地址，这些地址都将被存储在地址池中。当 DHCP 客户端向 DHCP 服务器要求分配 IP 地址时，服务器与客户机签订一个租约，然后从地址池中分配一个尚未使用的 IP 地址给客户机使用，当租约到期时，IP 地址就会自动返回地址池供再分配。

在安装 DHCP 服务器时已经创建了一个作用域，如果想再创建其他的作用域，只需在"DHCP 控制台"中右击 DHCP 服务器，在弹出的快捷菜单中选择"新建作用域"命令，出现"创建作用域向导"对话框，利用该作用域向导即可创建新的作用域，具体步骤可参照本章上一节中介绍的安装 DHCP 服务器的操作。

2. 创建超级作用域

使用超级作用域，可以将多个作用域组合为单个管理实体。由于超级作用域可以包含其他分离的作用域 IP 地址，所以当管理员需要使用另外一个 IP 网络地址范围，扩展同一个物理网段的地址空间时，就可以通过创建超级作用域来解决问题。

案例：在计算机名为 serverDC 的 DHCP 服务器上创建超级作用域 SUPERDOMAIN。

创建超级作用域的操作步骤如下：

（1）打开"DHCP 控制台"窗口，在目录树中右击想要创建超级作用域的 DHCP 服务器，在弹出的快捷菜单中选择"新建超级作用域"命令，打开"欢迎使用新建超级作用域向导"对话框。

（2）单击"下一步"按钮，在打开的"超级作用域名"对话框中输入想要建立的超级作用域的名称，如图 9.3.18 所示。

（3）单击"下一步"按钮，打开"选择作用域"对话框，在"可用作用域"列表中选择所建超级作用域所包含的作用域，可以按 Shift 键或 Ctrl 键选择多个作用域，如图 9.3.19 所示。

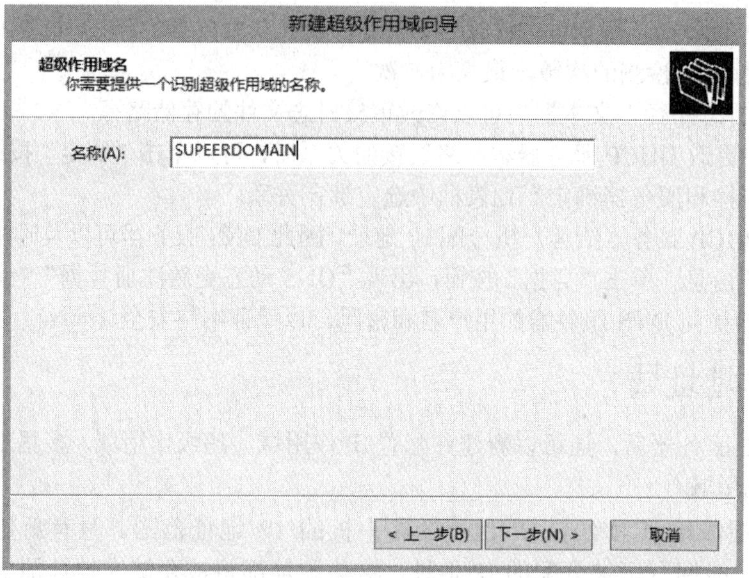

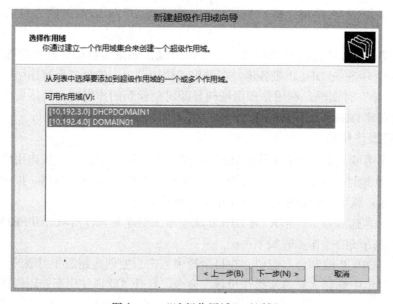

图 9.3.18 "超级作用域名"对话框

图 9.3.19 "选择作用域"对话框

（4）单击"下一步"按钮，进入"正在完成新建超级作用域向导"对话框。确认无误后单击"完成"按钮。

（5）建立好的超级作用域如图 9.3.20 所示，右击超级作用域名，在弹出的快捷菜单中选择"显示统计信息"命令。

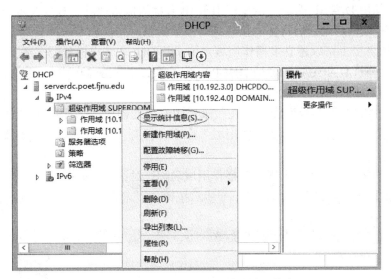

图 9.3.20　查看超级作用域的统计信息

（6）出现如图 9.3.21 所示的"超级作用域的统计"信息对话框，表明超级作用域已经成功将两个作用域进行了绑定。

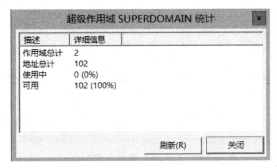

图 9.3.21　"超级作用域统计"信息

3. 创建多播作用域

网络中计算机之间的通信方式有 3 种：单播、广播和多播。

- 单播：是指通信的计算机都有自己的 IP 地址，数据包从源主机发送到目的主机。这是网络中最常用的"点对点"的通信方式。这种通信方式下，数据包的传送效率高，直接送达目的地，而不会发送到其他主机。

- 广播：是指通信的源主机有 IP 地址，数据包从源主机发送到网络上的所有节点，而且广播不通过路由转发。广播数据包是送达网络上的每个人，但不是工作组上的每个人。

- 多播：使用 D 类 IP 地址，是专门用于 IP 多播的保留地址。只要为每一台计算机都分配一个多播的 IP 地址，则它们将都能接收到多播数据包。

在 DHCP 服务器上可以建立多播作用域，用于给 DHCP 客户机分配多播 IP 地址。

案例：在计算机名为 serverDC 的 DHCP 服务器上创建多播作用域 MULTIDOMAIN。

创建多播作用域的操作步骤如下：

（1）打开"DHCP 控制台"窗口，在目录树中右击要创建多播作用域的 DHCP 服务器，在弹出的快捷菜单中选择"新建多播作用域"命令，打开"欢迎使用新建多播作用域向导"对话框。

（2）单击"下一步"，按钮出现"多播作用域名称"对话框，如图 9.3.22 所示。在"名称"和"描述"文本框中进行设置。单击"下一步"按钮。

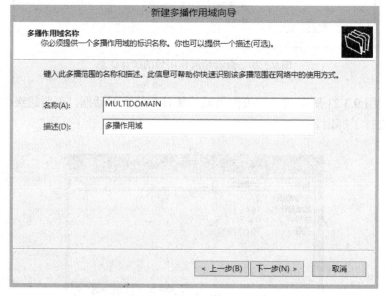

图 9.3.22 "多播作用域名称"对话框

（3）出现"IP 地址范围"对话框，如图 9.3.23 所示。在"起始 IP 地址"和"结束 IP 地址"文本框中输入 D 类多播地址（224.0.0.0～239.255.255.255），在"TTL"数值框中设置多播作用域最多可以经过的路由器数目。设置完成后单击"下一步"按钮。

（4）出现"添加排除"对话框，用于设置多播地址范围内保留的地址范围。完成后单击"下一步"按钮。

（5）出现"租约期限"对话框，用于设置多播地址的租约期限，默认为 30 天。完成后单击"下一步"按钮。

（6）出现"激活多播作用域"对话框，选中"是"单选项，单击"下一步"按钮。

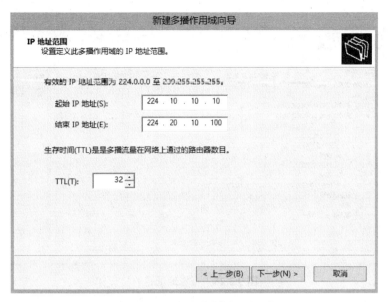

图 9.3.23 "IP 地址范围" 对话框

至此, 完成创建多播作用域的过程。对多播作用域的使用和管理与普通的作用域是一样的。

9.3.4 配置作用域

1. 修改作用域地址池

在 "DHCP 控制台" 窗口中, 右击 DHCP 服务器作用域下的 "地址池" 选项, 在快捷菜单中选择 "新建排除范围" 命令, 在出现的 "添加排除" 对话框中, 可以设置地址池中排除的 IP 地址范围, 如图 9.3.24 所示。

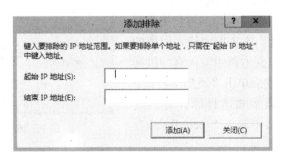

图 9.3.24 "添加排除" 对话框

2. 查看租约信息

在 "DHCP 控制台" 左侧子窗口中, 选择 "作用域" 下的 "地址租约" 选项, 可以查看已经分配给客户机的租约情况, 如图 9.3.25 所示。

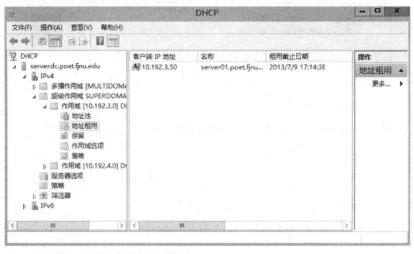

图 9.3.25　查看地址租约

3. 建立保留

对于某些特殊的客户机，需要一直使用相同的 IP 地址，而通过建立保留就可以为其分配固定的 IP 地址。例如，可以将一些特定的 IP 地址专门分配给 DNS 和 WINS 服务器，这样，这些服务器既是 DHCP 的客户端，又能有固定的 IP 地址。

在"DHCP 控制台"窗口中，右击 DHCP 服务器"作用域"下的"保留"选项，在弹出的快捷菜单中选择"新建保留"命令，出现"新建保留"对话框，如图 9.3.26 所示。在"保留名称"文本框中输入名称，在"IP 地址"文本框中输入保留的 IP 地址。在"MAC 地址"文本框中输入客户机网卡的 MAC 地址，完成设置后单击"添加"按钮。

在设置保留时，必须要知道目标计算机的 MAC 地址。在命令行窗口中输入"ipconfig/all"，即可获得计算机的 MAC 地址。

图 9.3.26　新建保留对话框

9.4　配置 DHCP 客户端

案例：在 Windows server 2012 计算机中配置 DHCP 客户端。

具体操作步骤如下：

（1）执行"开始"→"控制面板"，在"控制面板"中单击"查看网络状态和任务"图标，打开"网络和共享中心"对话框。

（2）在"网络和共享中心"对话框中，单击"更改适配器"选项，冉右击"以太网"，在弹出的快捷菜单中选择"属性"命令，如图 9.4.1 所示。

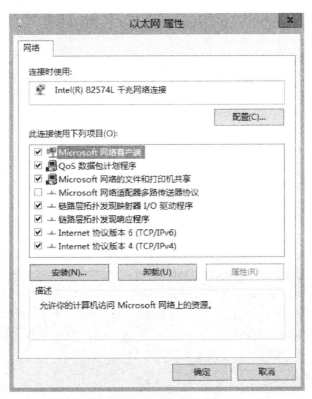

图 9.4.1　本地连接属性

（3）打开"以太网属性"对话框，选中"Internet 协议版本 4（TCP/IPv4）"复选框，单击"属性"按钮，打开"Internet 协议版本 4（TCP/IPv4）属性"对话框，如图 9.4.2 所示。

（4）在"Internet 协议版本 4（TCP/IPv4）"对话框中选中"自动获得 IP 地址"选项和"自动获得 DNS 服务器地址"选项，单击"确定"按钮。

至此，完成了 DHCP 客户端的配置。

在 DOS 命令窗口中执行"ipconfig/all"命令，将显示出 IP 配置情况，如图 9.4.3 所示。表明 DHCP 客户机已经从 DHCP 服务器获得了 IP 地址。

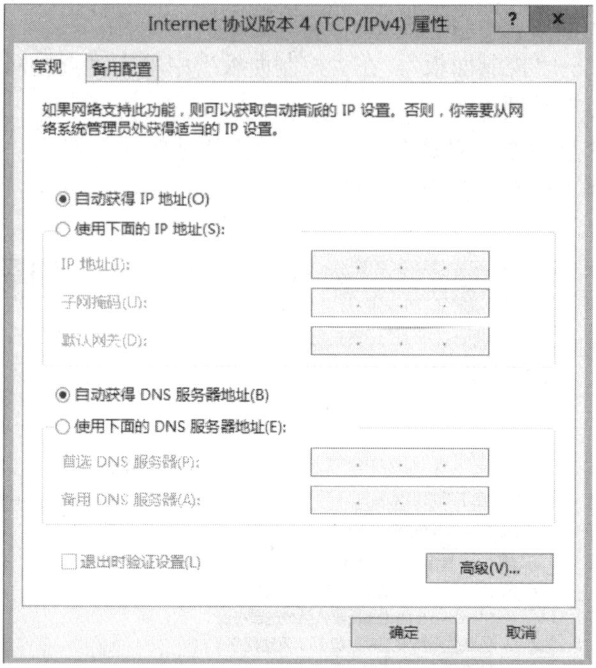

图 9.4.2　Internet 协议（TCP/IP）属性

图 9.4.3　客户端从 DHCP 服务器处自动获得 IP 地址和 DNS 服务器地址

9.5 DHCP 服务器与其他服务器集成

使用了 DHCP 服务器以后，网络中客户机的地址都是由 DHCP 服务器集中管理和分配的。因此，网络中的其他的服务器只有通过与 DHCP 服务器通信才能获得客户机的 IP 地址信息。在启用了 DHCP 服务器的网络内，如果要使用其他服务器，就必须在 DHCP 服务器上进行相关配置，其原理如图 9.5.1 所示。

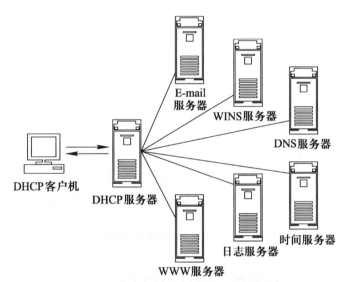

图 9.5.1 DHCP 服务器与其他服务器的集成

在 DHCP 服务器中设置其他服务器的参数的操作如下：

打开"DHCP 控制台"窗口，右击 DHCP 服务器下的"服务器选项"，在弹出的快捷菜单中选择"配置选项"命令，出现服务器选项的"常规"选项卡，如图 9.5.2 所示。

在"可用选项"列表框下有很多选项，DHCP 客户端支持的几个常用选项如下：

- 003 路由器：指定的路由器（默认网关）的 IP 地址，如果局域网中没有路由器，可以跳过此选项。
- 006 DNS 服务器：提供 DHCP 客户端的 DNS 服务器名称和 IP 地址。
- 015 DNS 域名：为客户端提供 DNS 域名。

- 044 WINS/NBT 节点类型：指定 WINS/NBT 客户端的节点类型。用十六进制表示（1 代表 b-node；2 代表 p-node；4 代表 m-node；8 代表 h-node）。

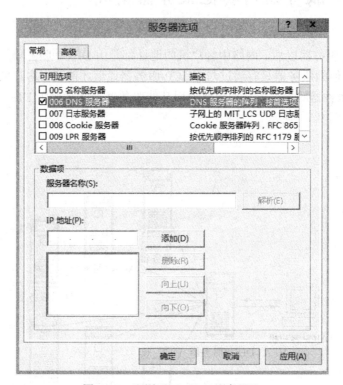

图 9.5.2　配置"006 DNS 服务器"

了解了各项的意义后，选中要使用的项就可以配置相应的服务器，以 DNS 服务器为例说明一下配置情况。

选中"006 DNS 服务器"复选框，激活"数据项"选项组。在"服务器名称"文本框中输入 DNS 服务器的名称，单击"解析"按钮，系统会在"IP 地址"文本框中填入服务器的 IP 地址，单击"添加"按钮，系统就会将这个服务器的 IP 地址添加到下面的列表框中。

配置完"常规"选项卡以后，单击"高级"选项卡，如图 9.5.3 所示。在"高级"选项卡中，可以对作用域的高级选项进行配置。在"供应商类别"下拉列表框中选择 DHCP 服务器上定义的 DNS 服务器的供应商的类别（需要和 DNS 服务器吻合）。

图 9.5.3 "高级"选项卡

9.6 本章小结

本章主要介绍 DHCP 的概念和基本术语，还介绍了如何在 Windows Server 2012 上安装 DHCP 服务器，以及如何设置和管理 DHCP 服务器。通过本章的学习，作为网络管理员应该掌握如何配置和管理网络中的 DHCP 服务，以使其能为网络中的计算机动态地分配 IP 地址。这在构建大规模网络时是非常重要的。

思 考 题

1. 什么是 DHCP？在网络中设置 DHCP 服务器有什么好处？
2. DHCP 网络由哪些角色组成？各自的作用是什么？
3. 什么是 DHCP 中继代理？DHCP 中继代理的原理是什么？
4. 什么是作用域和超级作用域？如何创建作用域和超级作用域？

5. 什么是租约和租约期限？如何在 DHCP 服务器中设置租约和租约期限？

6. 如何配置 DHCP 的客户端并使其可以自动获得 IP 地址？

7. 如何实现使客户端通过 DHCP 服务器能自动获得 DNS 服务器的地址？

实　践　题

1. 作为网络管理员，该如何构建网络中的 DHCP 服务？

2. 假设在网络中创建了两个作用域，每个作用域可以为 100 台客户机分配 IP 地址，假设作用域中有 150 台主机请求分配 IP 地址，而作用域 2 中只有 20 台主机请求分配 IP 地址。作为网络管理员，该如何设置才能充分利用网络中的 IP 资源？

3. 网络中采用 DHCP 服务器动态地为网络中的主机分配 IP 地址，但对于一些特殊的主机，如 DNS 服务器，需要一个固定的 IP 地址。作为网络管理员，该如何操作？

安装和配置 Web 服务及 FTP 服务

IIS（Internet Information Services，互联网信息服务）是微软公司提供的基于运行 Microsoft Windows 的互联网基本服务组件。在 Windows Server 2012 中管理员可以使用 Web 服务器（IIS）角色设置和管理多个网站、Web 应用程序和 FTP 站点。本章介绍了 IIS 8 新特性，以及如何利用 IIS 8 创建和管理 Web 站点及 FTP 服务。通过本章的学习，作为网络管理员，将学会如何在 Windows Server 2012 网络上构建 Web 站点和 FTP 服务。

10.1　IIS 8 简介

Windows Server 2012 中的 IIS 为可靠托管网站、服务和应用程序提供安全、易于管理的模块化可扩展平台。IIS 8 是一个集成了 IIS、ASP.NET、FTP 服务、PHP 和 Windows Communication Foundation（WCF）的统一 Web 平台。通过 IIS 8 角色，用户可以与 Internet、Intranet 或 Extranet 上的用户共享信息，实际应用中用户可以使用 IIS 管理器来配置 IIS 功能和管理网站、使用文件传输协议（FTP）允许网站所有者上传和下载文件、配置使用各种技术编写的 Web 应用程序。以下是 IIS 8 的一些新功能。

（1）集中式证书。为服务器提供单一的 SSL 证书，存储并简化 SSL 绑定的管理。

（2）动态 IP 限制。使管理员能够配置 IIS 8 以阻止对超过指定请求数的 IP 地址的访问，并指定阻止 IP 地址时的行为。

（3）FTP 登录尝试限制。限制在指定的时间段内，一个 FTP 账户允许的登录失败尝试次数。

（4）服务器名称指示（SNI）。扩展 SSL 和 TSL 协议以允许使用虚拟域名或主机名标识网络端点。

（5）应用程序初始化。允许 Web 管理员配置 IIS 8 来初始化 Web 应用程序，以便应用程序为第一个请求做好准备。

（6）NUMA 感知扩展性。提供对 NUMA 硬件的支持，该硬件允许 32～128 个 CPU 内核。这种支持可在 NUMA 硬件上提供接近最佳的出厂性能。

（7）IIS CPU 限制。在多用户部署中限制单个应用程序池占用的 CPU、内存和带宽。IIS 8 包括额外的限制选项。

10.2　IIS 的安装

在默认情况下，Windows Server 2012 未安装 IIS，需要用户添加该服务器的角色才能安装。应用程序服务器的安装过程如下：

（1）打开"服务器管理器"对话框，在仪表板的"配置此本地服务器"列表框中单击"添加角色和功能"，出现安装向导对话框，单击"下一步"按钮。

（2）出现选择"安装类型"页面，选择"基于角色或基于功能的安装"选项，单击"下一步"按钮。

（3）出现"服务器选择"页面，选择"从服务器池中选择服务器"选项。单击"下一步"按钮。

（4）出现"服务器角色"选择的对话框，选中"Web 服务器（IIS）"复选框，单击"下一步"按钮，如图 10.2.1 所示。

图 10.2.1　选择安装"Web 服务器（IIS）"

（5）出现"功能"选择的对话框，暂不选择功能，单击"下一步"按钮。

（6）出现"Web 服务器角色（IIS）"的说明及注意事项对话框，单击"下一步"按钮。

（7）出现"角色服务"页面，可根据需要选择角色添加，如图 10.2.2 所示。

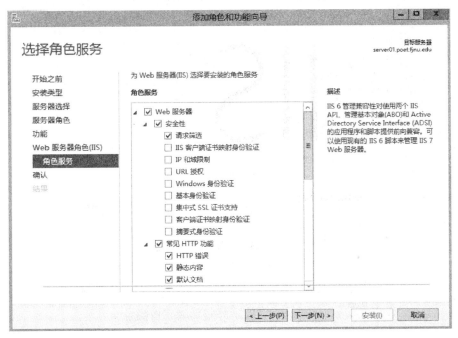

图 10.2.2　角色选择选项

（8）单击"下一步"出现"确认"所安装的内容页面，单击"安装"按钮即完成了安装。

10.3　创建新的 Web 站点

IIS 安装成功后，系统会自动建立名为"Default WebSite"的网站。此时如果在 IE 浏览器中输入 IIS 服务器的 IP 地址，则显示如图 10.3.1 所示界面。可以对默认站点进行配置，使之提供 Web 服务，也可以创建一个新的站点。

案例：在计算机名为 serverDC，IP 地址为 10.192.3.143 上创建 Web 站点。

创建新站点的操作步骤如下：

（1）执行"服务器管理器"→"工具"→"Internet 信息服务（IIS）管理器"命令，打开"Internet 信息服务（IIS）管理器"窗口，右击目录树中的"网站"选项，从弹出的快捷菜单中选择"添加网站"命令，打开"添加网站"对话框，输入网站名称，选择物理路径，选择绑定的类型、IP 地址、端口，输入主机名称，然后单击"确定"按钮，如图 10.3.2 所示。

图 10.3.1 IIS 默认站点的页面显示

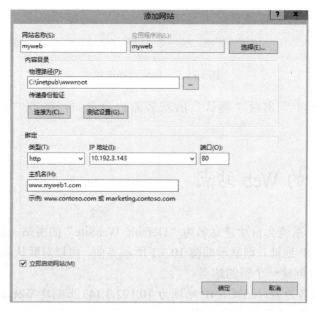

图 10.3.2 "添加网站"对话框

（2）打开 IE 浏览器，输入 http://www.myweb1.com/打开新建的网站，如图 10.3.3 所示。

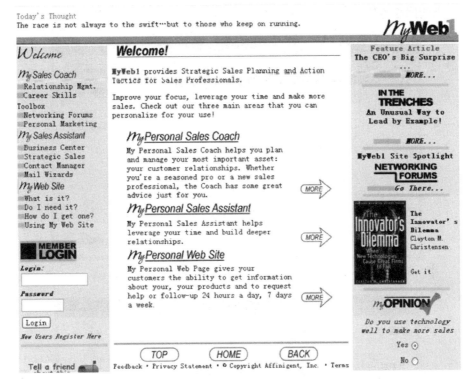

图 10.3.3　新建网站

10.4　网站的配置

（1）配置站点的 IP 和 TCP 端口。

要建立一个站点，绑定站点的 IP 地址和 TCP 端口是必不可少的。以系统默认建立的 Default WebSite 站点为例。右击该站点，选择"编辑绑定"命令，在出现的"网站绑定"窗口中选择当前的绑定方案，如图 10.4.1 所示。

单击"编辑"按钮出现"编辑网站绑定"窗口，IP 地址为"全部未分配"，这表示该站点将响应该计算机上没有分配给其他站点的所有 IP，本例中选择"全部未分配"或本机 IP 即"10.192.3.143"均可，如图 10.4.2 所示。

（2）配置站点的物理路径和连接限制。

右击站点，单击"管理网站"→"高级设置"命令，即出现"高级设置"窗口，如图 10.4.3 所示。该站点的物理路径中"%SystemDrive%"表示的是 Windows Server 2012 的磁盘。单击"限制"选项，在其下拉菜单中可以看到连接超时、最大 URL 段数、最大并发连接数、最大带宽等限制站点的网络连接。

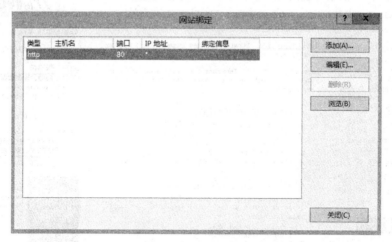

图 10.4.1 网站绑定

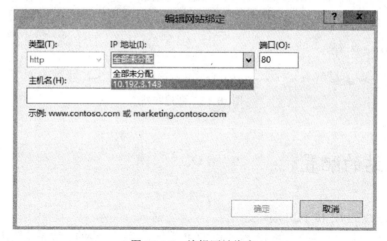

图 10.4.2 编辑网站绑定

● 连接超时：设置服务器在断开与非活动用户的连接之前要等待的时间，默认为 120 s。

● 最大 URL 段数：限制站点可以接收的客户端发送的 HTTP 请求行的最大字节数，默认段数为 32。

● 最大并发连接数：限制站点可以接收的最大并发连接数，防止系统负荷过重。

● 最大带宽：限制站点使用的网络带宽，防止 Web 服务占用过多网络带宽，从而影响其他网络服务。

（3）配置默认首页。

用户通常使用域名或 IP 地址访问站点，并不需要知道所要访问的页面文件的名称，这是由于站点设置了默认文档，网站会自动将主目录的首页发给用户。双击站点中间子窗口中的"默认文档"，如图 10.4.4 所示。

图 10.4.3　高级设置

图 10.4.4　默认文档位置

系统的几个默认文档都是按照优先顺序由上往下显示，例如，Default.htm、Default.asp、index.htm、iisstart.htm。当用户访问网站时，一般先检查站点物理路径内有无 Default.htm 文件，如果有则显示，没有则继续往下检查，如图 10.4.5 所示。如果没有默认文档又无指定的请求文件，用户会得到一个错误的提示。

图 10.4.5　默认文档位置

10.5　创建虚拟目录

虚拟目录是 Web 站点上信息的发布方式。通过网络将其他计算机的目录映射为 Web 站点主目录中的文件夹。在建设网站的时候，可以将网站的内容存放在不同的硬盘或者不同的计算机上，通过映射成为 Web 服务器的虚拟目录来使用，这样可以避免使主目录空间达到极限的缺点。

另外，使用虚拟目录，当数据移动的时候不会影响 Web 站点的结构。如果存放网站内容的文件夹发生变化，则只要将该虚拟目录重新指向新的文件夹即可。

建立虚拟目录的步骤如下：

（1）在"Internet 信息服务（IIS）管理器"对话框中，右击站点名称，在弹出的快捷菜单中选择"添加虚拟目录"命令，如图 10.5.1 所示。

（2）出现创建虚拟目录向导，填写别名和选择物理路径，单击"确定"按钮，如图 10.5.2 所示。虚拟目录别名用于在网站中标识物理上实际的目录。虚拟目录名称不能与网站下已经存在的物理目录名称或已有的虚拟目录名称相同。创建完虚拟目录后，访问形式为"HTTP://网站的 IP 地址/虚拟目录名"，虚拟目录允许嵌套在网站目录或者虚拟目录下使用。

图 10.5.1 添加虚拟目录

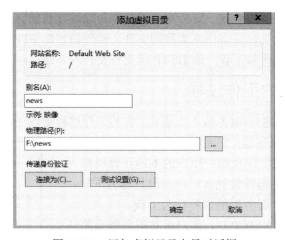

图 10.5.2 添加虚拟目录向导对话框

（3）在"Internet 信息服务（IIS）管理器"窗口中，在创建的站点下可以看到虚拟目录。在窗口中选中虚拟目录，选择右侧操作子窗口中的"基本设置"命令，在"编辑虚拟目录"对话框中可以修改虚拟目录，但无法更改别名。

10.6 FTP 简介

文件传输服务是 Internet 中最早提供的服务功能之一。文件传输服务提供了在 Internet 的任意两台计算机之间相互传输文件的机制，它是广大用户获得丰富的 Internet 资源的重要方法之一。

文件传输协议（File Transfer Protocol，FTP）是 Internet 上使用最广泛的文件传送协议。它允许用户将文件从一台计算机传输到另一台计算机上，并且能保证传输的可靠性。因此，人们通常将文件传输服务称为 FTP 服务。

由于采用 TCP/IP 作为 Internet 的基本协议。无论 Internet 上的两台计算机在地理位置上相距多远，只要它们都支持 FTP，就可以相互传送文件。这样做不仅可以节省实时联机的通信费用，而且可以方便地阅读与处理传输过来的文件。同时，采用 FTP 传输文件时，不需要对文件进行复杂的转换，因此具有较高的效率。Internet 与 FTP 的结合，好像使每个联网的计算机都拥有了一个容量巨大的备份文件库，这是单个计算机无法比拟的优势。

10.6.1 FTP 的功能

FTP 的主要功能包括两个方面：文件的下载和文件的上传。

文件的下载就是将远程服务器上提供的文件下载到本地计算机上。使用 FTP 实现的文件下载与 HTTP 相比较，具有使用简便、支持断点续传和传输速度快的优点。

文件的上传是指客户机可以将任意类型的文件上传到指定的 FTP 服务器上。

FTP 服务支持文件上传和下载，而 HTTP 仅支持文件的下载。

10.6.2 FTP 服务的工作过程

FTP 服务采用典型的客户/服务器工作模式，它的工作过程如图 10.6.1 所示。远程提供 FTP 服务的计算机称为 FTP 服务器，它通常是信息服务提供者的计算机，相当于一个大的文件仓库；用户的本地计算机称为客户机。文件从 FTP 服务器传输到客户机的过程称为下载；文件从客户机传输到 FTP 服务器的过程称为上载。

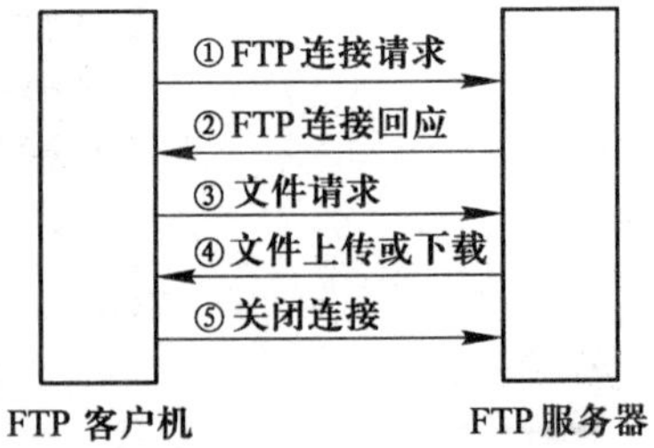

FTP 的底层通信协议是 TCP/IP，客户机和服务器必须打开一个 TCP/IP 端口用于进行 FTP 客户机发送请求和 FTP 服务器回应请求。

图 10.6.1 FTP 的工作原理

FTP 服务器默认设置两个端口 21 和 20。端口 21 用于监听 FTP 客户机的连接请求，在整个会话期间，该端口必须一直打开；端口 20 用于传输文件，只在传输过程中打开，传输完毕后关闭。由于 FTP 使用两个不同的端口号，所以数据连接与控制连接不会发生混乱。

使用两个独立连接的主要好处是使协议更加简单和容易实现，同时在传输文件时还可以利用控制连接。

10.6.3 FTP 的访问方式

FTP 服务是一种实时的联机服务。访问 FTP 服务器前必须登录，登录时要求用户正确输入用户名与用户密码。只有在登录成功后，才能访问 FTP 服务器，并对授权的文件进行查看与传输。根据所使用的用户账号的不同，可以将 FTP 服务分为普通 FTP 和匿名 FTP 服务两种类型。

普通 FTP 服务要求用户在登录时，提供正确的用户名和用户密码，也就是说用户必须在远程主机上拥有自己的账号，否则将无法使用 FTP 服务。这对于大量没有账号的用户是不方便的。

匿名 FTP 服务的实质是提供服务的机构在它的 FTP 服务器上建立一个公开账号（通常为 anonymous），并赋予该账号访问公共目录的权限。如果用户要访问这些提供匿名服务的 FTP 服务器，一般不需要输入用户名与用户密码。如果需要输入它们，可以用"anonymous"作为用户名，用"guest"作为用户密码。有些 FTP 服务器可能会要求用户用自己的电子邮件地址作为用户密码。

10.7 创建 FTP 服务器

案例：在计算机名为 serverDC，IP 地址为 10.192.3.143 的计算机的 21 端口上创建 FTP 服务器，并对此 FTP 服务器进行配置。

在 Windows Server 2012 提供的 IIS 8 服务器中内嵌了 FTP 服务器软件。在 Windows Server 2012 的默认安装过程中是没有安装的，手动安装 FTP 服务器的步骤如下：

（1）打开"服务器管理器"对话框，在仪表板的"配置此本地服务器"列表框中单击"添加角色和功能"选项，出现安装向导对话框，单击"下一步"按钮。

（2）出现选择"安装类型"页面，默认情况下，选择"基于角色或基于功能的安装"选项，单击"下一步"按钮。

（3）出现"服务器选择"对话框，默认情况下选择"从服务器池中选择服务器"选项。单击"下一步"按钮。

（4）出现"服务器角色"选择的对话框，单击已安装好的"Web 服务器（IIS）"，选中"FTP 服务"复选框并单击"下一步"按钮，如图 10.7.1 所示。

（5）出现"功能"选择的对话框，暂不选择功能，单击"下一步"按钮。

（6）出现"确认"所安装的内容页面，单击"安装"按钮即完成了安装。

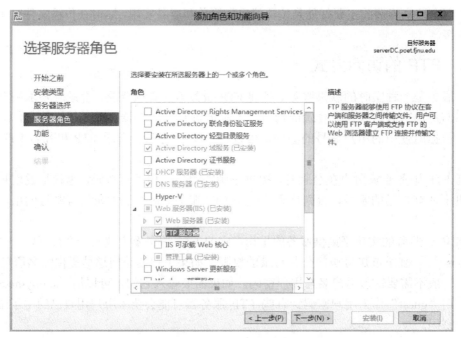

图 10.7.1 选择 FTP 服务器

10.8 添加 FTP 服务器

添加 FTP 服务器的具体步骤如下：

（1）执行"服务器管理器"→"工具"→"Internet 信息服务（IIS）管理器"，打开"Internet 信息服务（IIS）管理器"窗口，由于系统未建立默认 FTP 站点，所以需要新添加 FTP 站点。右击左侧子窗口中的"网站"选项，选择"添加 FTP 站点"命令，如图 10.8.1 所示。

（2）出现添加 FTP 站点的向导，输入 FTP 站点名称、选择物理路径，如图 10.8.2 所示，单击"下一步"按钮。

（3）出现"绑定和 SSL 设置"对话框，绑定 IP 地址可以选择"全部未分配"，由于还未安装证书服务，选中"无 SSL"单选项，如图 10.8.3 所示，单击"下一步"按钮。

（4）出现"身份验证和授权信息"对话框，做好身份验证、授权以及权限的选择，如图 10.8.4 所示。

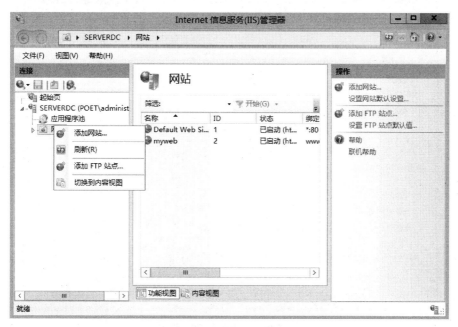

图 10.8.1 添加 FTP 站点

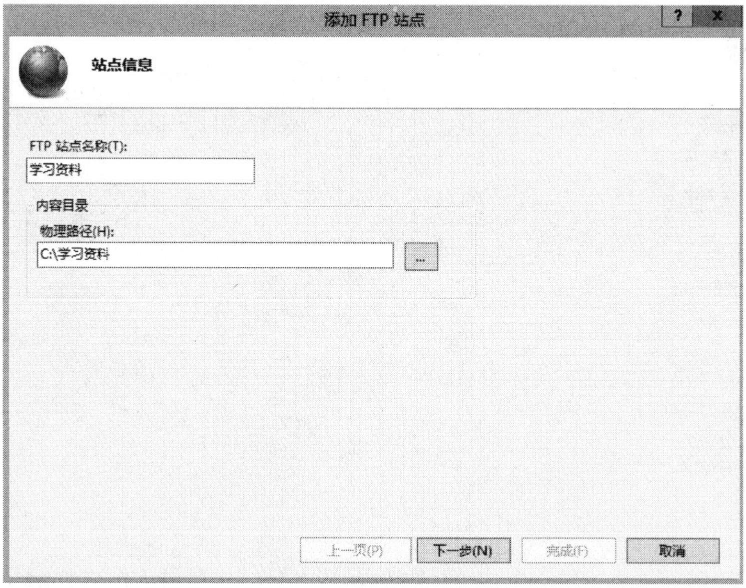

图 10.8.2 FTP 站点信息

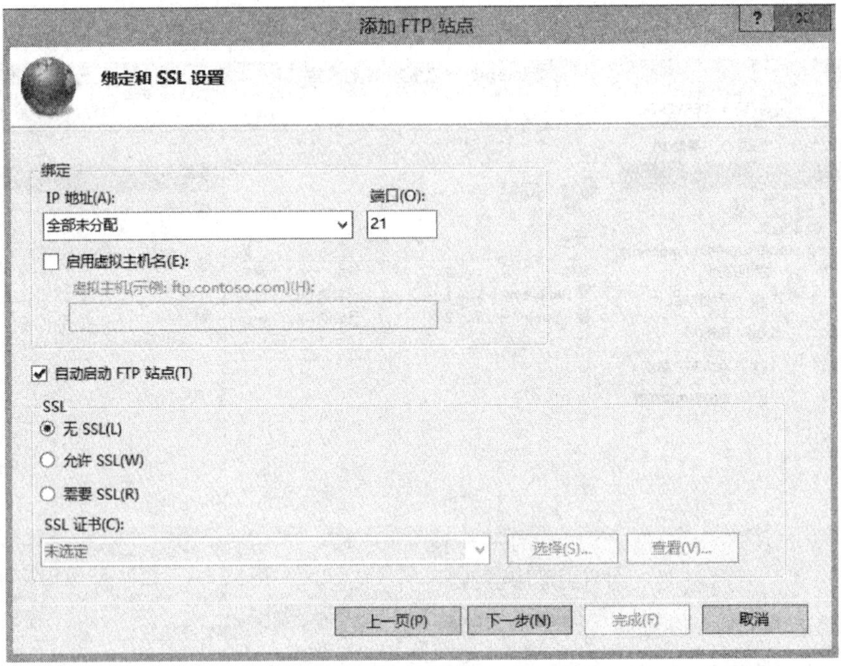

图 10.8.3 绑定和 SSL 设置

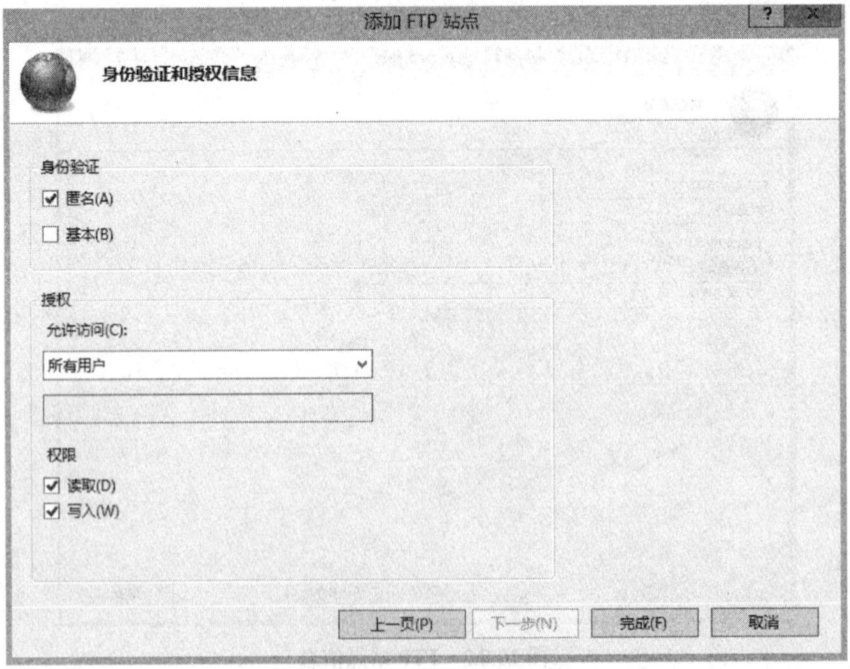

图 10.8.4 身份验证和授权信息

（5）单击"完成"按钮即添加 FTP 站点完成。返回"Internet 信息服务（IIS）管理器"窗口中可以看到新添加的 FTP 站点，如图 10.8.5 所示。

图 10.8.5　查看新添加的 FTP 站点

若希望创建多个 FTP 服务器，可利用同一个 IP 地址，不同的 TCP 端口，步骤可参见本节添加 FTP 服务器相关步骤。

10.9　FTP 站点的基本设置

用户在查看 FTP 网站中的文件时，界面上显示的文件列表样式有 MS-DOS 与 UNIX 两种，在如图 10.8.5 的窗口中双击"FTP 目录浏览"，在打开的页面中将会显示目录列表样式，如图 10.9.1 所示。一般地，当用 IE 或 Windows 资源管理器连接 FTP 站点时，界面中显示文件的方式不会受到目录列表样式设置的影响，但若用命令行连接则会有影响。

另外还可以设置 FTP 站点的显示信息，用户一旦连接 FTP 网站就会看到所设置的信息。具体操作很简单，在如图 10.8.5 中双击"FTP 消息"，打开 FTP 站点的 FTP 消息页面，可以在其中设置 FTP 站点的显示信息，如图 10.9.2 所示。

图 10.9.1　FTP 目录浏览

图 10.9.2　FTP 消息

10.10   FTP 客户端程序

目前，常用的 FTP 客户端程序通常有三种类型：传统的 FTP 命令行、浏览器与 FTP 下载工具。

10.10.1 使用传统 FTP 命令行访问 FTP 站点

传统的 FTP 命令行是最早的 FTP 客户端程序，它需要进入 MS-DOS 窗口进行操作，FTP 命令行包括了 50 多条命令。常用的命令格式如下：

1. FTP 主机名

连接到 FTP 站点。以 anonymous 为用户名，密码为空；或以 ftp 为用户名，密码为 ftp。

2. OPEN 主机名端口

打开具有特定端口号的 FTP 站点，如图 10.10.1 所示。

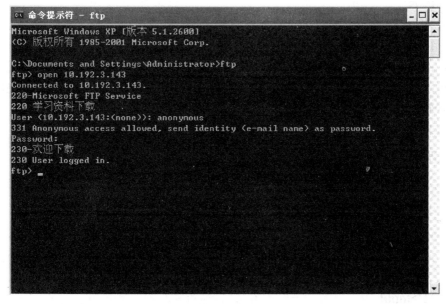

图 10.10.1   访问特定端口号的 FTP 站点

3. FTP>bye

结束与远程计算机的 FTP 会话并退出 FTP。

4. FTP>cd

更改远程计算机上的工作目录。

5. FTP>delete

删除远程计算机上的文件。

6. FTP>dir

显示远程目录文件和子目录列表。

格式：remote-directory 指定要查看其列表的目录，如果没有指定目录，将使用远程计算机中的当前工作目录。Local-file 指定要存储列表的本地文件，如果没有指定，输出将显示在屏幕上。

7. FTP>get

使用当前文件转换类型将远程文件复制到本地计算机。

格式：get remote-file [local-file]

说明：remote-file 指定要复制的远程文件，Local-file 指定要在本地计算机上使用的名称。如果没有指定，文件将命名为 remote-file。

8. FTP>help [command]

说明：command 指定需要有关说明的命令的名称，如果没有指定 command，FTP 将显示全部命令的列表。

9. FTP>ls

显示远程目录文件和子目录的缩写列表。

格式：ls [remote-directory] [local-file]

说明：remote-directory 指定要查看其列表的目录，如果没有指定目录，将使用远程计算机中的当前工作目录。Local-file 指定要存储列表的本地文件，如果没有指定，输出将显示在屏幕上。

10. FTP>mkdir

创建远程目录。

格式：mkdir directory

说明：directory 指定新的远程目录的名称。

11. FTP>mls

显示远程目录文件和子目录的缩写列表。

格式：mls remote-files […] local-file

说明：remote-files 指定要查看列表的文件，必须指定 remote-files；local-file 指定要存储列表的本地文件。

12. FTP>mput

使用当前文件传送类型将本地文件复制到远程计算机上。

格式：mput local-files […]

说明：local-files 指定要复制到远程计算机的本地文件。

13. FTP>put

使用当前文件传送类型将本地文件复制到远程计算机上。

格式：put local-file [remote-file]

说明：local-file 指定要复制的本地文件，remote-file 指定要在远程计算机上使用的名称，如果没有指定，文件将命名为 local-file。

14. FTP>pwd

显示远程计算机上的当前目录。

15. FTP>quit

结束与远程计算机的 FTP 会话并退出 FTP。

16. FTP>rmdir

删除远程目录。

格式：rmdir directory

说明：directory 指定要删除的远程目录的名称。

17. FTP>user

指定远程计算机的用户。

格式：user username [password] [account]

说明：user-name 指定登录到远程计算机所使用的用户名。password 指定 user-name 的密码。如果没有指定，但必须指定，FTP 会提示输入密码。account 指定登录到远程计算机所使用的账户。如果没有指定 account，但是需要指定，FTP 会提示输入账户。

通过上述的 FTP 命令，可以完成 FTP 的功能。但由于 MS-DOS 方式使用起来很不方便，可视化程度差，不适合一般的用户使用，因此目前很少使用。

10.10.2 利用 IE 浏览器访问 FTP 站点

微软的 IE 浏览器内嵌了 FTP 客户机软件，不但支持 WWW 方式访问，还支持 FTP 方式访问，通过它可以直接登录到 FTP 服务器并下载文件。

利用 IE 访问 FTP 站点的方法如下：

若要访问的 FTP 站点为匿名站点，在 IE 浏览器的地址栏输入 "ftp://FTP 站点的 IP 地址或 DNS 域名"。

如果 FTP 站点提供的是用户访问的方法，在 IE 浏览器的地址栏中需要添加用户名和密码信息，格式为 "ftp://用户名：密码@FTP 站点的 IP 地址或 DNS 域名"。也可以按照匿名的方法进行访问，IE 浏览器会自动弹出登录身份窗口，提示输入用户名和密码。

10.10.3 使用专门的 FTP 客户端软件

下面以 CuteFTP 为例，介绍如何利用 FTP 客户端软件，实现客户端与 FTP 服务器之间的文件上传和下载。

（1）打开 CuteFTP，在 CuteFTP 工作窗口的 "主机" 文本框中输入 FTP 服务器的 IP 地址，在

"用户名"文本框中输入登录 FTP 服务器的有效用户名,在"密码"文本框中输入密码,如图 10.10.2 所示。

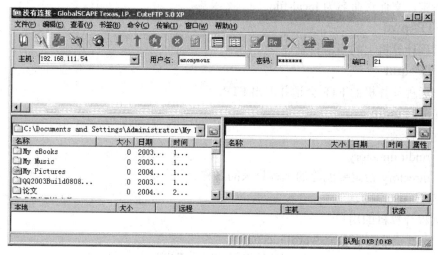

图 10.10.2 CuteFTP 的工作窗口

(2)单击"连接"按钮,FTP 客户端开始与 FTP 服务器进行连接,连接成功后在右侧子窗口中出现 FTP 服务器主目录下的所有文件,左侧子窗口将显示客户端计算机中的文件。如图 10.10.3 所示。

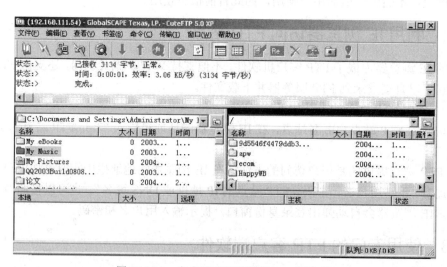

图 10.10.3 客户端已经连接到 FTP 服务器

(3)选中左侧子窗口中的某一文件,单击"传输"→"上传"命令,就可以将客户端计算机中的文件上传到 FTP 服务器。

（4）选中右侧子窗口中的某一文件，单击"传输"→"下载"命令，就可以将 FTP 服务器上的文件下载到客户端计算机上。

10.11 本章小结

本章介绍了 IIS 8 的新功能和 IIS 8 的安装方法，介绍了如何创建配置和管理 Web 站点以及如何创建和管理 FTP 服务。作为网络管理员，在网络中创建供客户端访问的 Web 站点和 FTP 服务器是一项非常重要的工作。通过本章的学习，应该掌握如何利用 Windows Server 2012 的 IIS 8 来构建网络中的 Web 站点和 FTP 服务。

思 考 题

1．IIS 8 的新功能有哪些？
2．如何创建新的 Web 站点？
3．如何设置站点最大 URL 段数、最大并发连接数和最大带宽？
4．怎样配置站点的默认首页？
5．怎样为 Web 站点创建虚拟目录？
6．什么叫 FTP 服务？FTP 的主要功能是什么？
7．简述 FTP 服务的工作过程。
8．对 FTP 站点设置显示信息。
9．常用的 FTP 客户端程序的类型有哪些？
10．如何设置可以拒绝某些 IP 地址的用户访问此 FTP 服务器？

实 践 题

1．在 Windows Server 2012 网络环境中，如果想构建一个 Web 站点，该如何操作？
2．某公司的网络由分布在不同地点的各部门组成，要构建公司的 Web 站点，使该站点包含各个不同部门的内容，作为网络管理员，该采取什么措施才能达到这个要求？
3．如何在同一台计算机上创建多个 FTP 服务器？

第 11 章　　　　　　　　安装和配置终端服务

Windows Server 2012 的终端服务允许用户将基于 Windows 的应用虚拟到任何计算设备（包括那些不能运行 Windows 的设备）。作为网络管理员，通过构建网络中的终端服务，可以让使用各种不同硬件设备的客户端都对远程服务器实现远程访问。

本章介绍终端服务的概念，以及如何创建和管理终端服务器，包括终端服务器的安装、终端服务器的连接配置、终端服务器的设置和终端服务管理器的使用。

11.1　终端服务的概念

终端服务（Terminal Services）是一个客户端/服务器应用程序，由一项 Windows Server 2012 计算机上运行的服务和一个可以在多种客户端硬件设备上运行的客户端程序组成，这些客户端硬件设备包括计算机、基于 Windows CE 的手持 PC 或专用终端。Terminal Services 可以使所有操作系统的功能、客户端应用程序的执行、数据处理以及数据存储都在服务器上进行。它还提供通过终端仿真软件对服务器桌面的远程访问。

终端服务客户端是一个小型终端仿真程序，它只提供在服务器上运行的软件接口。客户端软件向服务器发送击键及鼠标移动的信息，然后服务器在本地执行所有的数据处理工作，再将显示的结果传回客户端。这种方式可以实现对服务器的远程控制以及应用程序的集中式管理，同时可以最小化服务器和客户端之间网络带宽的需求。

使用 Windows 终端服务连接到 Windows Server 2012 上的每个用户使用的都是服务器上的资源，而不是他们所位于的特定工作站上的资源。用户不会受限于工作站的速度，而是分享服务器本身的处理器、RAM 和硬盘。

用户可以在任何 TCP/IP 连接上访问终端服务，包括 LAN、WAN、远程访问、Internet、无线连接以及 VPN 连接。用户体验只会局限在连接中最慢的链接，链接的安全性是由数据中心的 TCP/IP 部署机制进行管理的。终端服务可以提供对网络资源的远程管理。

可使用两种模式启用终端服务：远程管理和应用程序集中管理。

11.1.1 远程管理

采用远程管理模式时，管理员可以使用任何 TCP/IP 连接对网络上的任何 Windows Server 2012 计算机进行远程管理。例如，可以管理文件和打印共享，可以在网络中另一台计算机上编辑注册表或者进行任何一项工作，好像坐在那台计算机的控制台前一样。还可以使用远程管理模式，管理与终端服务的应用程序管理模式不兼容的服务器。

远程管理模式只安装终端服务的远程访问组件，而不会安装应用程序共享组件。这就是说，可以在运行关键任务的服务器上以很小的开销来使用远程管理。终端服务最多允许两个同时的远程管理连接，对于这些连接不需要附加的授权，也不需要许可证服务器。

11.1.2 应用程序集中管理

在应用程序的集中管理模式下，管理员可以从中央位置部署和管理终端服务客户端所使用的所有应用程序，从而节省了在每个客户端上部署、管理以及升级应用程序所需的时间和精力。在终端服务中部署一个应用程序之后，客户端可以使用任何可用的 TCP/IP 连接来运行它。对应用程序或设定的任何改变都只需要在服务器上进行一次，而所有的 Windows 终端服务工作会话阶段都能够看到这些改变。

另外，Windows 终端服务还可让管理员查看某个用户在工作阶段中发生的事情，甚至直接加以控制。管理员可以在任何一台运行终端服务客户端的计算机上，通过映射功能将另一个连接到终端服务器上的客户机与自己连接起来。这样，管理员就可以看到另一个客户机与服务器之间的所有操作画面，并能参与操作，甚至控制客户机的各种操作。

11.1.3 终端服务的组成

终端服务主要由以下 3 个组件实现：

1. 终端服务器

终端服务器即运行终端服务的 Windows Server 2012 计算机，该服务器允许客户端连接到服务器上，并运行服务器内的应用程序，同时将服务器处理的结果传送到客户机并显示在客户机的屏幕上。

2. 客户端

客户机即安装有终端服务客户端软件的计算机，它利用客户端软件连接到服务器上，并向服务器发送数据，调用服务器上的运算资源为其运行应用程序或执行远程管理。

客户端可以是计算机、基于 Windows 的终端设备和其他设备（如 Macintosh 计算机或基于 UNIX 的工作站等），这些设备也可以使用其他第三方的远程软件连接到终端服务器。

3. 远程桌面协议

远程桌面协议（Remote Desktop Protocol，RDP）是一个基于国际电信联盟（International Telecommunication Union，ITU）T.120 标准的通信协议，该协议依赖 TCP/IP 的多信道通信协议。RDP 负责客户端与服务器之间的通信，传输用于显示在客户端的图形数据，使得客户端的用户看起来好像坐在服务器前亲自操作服务器一样。

11.2 创建终端服务器

案例：在计算机名为 WIN-QE4QBT5QKNF，IP 地址为 192.168.111.54 的计算机上创建终端服务器。

具体操作步骤如下：

（1）在"服务器管理器"窗口中，单击"管理"→"添加角色和功能"→"下一步"命令，进入如图 11.2.1 所示的"选择安装类型"对话框，选中"基于角色或基于功能的安装"单选项。单击"下一步"按钮。

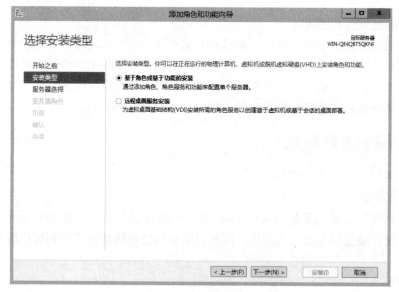

图 11.2.1　基于角色或基于功能的安装

（2）进入如图 11.2.2 所示窗口，单击"下一步"按钮。

（3）进入如图 11.2.3 所示窗口，选中"远程桌面服务"复选框，单击"下一步"按钮。

图 11.2.2　选择要安装角色和功能的服务器和虚拟硬盘

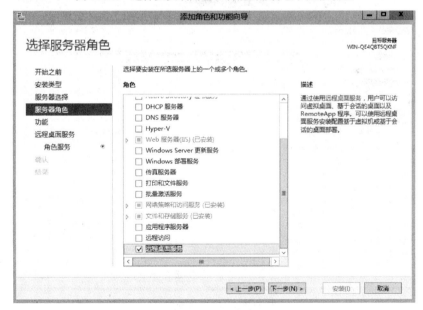

图 11.2.3　服务器角色

（4）进入如图 11.2.4 所示窗口，单击"下一步"按钮。

（5）进入如图 11.2.5 所示窗口，单击"下一步"按钮。

图 11.2.4 服务器功能

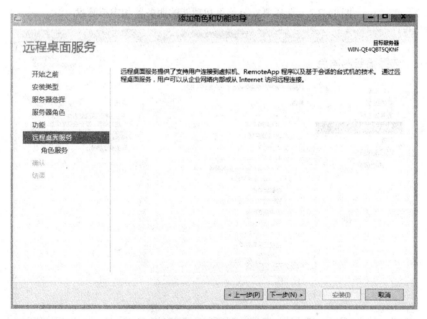

图 11.2.5 远程桌面服务

（6）进入如图 11.2.6 所示窗口，全选所有"角色服务"，单击"下一步"按钮，然后单击"安装"按钮，系统重新启动后，成功配置终端服务器。

图 11.2.6　角色服务

11.3　终端服务客户端的使用

案例：在 IP 地址为 192.168.111.44、运行 Windows 7 的计算机上使用终端服务客户端。

11.3.1　远程桌面程序的使用

案例：从客户机 192.168.111.44 上连接到终端服务器 192.168.111.54。

在客户机上执行"开始"→"程序"→"远程桌面连接"命令，出现"远程桌面连接"对话框，如图 11.3.1 所示。

（1）在"计算机"下拉列表框中选择或输入终端服务器的 IP 地址或域名，然后单击"连接"按钮。

（2）出现终端服务器的登录界面，如图 11.3.2 所示。单击"确定"按钮后即可执行远程管理。

（3）登录以后，在客户机的桌面上将出现一个浮动工具栏，单击工具栏右侧的关闭按钮将出现提示界面，提示此操作将断开同 Windows 会话的连接，单击"确定"按钮将关闭远程桌面连接。

（4）如果出现如图 11.3.3 所示的"远程桌面连接"提示框，则可能的原因是：终端服务器拒绝该客户机的连接、计算机太忙或者系统资源不够、服务器没有启动远程桌面连接功能。

图 11.3.1 远程桌面连接界面

图 11.3.2 终端服务器登录界面

对于前两个原因，客户端可以与服务器管理员联系排除故障。

第三个原因是终端服务器的远程连接功能没有启用。此时需要在终端服务器的"服务器管理器"中打开"本地服务器"选项，单击"远程桌面"属性的"远程"选项卡，如图 11.3.4 所示。在"远程桌面"区域选中"允许远程连接到此计算机"复选框即可。在 Windows Server 2012 默认安装下，该选项是启用的。

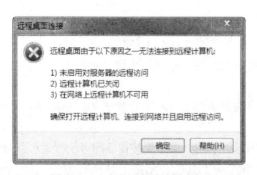

图 11.3.3 中断远程桌面连接

图 11.3.4 "远程"选项卡

11.3.2 远程桌面连接参数的配置

单击图 11.3.5 所示的"显示选项"按钮，可以对终端服务器的连接参数进行详细的配置。

1. "常规"选项卡

远程桌面连接的"常规"选项卡如图 11.3.6 所示。

在"登录设置"区域设置终端服务器的 IP 地址或域名、登录的用户名、密码和所在计算机域。在"连接设置"区域设置用于保存或打开连接的参数。

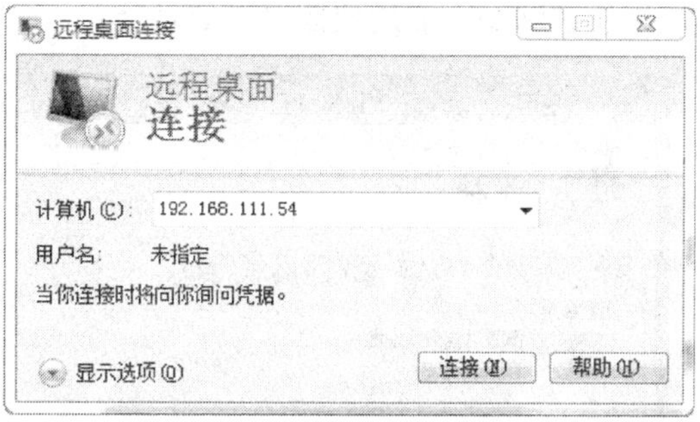

2. "显示"选项卡

远程桌面连接的"显示"选项卡如图 11.3.7

图 11.3.5 远程桌面连接

所示。该选项卡用于设置如何显示远程服务器的桌面，包括远程桌面的大小和颜色。

图 11.3.6 "常规"选项卡

图 11.3.7 "显示"选项卡

3. "本地资源"选项卡

远程桌面连接的"本地资源"选项卡如图 11.3.8 所示。该选项卡用于设置远程计算机声音是否在客户机上播放，是否使用本地键盘和是否启用客户机本地的打印机和剪贴板。

4. "程序"选项卡

远程桌面连接的"程序"选项卡如图 11.3.9 所示，该选项卡用于设置登录到终端服务器后，首先运行的远程服务器的程序。

5. "体验"选项卡

远程桌面连接的"体验"选项卡如图 11.3.10 所示，该选项卡包括一些可以节约系统资源的设置，包括是否允许桌面背景、拖拉时是否显示窗口内容、是否显示菜单和窗口动画、是否启用主题和是否启用位图缓存等功能。

图 11.3.8 "本地资源"选项卡   图 11.3.9 "程序"选项卡

6. "高级"选项卡

远程桌面连接的"高级"选项卡如图 11.3.11 所示，该选项卡用于设置服务器身份验证失败时，配置设置以通过远程桌面网关进行连接。

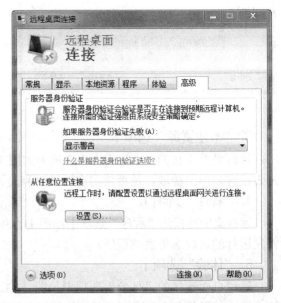

图 11.3.10 "体验"选项卡   图 11.3.11 "高级"选项卡

11.3.3 远程桌面 Web 访问

用户可以通过浏览器来连接远程桌面 Web 网站，然后通过此网站来连接远程计算机。不过，客户机的远程桌面必须支持 Remote Desktop Protocol 6.1（含）以上，Windows XP SP3/Windows Vista SP1/Windows 7/Windows 8、Windows Server2008（R2）/Windows Server 2012 计算机均符合条件。

下面用 Windows 7 下的 IE 实现远程桌面 Web 访问。

（1）开启 IE 浏览器，输入 URL 网址 https://远程计算机地址/RDweb（这里是 https:// 192. 168.111.54/RDweb，需采用 https），出现如图 11.3.12 所示的网站安全证书有问题的警告，直接单击"继续浏览此网站（不推荐）"命令。

图 11.3.12 证书错误

（2）允许执行 Microsoft Remote Desktop Services Web Acess Control 附加元件，在"域\用户名"和"密码"文本框输入相应内容，并对"安全"选项进行设置。

- "这是一台公共或共享计算机"：如果是在公共计算机上使用 RD Web 访问，请选择此选项。确保使用完 RD Web 访问之后注销，并关闭所有窗口以结束会话。
- "这是一台专用计算机"：如果用户是使用此计算机的唯一用户，请选择此选项。服务器在注销前将允许较长的非活动时间。

设置完成后如图 11.3.13 所示，单击"登录"按钮。

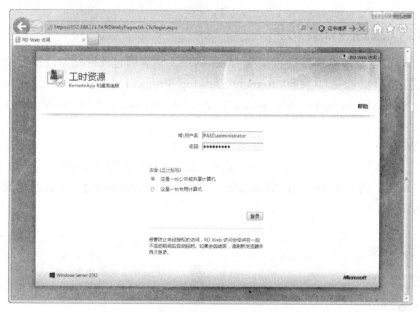

图 11.3.13 登录界面

（3）进入如图 11.3.14 所示页面，选择"连接到远程电脑"命令。

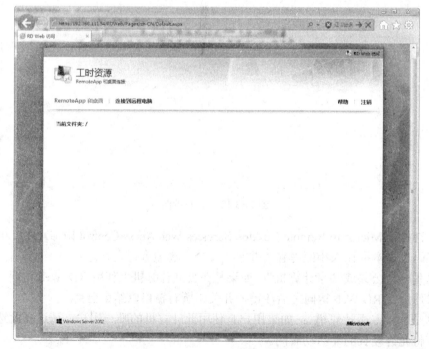

图 11.3.14 RemoteApp 和桌面

（4）进入如图 11.3.15 所示页面，在"连接到"文本框中输入 IP 地址，选择恰当的"远程桌面大小"，展开"选项"按钮，对"设备和资源"等进行配置，单击"连接"按钮。

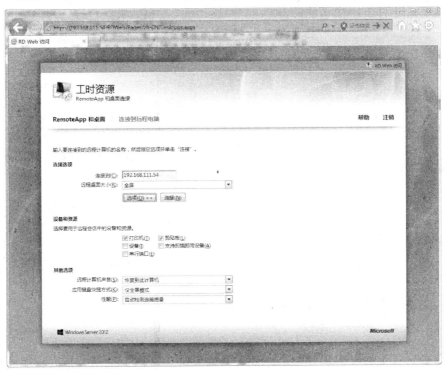

图 11.3.15 连接到远程计算机

（5）弹出如图 11.3.16 所示对话框，单击"连接"按钮。

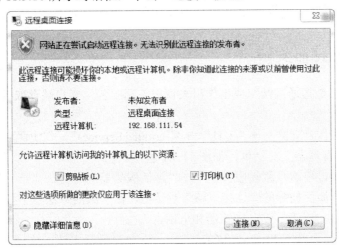

图 11.3.16 远程桌面连接

（6）进入如图 11.3.17 所示对话框，输入连接远程计算机的账号和密码，单击"确定"按钮。

（7）出现如图 11.3.18 所示的警告提示，单击"是"按钮，即可出现远程桌面连接画面。

图 11.3.17　输入你的凭据

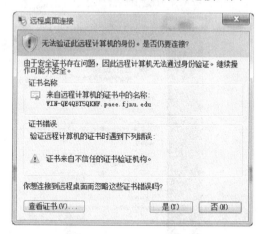

图 11.3.18　无法验证身份

11.4　终端服务的授权和激活

终端服务器要求登录到终端服务器的客户端提供许可证。试图登录到终端服务器的任何客户端在被允许登录到终端服务器之前，必须收到由终端许可证服务器颁发的有效的许可证。否则终端服务器在未经授权的客户端自首次客户端登录之日起 120 天后，停止接受他们的连接请求。因此，如果想很好地利用终端服务器进行远程控制，就必须要构建自己的许可证服务器。

11.4.1　激活授权服务器

终端服务器授权是指通过网络或工作组来管理终端服务的客户端存取授权（Client Access Licenses）。

（1）执行"服务器管理器"→"工具"→"Terminal Services"→"远程桌面授权管理器"命令，打开"RD 授权管理器"对话框，如图 11.4.1 所示。

（2）右击服务器，单击"激活服务器"→"激活服务器向导"→"下一步"命令，出现如图 11.4.2 所示服务器激活向导的"连接方法"对话框，在"激活方法"下拉列表框中有 3 种激活方法可供选择：自动连接、Web 浏览器和电话。

● "自动连接"：直接向 Microsoft Clearinghouse 提交激活申请，这种方法最快捷、简便。但是要求运行终端服务器授权的服务器必须能够连接到 Internet。

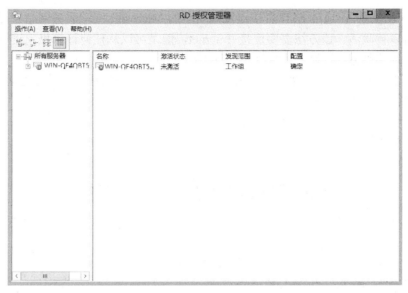

图 11.4.1 "RD 授权管理器"对话框

图 11.4.2 "连接方法"对话框

- "Web 浏览器"：通过 SSL 直接连接到安全的 Microsoft 终端服务网站，提交申请后许可证服务器可以被激活。该方法需要连接 Internet，但是可以从任何计算机上进行连接，而并非仅只从运行终端服务器授权的计算机上进行连接。

- "电话"：使用该方法与最近的 Microsoft 客户支持中心联系，并通过电话接收的 ID 号激活终端服务器许可证服务器。

选择适合自己的方法，单击"下一步"按钮。

（3）进入如图 11.4.3 窗口，输入相关信息后单击"下一步"按钮。

图 11.4.3 "公司信息"对话框

（4）进入如图 11.4.4 窗口，不选中"立即启动许可证安装向导"复选框，单击"完成"按钮。系统按照选定的方法激活许可证服务器。

图 11.4.4 "正在完成激活器向导"对话框

11.4.2 安装许可证

（1）打开"RD 授权管理器"对话框，在已经激活的服务器上右击，选择"安装许可证"命令，如图 11.4.5 所示。

图 11.4.5 安装许可证

（2）进入如图 11.4.6 所示向导，单击"下一步"按钮，等待。

（3）进入如图 11.4.7 所示窗口，在"许可证计划"下拉列表框中选择"其他协议"选项，单击"下一步"按钮。

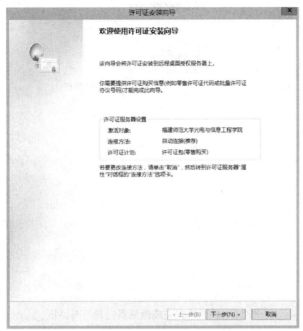

图 11.4.6　欢迎许可证安装向导

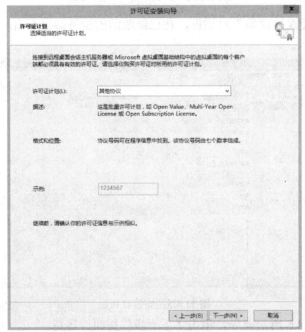

图 11.4.7　许可证计划

（4）进入如图 11.4.8 所示窗口，输入已购买的"协议号码"，单击"下一步"按钮。

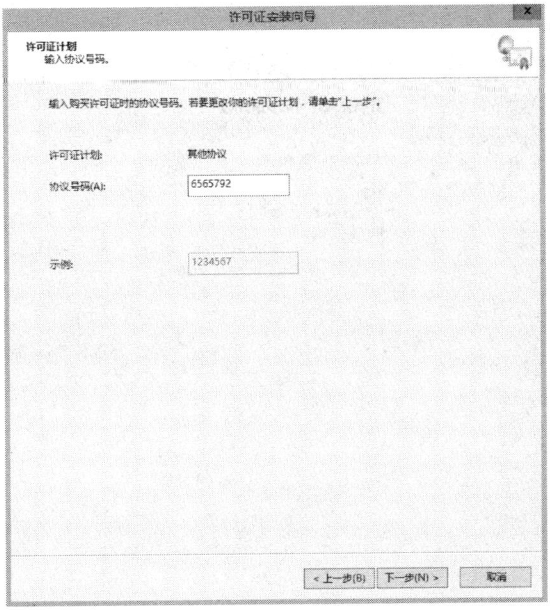

图 11.4.8 协议号码

（5）进入如图 11.4.9 所示窗口，选择"产品版本"、"许可证类型"，输入"数量"，单击"下一步"按钮。

图 11.4.9 产品版本和许可证类型

（6）进入如图 11.4.10 所示窗口，单击"完成"按钮。授权完成，可以看到许可证总数是"9999"，如图 11.4.11 所示。

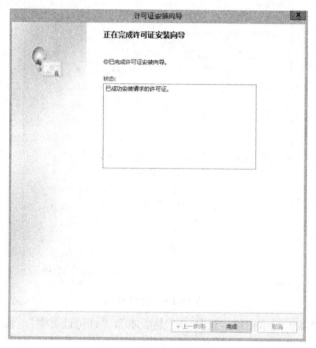

图 11.4.10 完成许可证安装向导

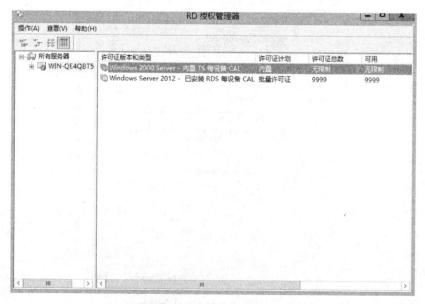

图 11.4.11 许可证安装完成

11.4.3 配置远程桌面会话主机授权服务器

（1）在"服务器管理器"窗口中单击"工具"→"Terminal Services"→"RD 授权诊断程序"命令，如图 11.4.12 所示，查看得知当前服务器并没有授权。

图 11.4.12 RD 授权诊断程序

（2）在系统中进入"运行"，输入 gpedit.msc，进入本地组策略编辑器，依次选择"计算机配置"→"管理模板"→"Windows 组件"→"远程桌面服务"→"远程桌面会话主机"→"授权"命令，如图 11.4.13 所示。

图 11.4.13 本地组策略编辑器

（3）右击"使用指定的远程桌面许可证服务器"，单击"编辑"命令，设置为"已启用"，并在"要使用的许可证服务器"中，设置当前服务器的 IP 或者主机名，如图 11.4.14 所示，单击"确定"按钮。

图 11.4.14　使用指定的远程桌面许可证服务器

（4）返回"本地组策略编辑器"中，右击"使用指定的远程桌面许可证服务器"，选中"编辑"命令，设置为"已启用"，并在"指定 RD 会话主机服务器授权模式"下拉列表中选择授权模式。

● "按用户"授权模式：要求连接到此 RD 会话主机服务器的每个用户账户都有一个 RDS 每用户 CAL。

● "按设备"授权模式：要求连接到此 RD 会话主机服务器的每个设备都有一个 RDS 每设备 CAL。

选择授权模式后，如图 11.4.15 所示，单击"确定"按钮。

（5）至此"授权"属性都配置完成，如图 11.4.16 所示。

（6）再次进入本地组策略编辑器，依次选择"计算机配置"→"管理模板"→"Windows 组件"→"远程桌面服务"→"远程桌面会话主机"→"连接"命令，如图 11.4.17 所示，在

图 11.4.15　设置远程桌面授权模式

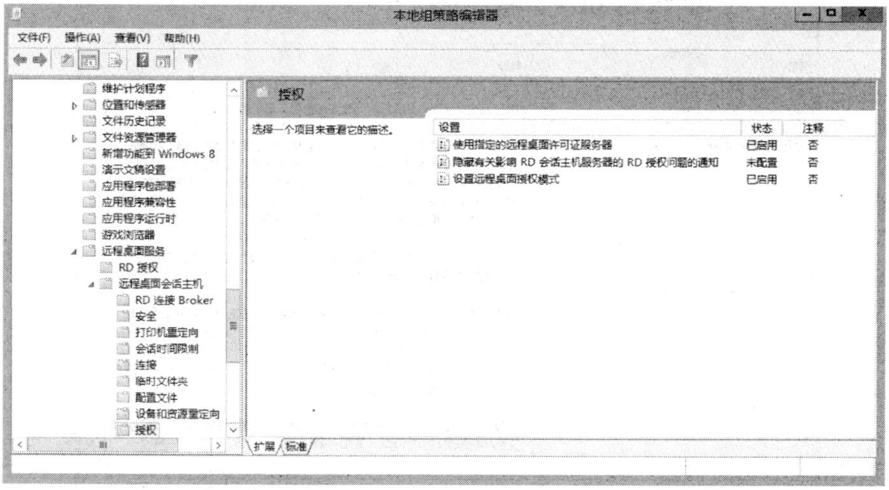

图 11.4.16　"授权"设置

这里可以对远程桌面服务的会话主机连接进行配置。下面举例设置两项属性。

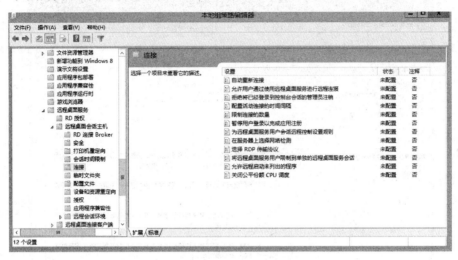

图 11.4.17　"连接"设置

（7）右击"使用指定的远程桌面许可证服务器"，单击"编辑"命令，设置为"已启用"，并对"允许的 RD 最大连接数"进行设置，如图 11.4.18 所示，单击"确定"按钮。

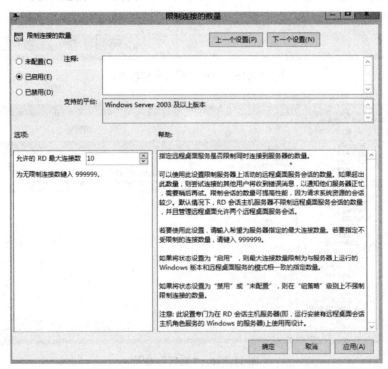

图 11.4.18　限制连接数量

（8）设置一个用户是否可以使用多个远程桌面连接。右击"将远程桌面服务用户限制到单独的远程桌面服务会话"，选择"已禁用"命令，单击"确定"按钮，否则一个用户只能连接一个远程桌面。如图 11.4.19 所示。

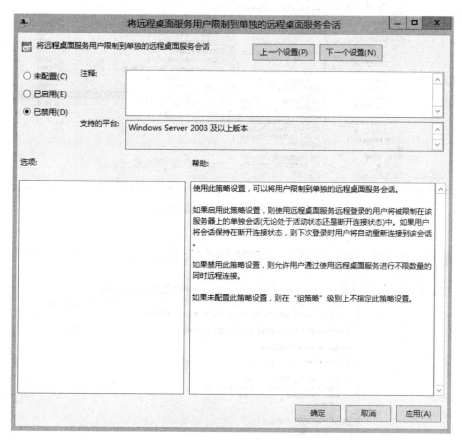

图 11.4.19　将远程桌面服务用户限制到单独的远程桌面服务会话

（9）至此"连接"两项属性都配置完成，如图 11.4.20 所示。读者还可以对其他属性进行设置。

（10）全部配置好后，按照先前的方法，重新进入"RD 授权诊断程序"，如图 11.4.21 所示，当前服务器授权成功。

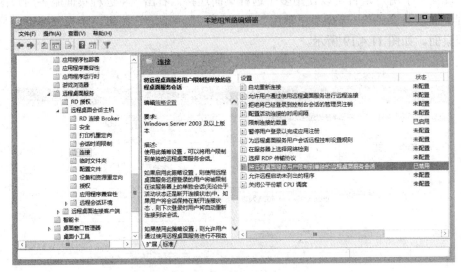

图 11.4.20 本地组策略编辑器

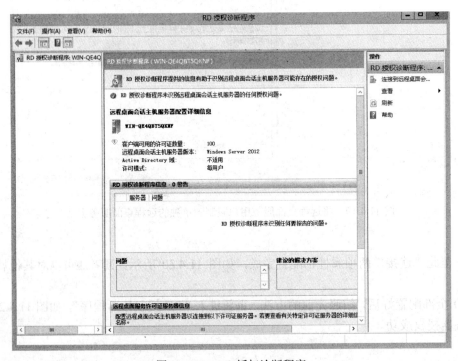

图 11.4.21 RD 授权诊断程序

11.5 远程桌面网关管理器

远程桌面网关（RD 网关）是一个角色服务，它使远程用户可以从任何连接到 Internet 并且可以运行远程桌面连接（RDC）客户端的设备，连接到内部企业网络或专用网络上的资源。网络资源可以是远程桌面会话主机（RDSH 主机）服务器、远程桌面虚拟化主机（RDVH 主机）服务器或启用了远程桌面的计算机。RD 网关使用 HTTPS 上的远程桌面协议（RDP），使 Internet 上的远程用户与应用程序的内部网络资源之间建立安全的加密连接。

RD 网关的优点包括以下几个方面：

（1）通过 RD 网关，远程用户可以使用加密连接，通过 Internet 连接到内部网络资源，而不必配置虚拟专用网络（VPN）连接。

（2）RD 网关提供全面的安全配置模型，使用户可以控制对特定内部网络资源的访问。RD 网关提供点对点的 RDP 连接，而不是允许远程用户访问所有内部网络资源。

（3）通过 RD 网关，大多数远程用户可以连接到在专用网络中的防火墙后面或跨网络地址转换程序（NAT）托管的内部网络资源。在此方案中，通过 RD 网关，不必对 RD 网关服务器或客户端执行其他配置。

（4）通过远程桌面网关管理器可以配置授权策略，以定义远程用户要连接到内部网络资源必须满足的条件。例如，可以指定：

- 可以连接到内部网络资源的用户（即可以连接的用户组）。
- 用户可以连接到的网络资源（计算机组）。
- 客户端计算机是否必须是 Active Directory 安全组的成员。
- 是否允许设备的重定向。
- 客户端需要使用智能卡身份验证，还是密码身份验证，或是可以使用任一方法。

（5）可以将 RD 网关服务器和远程桌面服务客户端配置为使用网络访问保护（NAP）来进一步增强安全性（客户端操作系统必须是 Windows XP、Windows Vista、Windows 7、Windows 8）。

配置远程桌面网关管理器的操作步骤如下：

（1）执行"服务器管理器"→"工具"→"Terminal Services"→"远程桌面网关管理器"命令，打开"RD 网关管理器"对话框，如图 11.5.1 所示。

（2）右击 RD 网关管理器下的计算机名，选择"属性"命令，进入属性配置窗口。

1. "常规"选项卡

RD 网关管理器的"常规"选项卡如图 11.5.2 所示，该选项卡可以设置 RD 网关服务器的并发连接数。

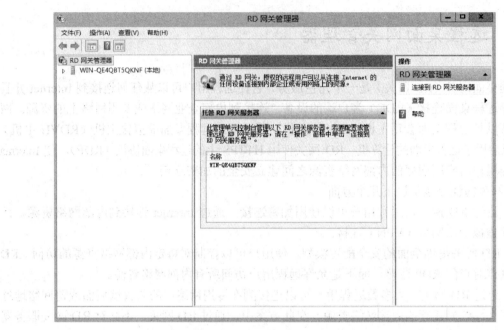

图 11.5.1 "RD 网关管理器"对话框

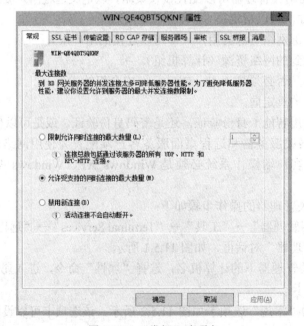

图 11.5.2 "常规"选项卡

2. "SSL 证书"选项卡

RD 网关管理器的"SSL 证书"选项卡如图 11.5.3 所示,证书是 HTTPS/UDP 侦听程序的安全通信和 NAP 消息传送所必需的。证书会自动绑定到配置的 HTTP 和 UDP 端口。导入证书的步骤首先创建自签名证书,然后从 RD 本地计算机/个人存储中选择现有证书,最后将证书导入本地计算机/个人存储。此处已经创建了自签名证书,具体方法为:单击"创建并导入证书"按钮,进入如图 11.5.4 所示对话框,输入证书名称,选中证书文件,单击"确认"按钮即可。

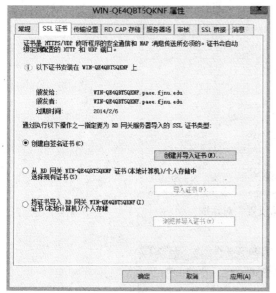

图 11.5.3 "SSL 证书"选项卡

图 11.5.4 "创建自签名证书"对话框

3. "传输设置"选项卡

RD 网关管理器的"传输设置"选项卡如图 11.5.5 所示,该选项卡用来设置 HTTP 和 UDP 传输的 IP 地址/端口。

4. "RD CAP 存储"选项卡

RD 网关管理器的"RD CAP 存储"选项卡如图 11.5.6 所示,该选项卡可以指定本地 RD CAP 存储(存储在 RD 网关服务器上的 RD CAP)或中心 RD CAP 存储(存储在运行网络策略服务器(NPS)的中心服务器上的 RD CAP)。

通过对 RD 网关使用运行 NPS 的中心服务器,可以集中存储、管理和验证 RD CAP。如果使用中心 RD CAP 存储,必须建立从 RD 网关服务器到运行 NPS 的服务器的网络连接。为此,必须指定共享机密。

共享机密是密码之间的文本字符串。共享的密钥用于验证 RADIUS 消息,还用于对某些 RADIUS 属性,如用户密码和隧道密码进行加密。

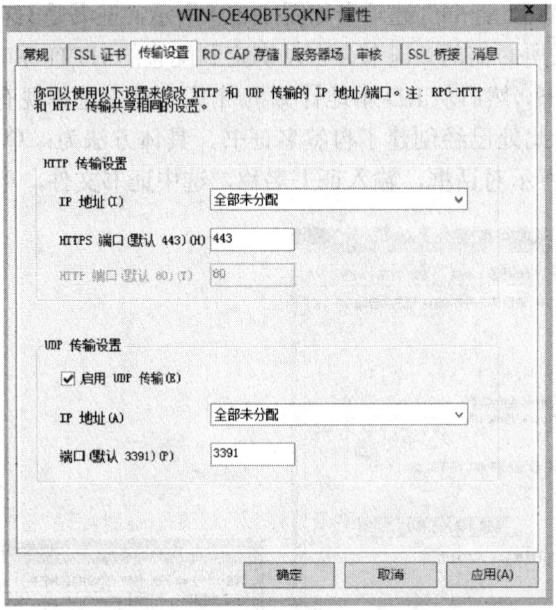

图 11.5.5 “传输设置”对话框

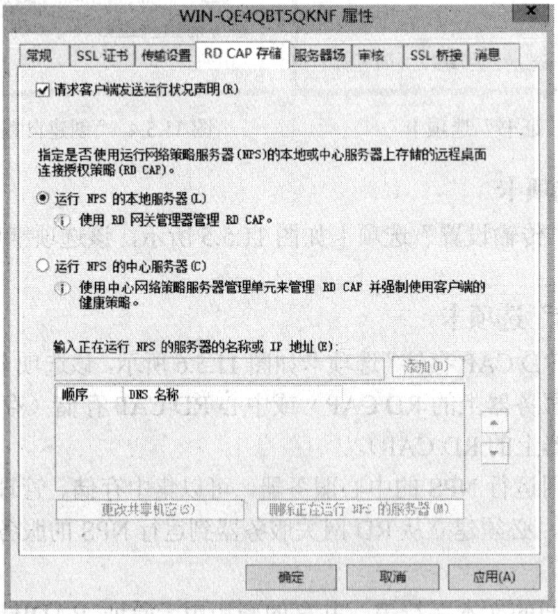

图 11.5.6 “RD CAP 存储”选项卡

5. "服务器场"选项卡

RD 网关管理器的"服务器场"选项卡如图 11.5.7 所示，该选项卡用于设定"RD 网关服务器场成员"，RD 网关对每个客户端会话使用两个连接：一个连接用于入站通信，一个连接用于出站通信。若要确保在负载平衡器将每个连接分发到不同的 RD 网关服务器时，来自两个连接的通信均将重定向到同一台 RD 网关服务器，则需要执行此过程。

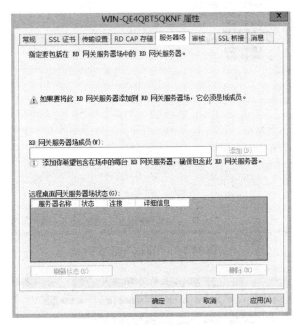

图 11.5.7 "服务器场"选项卡

6. "审核"选项卡

RD 网关管理器的"审核"选项卡如图 11.5.8 所示，该选项卡用于用户选择希望为其启用日志记录的 RD 网关事件。

7. "SSL 桥接"选项卡

RD 网关管理器的"SSL 桥接"选项卡如图 11.5.9 所示。

为了提高 RD 网关服务器的安全性，可以配置 Microsoft Internet Security and Acceleration（ISA）服务器或非 Microsoft 产品来充当安全套接字层（SSL）桥接设备。SSL 桥接设备通过终止 SSL 会话、检查数据包并重新建立 SSL 会话，可以提高安全性。

可以通过下列两种方式配置 ISA 服务器与 RD 网关服务器的通信：

• HTTPS-HTTPS 桥接：RD 网关客户端向 SSL 桥接设备发出 SSL（HTTPS）请求。SSL 桥接设备向 RD 网关服务器发出新的 HTTPS 请求，以便最大限度地提高安全性。

• HTTPS-HTTP 桥接：RD 网关客户端向 SSL 桥接设备发出 SSL（HTTPS）请求。SSL 桥

接设备向 RD 网关服务器发出新的 HTTP 请求。

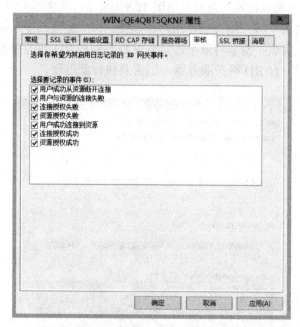

图 11.5.8 "审核"选项卡

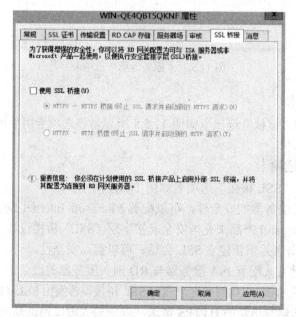

图 11.5.9 "SSL 桥接"选项卡

8. "消息"选项卡

RD 网关管理器的"消息"选项卡如图 11.5.10 所示。该选项卡可以为 RD 网关服务器创建和启用系统消息或登录消息。

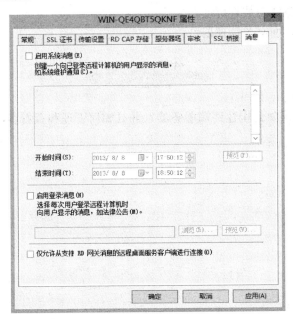

图 11.5.10 "消息"选项卡

11.6 本章小结

本章首先介绍了终端服务的概念，接着介绍了如何创建及配置终端服务器，包括如何配置终端服务器的登录用户名、远程登录的用户的权限等，最后介绍了远程访问的客户端的安装与使用，以及终端服务的授权激活、远程桌面网关管理器使用。通过本章的学习，作为网络管理员应该掌握如何创建和管理 Windows Server 2012 网络中的终端服务，使网络中的客户端可以对终端服务器实现远程访问。

思 考 题

1. 什么是终端服务？
2. 如何设置登录的用户名和密码？
3. 如何设置远程登录用户的访问权限？

4. 如何通过 Web 访问终端服务器？

5. 如何使用终端服务器管理用户连接？

6. 如何通过远程桌面程序登录到终端服务器？

7. 如何在终端服务器安装许可证？

8. 如何配置远程桌面网关管理器？

实 践 题

作为网络管理员，该如何构建终端服务器？并且如何管理和查看客户端对该终端服务器的连接？

安装和配置路由和远程访问服务器　　第 12 章

12.1　路由概述

Windows Server 2012 提供了对虚拟专用网络技术的强大支持，加强了与远程客户和远程办公室进行 Internet IP 连接的功能。本章将介绍路由和远程访问服务的概念，介绍如何构建路由和远程访问服务，以及如何管理路由和远程访问服务器。作为网络管理员，当网络覆盖的地理范围比较大，源主机与目的主机之间距离比较远时，就需要在网络中使用路由和远程访问服务，通过本章的学习，将掌握如何构建和管理 Windows Server 2012 网络中的路由和远程访问服务。

Windows Server 2012 的路由和远程访问服务器集成了路由服务、远程访问服务和 VPN 服务。

当源主机与目的主机进行通信时，如果源主机与目的主机的距离比较远，且中间要经过多个子网时，就需要用到路由器。路由器可以看做是网络交通指挥中心，它根据目的计算机的网络 ID，再依据路由表来转发数据包。

路由器是一种特殊的计算机，可以分为硬件路由器和软件路由器。硬件路由器是指可以执行特定路由功能的路由器，这种路由器有为支持路由功能而特别设计并优化的硬件支持部分。软件路由器是指不是专门为进行路由而设计的路由器，但它能够在路由计算机上将路由作为诸多执行的进程之一。Windows Server 2012 的路由服务就是一种软件路由器。

Windows Server 2012 的路由和远程访问是全功能的软件路由器，也是用于路由和互联网络工作的开放平台。它为局域网（LAN）和广域网（WAN）环境中的商务活动，或使用安全虚拟专用网（VPN）连接的 Internet 上的商务活动提供路由选择服务。

路由和远程访问服务的优点之一是与 Microsoft Windows Server 2012 产品集成。它提供了很多经济功能，并且和多种硬件平台以及数以百计的网卡一起工作。路由和远程访问服务还可以通过应用程序编程接口（API）进行扩展，因此，开发人员可以使用 API 创建客户网络连接方案，新供应商可以使用 API 参与到不断增长的开放互联网络商务中。

运行 Windows Server 2012 系列产品以及提供 LAN 及 WAN 路由服务的路由和远程访问服务的计算机，称作运行路由和远程访问的服务器。

运行路由和远程访问的服务器是专门为已经熟悉路由协议和路由服务的系统管理员而设计的。通过路由和远程访问服务，管理员可以查看和管理其网络上的路由器和远程访问服务器。

路由和远程访问服务器具有如下功能：

- Internet 协议（IP）和 AppleTalk 多协议单播路由。
- 工业标准单播 IP 路由协议，包括开放式最短路径优先（OSPF）和路由信息协议（RIP）版本 1 和 2。
- 启用 IP 多播通信转发的 IP 多播服务（Internet 组管理协议，IGMP）路由器模式和 IGMP 代理模式。
- "路由和远程访问服务器安装向导"包含一组常规服务器配置，可帮助满足网络需求。
- 对多个网络接口的支持。
- 简化小型办公室或家庭办公室（SOHO）网络与 Internet 连接的 IP 网络地址转换（NAT）服务。
- 任何公共接口都可以启用简单的数据包筛选服务，甚至为网络地址转换配置的接口也可以。
- 用于安全和高性能的静态 IP 数据包筛选。
- 通过拨号 WAN 链接的请求拨号路由选择。
- 虚拟专用网（VPN）支持基于 Internet 协议安全性（IPSec）的点对点隧道协议（PPTP）和第二层隧道协议（L2TP），也称作 L2TP/IPSec。
- 支持 IP 动态主机配置协议（DHCP）中继代理的工业标准。
- 支持使用 Internet 控制消息协议（ICMP）路由器发布的路由器通告的工业标准。
- 远程监视与配置的图形用户界面。
- 运行脚本、自动化配置和远程监视的命令行界面。
- 对 Windows 电源管理功能的支持。
- 支持通用管理信息基础（MIB）的简单网络管理协议（SNMP）管理功能。
- 广泛支持多种媒体，包括以太网、令牌环、光纤分布式数据接口（FDDI）、异步传输模式（ATM）、综合业务数字网（ISDN）、T 载波、帧中继、xDSL、电缆调制解调器、X.25 和模拟调制解调器。
- 用于路由协议、管理的 API 以及启用增值开发的用户接口。

12.2 单播路由概述

单播路由是通过路由器将网络上某一位置的通信从源主机转发到目标主机。Internet 网络至少有两个通过路由器连接的网络。路由器是网络层中介系统，用于根据公用网络层协议（如

TCP/IP）将多个网络连接在一起。网络是通过路由器连接并与称为网络地址或网络 ID 的同一网络层地址相关联的网络架构（包括中继器、集线器和桥/第 2 层交换机）的一部分。

典型的路由器是通过 LAN 或 WAN 媒体连接到两个或多个网络。网络中的计算机通过将数据包转发到路由器，再发送到其他网络中的计算机。路由器将检查数据包，并使用数据包报头内的目标网络地址来决定转发数据包所使用的接口。路由器通过路由协议（OSPF、RIP 等）从相邻的路由器获得网络信息（如网络地址），然后将该信息传播给其他网络上的路由器，从而使网络中的所有计算机之间都连接起来。

运行路由和远程访问服务器可以路由 IP 和 AppleTalk 协议间的通信。

1. IP 路由

IP 是 TCP/IP 的一部分，用来通过任意一组互相连接的 IP 网络进行通信。IP 路由器可以是静态路由器（由管理员建立或更改的路由），也可以是动态路由器（通过路由协议来动态地更新路由）。

IP 路由就是通过 IP 路由器将 IP 通信从源主机转发到目标主机。在每个路由器上，通过将数据包中的目标 IP 地址与路由选择表中的最佳路由进行匹配来确定下一个跃点。

Windows Server 2012 的路由和远程访问包括对两个 IP 单播路由协议的支持：用于 IP 的路由信息协议（RIP）和开放式最短路径优先（OSPF）。

路由和远程访问不限于仅支持 RIP-for-IP 和 OSPF。运行路由和远程访问的服务器是一个可扩展的平台；其他供应商可以创建其他的 IP 路由协议，例如，内部网关路由协议（IGRP）和边界网关协议（BGP）。

2. AppleTalk 路由

AppleTalk 主要用于 Apple Macintosh 环境中。

12.2.1 路由表

理解网际网络中可用的网络地址（或网络 ID）有助于路由的选择，这些信息是从路由表的数据库中获得的。路由表是一系列称为路由的项目，其中包含有关网际网络的网络 ID 位置信息。路由表不是路由器专用的。主机（非路由器）也可能有决定优化路由的路由表。

路由表中的每一项都被看做是一个路由，并且属于下列任意类型：

• 网络路由：网络路由提供到网际网络中特定网络 ID 的路由。

• 主路由：主路由提供到网际网络地址（网络 ID 和节点 ID）的路由。主路由通常用于将自定义路由创建到特定主机以控制或优化网络通信。

• 默认路由：如果在路由表中没有找到其他路由，则使用默认路由。例如，如果路由器或主机不能找到目标的网络路由或主路由，则使用默认路由，从而简化了主机的配置。使用单个默认的路由来转发带有在路由表中未找到的目标网络或网际网络地址的所有数据包，而不是为网际网络中所有的网络 ID 配置带有路由的主机。

路由表结构如图 12.2.1 所示。

路由表中的每项都由以下信息字段组成：

● 网络ID：主路由的网络ID或网际网络地址。在IP路由器上，有从目标IP地址决定IP网络ID的其他子网掩码字段。

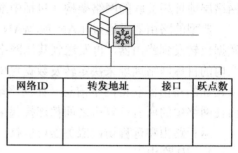

● 转发地址：数据包转发的地址。转发地址是硬件地址或网际网络地址。对于主机或路由器直接连接的网络，转发地址字段可能是连接到网络的接口地址。

● 接口：当将数据包转发到网络ID时所使用的网络接口。这是一个端口号或其他类型的逻辑标识符。

图12.2.1　路由表的结构

● 跃点数：路由首选项的度量。通常，最小的跃点数是首选路由。如果目标网络存在多个路由，则使用最低跃点数的路由。某些路由选择算法只将到任意网络ID的单个路由存储在路由表中，即使存在多个路由。在此情况下，路由器使用跃点数来决定存储在路由表中的路由。

12.2.2　路由配置

可以在许多不同的拓扑和网络配置中使用路由器。当将配置为路由器的运行路由和远程访问的服务器添加到网络中时，必须对以下几项进行设置：路由器的路由协议（IP或AppleTalk）、IP单播路由协议（RIP或OSPF）和LAN或WAN媒体（网卡、调制解调器或其他拨号设备）。

Windows Server 2012有以下3种典型的路由方案。

1. 简单路由方案

简单路由方案如图12.2.2所示。

这是一个简单的网络配置，其中带有一个运行路由和远程访问的服务器，这台服务器连接着两个LAN段（网络A和B）。在此配置中，因为路由器连接到需要路由数据包的所有网络，所以不需要路由协议。

2. 多个路由器方案

图12.2.3中显示的是更复杂的路由器配置。

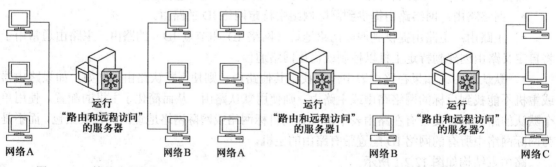

图12.2.2　简单路由方案　　　　　　　　　　图12.2.3　多个路由方案

在该配置中，有 3 个网络（网络 A、B 和 C）和两个路由器（路由器 1 和 2）。路由器 1 在网络 A 和 B 上，路由器 2 在网络 B 和 C 上。路由器 1 必须通知路由器 2：通过路由器 1 可以到达网络 A；而路由器 2 必须通知路由器 1：通过路由器 2 可以到达网络 C。通过使用路由协议（如 RIP 或 OSPF），该信息会自动传达。当网络 A 上的用户要与网络 C 上的用户通信时，计算机会将数据包转发到路由器 1；然后路由器 1 会将数据包转发到路由器 2；路由器 2 再将数据包转发到网络 C 上用户的计算机。

如果不使用路由协议，则网络管理员必须将静态路由输入到路由器 1 和路由器 2 的路由表中。静态路由可以工作，但它们不能顺利地适应增大的网际网络或从网际网络拓扑的更改中顺利地还原。

3. 请求拨号路由方案

图 12.2.4 显示了使用请求拨号的路由器配置。

网络 A 和 B 在地理上是分开的，并且对于网络间传送大量信息的情况，租用 WAN 链接是不经济的。通过在两端使用调制解调器（或其他类型的连接，例如 ISDN），通过模拟电话线路连接路由器 1 和路由器 2。当网络 A 上的计算机与网络 B 上的计算机通信初始化时，路由器 1 与路由器 2 会建立电话连接。而只要有数据包来回转发，就会维持调制解调器的连接。当连接空闲时，路由器 1 将挂起以降低连接成本。

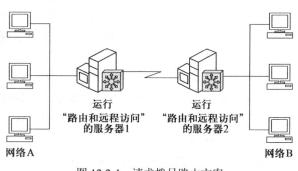

图 12.2.4　请求拨号路由方案

12.2.3　IP 路由协议

在动态 IP 路由环境中，使用 IP 路由协议传播 IP 路由信息。Intranet 上最常用的两个 IP 路由协议是路由信息协议（RIP）和开放式最短路径优先（OSPF）。

可以在同一 Intranet 上运行多个路由协议。在此情况下，必须通过首选等级配置协议决定路由的首选来源。首选路由协议是添加到路由表的路由源。

1. RIP

该协议设计用于小型到中型网际网络中交换路由选择信息。

RIP 的最大优点是其配置和部署都非常简单。RIP 的最大缺点是不能将网络扩大到大型或特大型网际网络。RIP 路由器使用的最大跃点数是 15。在 16 个或更远跃点上的网络被视为不可达到。当网际网络变得更大时，每个 RIP 路由器的周期宣告可能导致过度通信。RIP 的另一个缺点是需要较高的恢复时间。网际网络拓扑更改时，RIP 路由器可能要花费几分钟时间重新配置。此时，路由循环可能丢失或无法传递数据。

最初，每个路由器的路由表只包含物理连接的网络。RIP 路由器周期性地发送宣告，在宣

告中包含其路由表项以通知它可以到达的其他本地 RIP 路由器。RIP 版本 1 使用 IP 广播数据包
进行宣告。RIP 版本 2 使用多播或广播数据包进行宣告。

　　RIP 路由器还可以通过触发更新对路由信息进行通信。当网络拓扑更改以及发送更新的路
由信息时，将发生触发更新以反映这些更改。使用触发更新将立即发送更新，而不是等待下一
个周期的宣告。例如，路由器检测到链接或路由失败时，它将更新自己的路由表并发送更新的
路由。每个接收到更新的路由器将修改其路由表，并传播此更改。

　　Windows Server 2012 的路由和远程访问支持 RIP 版本 1 和版本 2。RIP 版本 2 支持多播宣告、
简单密码身份验证，以及在子网和无类别的站点间路由（CIDR）环境中提供更多的灵活性。

2. OSPF

　　该协议用于在大型或特大型网际网络中交换路由选择信息。OSPF 的最大优点是效率高、
开销小。OSPF 的最大缺点是比较复杂，并且 OSPF 需要正确的计划，更难于配置和管理。

　　OSPF 使用最短路径优先（SPF）算法来计算路由表中的路由。SPF 算法计算路由器和所有
网际网络之间的最短路径（最低成本）。SPF 计算的路由通常是自由循环的。

　　不像 RIP 路由器一样交换路由表项，OSPF 路由器维护网际网络的映射，在对网络拓扑进
行任何更改后，都更新该网际网络的映射。该映射称为链接状态数据库，用来同步 OSPF 路由
器和计算路由表中的路由信息。邻近的 OSPF 路由器形成一个邻接，它是路由器之间的逻辑关
系，用来同步链接状态数据库。

　　对网际网络拓扑的更改被有效地覆盖整个网际网络，以保证每个路由器上的链接状态数据
库总是同步且准确的。一旦接收到链接状态数据库更改，就要重新计算路由表。

　　随着链接状态数据库大小的增加，内存要求和路由计算时间也都增加。针对该问题，OSPF 将
网际网络分成区域（邻近网络的集合），这些区域通过一个主干区域彼此连接。每个路由器只保持
一个与该路由器相连区域的连接状态数据库。区域边界路由器（ABR）将主干区域连到其他区域。

　　要进一步减少在整个区域泛滥的路由信息量，OSPF 允许使用存根区域。一个存根区域可以包
含一个单一入口和退出点（单个 ABR）或多个 ABR（当任何 ABRS 可用于到达外部路由目标时）。

　　图 12.2.5 是 OSPF 网际网络的图表。

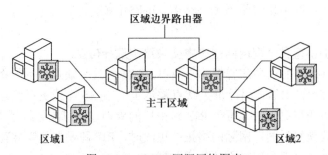

图 12.2.5　OSPF 网际网络图表

　　在以下方面，OSPF 具有胜过 RIP 的优势：

- OSPF 计算的路由器通常是不循环的。
- OSPF 适用于大型或特大型的网际网络。
- 对网络拓扑更新的重新配置变得更快。

12.2.4 设备和端口

Windows Server 2012 的路由和远程访问将已安装的网络设备看作一系列的路由接口、设备和端口。

1. 路由接口

运行路由和远程访问的服务器,使用一个路由接口转发单播 IP 或 AppleTalk 数据包与多播 IP 数据包。路由接口有如下两种类型。

- LAN 接口:它是一个物理接口,一般表示使用诸如以太网或令牌环之类的局域网技术的局域连接。LAN 接口反映已安装的网络适配器。已安装的 WAN 适配器有时表示为 LAN 接口。例如,某些帧中继适配器为每个配置的虚拟电路创建独立的逻辑 LAN 接口。LAN 接口总是活动的并且通常不需要用身份验证过程激活。
- 请求拨号接口:代表点对点连接的逻辑接口。点对点连接或者基于物理连接,例如,在使用调制解调器的模拟电话线上连接的两个路由器;或者基于逻辑连接,例如,在使用 Internet 虚拟专用网连接上连接的两个路由器。请求拨号连接有请求式连接(仅在需要时建立点对点连接)和持续型连接(建立点对点连接然后保持已连接状态)两种。请求拨号接口通常需要身份验证,所需的设备是设备上的一个端口。

2. 设备

设备是提供请求拨号和远程访问连接,以便建立点对点连接端口的硬件或软件。设备可以是物理设备(如调制解调器)或虚拟设备(如虚拟专用网协议)。设备可以支持单个端口,如一个调制解调器;或多个端口,如可以支持 64 个不同的模拟电话呼叫的调制解调器组。虚拟多端口设备的示例是点对点隧道协议(PPTP)或第二层隧道协议(L2TP)。每个隧道协议都支持多个 VPN 连接。

3. 端口

端口是支持单个点对点连接的设备隧道。对于单一端口设备(如调制解调器),设备与端口不可区分。对于多端口设备,端口是设备的一部分,通过它可以进行一个单独的点对点通信。例如,主速率接口(PRI)的 ISDN 适配器支持两个称为 B 通道的独立通道。ISDN 适配器是一种设备,每个 B 通道都是一个端口,通过每个 B 通道都可进行独立的点对点连接。

12.3 多播转发和路由概述

单播是将网络通信发送到某个特定的终节点,而多播是将网络通信发送到一组终节点。只有监听多播通信的终节点组（多播组）的成员才可以处理多播通信。所有其他节点都会忽略该多播通信。可以使用多播通信来查找网际网络上的资源，并支持数据广播应用程序（如文件分配或数据库同步化程序）及多播多媒体应用程序（如数字音频和视频程序）。

12.3.1　多播转发

使用多播转发，路由器会将多播通信转发到其他多播设备正在侦听的网络上。多播转发可以防止多播通信转发到节点没有侦听的网络上。为使多播转发通过网际网络正常工作，节点和路由器必须能进行多播。

1. 可以进行多播的节点

可以进行多播的节点必须能够发送和接收多播数据包。通过本地路由器注册节点侦听的多播地址，多播数据包可以被转发到该节点所在的网络上。

所有运行 Microsoft Windows Server 2012 的计算机都可以进行 IP 多播，并且能够发送和接收 IP 多播通信。发送多播通信的 IP 多播应用程序必须用正确的 IP 多播地址作为目标 IP 地址来构造 IP 数据包。接收多播通信的 IP 多播应用程序必须通知 TCP/IP，它们正在侦听发往特定 IP 多播地址的所有通信。

IP 节点使用 IGMP，注册它们要接收来自 IP 路由器的 IP 多播通信的意图。使用 IGMP 的 IP 节点通过发出 "IGMP 成员身份报告" 报文，来通知其本地路由器，它们正在特定的 IP 多播地址上进行侦听。

2. 可进行多播的路由器

可进行多播的路由器必须能够：侦听所连接的所有网络上的所有多播通信。一旦接收到多播通信，就将该多播数据包转发到所连接的有侦听节点的网络，或其下游路由器上有侦听节点的网络。在 Microsoft Windows Server 2012 产品中，TCP/IP 提供了侦听所有多播通信并转发多播数据包的功能。它通过使用多播转发表来决定将接收的多播通信转发到何处。

其次，还要侦听 "IGMP 成员身份报告" 报文，并更新 TCP/IP 多播转发表。在 Microsoft Windows Server 2012 产品中，侦听 "IGMP 成员身份报告" 报文并更新 TCP/IP 多播转发表的功能，由运行在 IGMP 路由器模式的接口上的 IGMP 路由协议所提供。

最后，进行多播的路由器通过多播路由协议，将侦听信息的多播组转发到其他可进行多播的路由器。Windows Server 2012 的路由和远程访问不提供任何多播路由协议。但是，路由和远程访问服务是一个可扩展的平台，而且支持多播路由协议。

3. IGMP 路由协议组件

维护 TCP/IP 多播转发表中的条目是通过 IGMP 路由协议组件来实现的，使用路由和远程访问可以将该组件添加为 IP 路由协议。添加了 IGMP 路由协议后，即可将路由器接口添加到 IGMP 中。可以使用以下两种操作模式中的任一种来配置添加到 IGMP 路由协议组件的每个接口：IGMP 路由器模式和 IGMP 代理模式。

（1）IGMP 路由器模式。

在 Windows Server 2012 产品中，以 IGMP 路由器模式运行的接口提供了侦听"IGMP 成员身份报告"数据包并跟踪组成员身份的功能。但是，必须在分配了侦听多播主机的接口上启用 IGMP 路由器模式。

（2）IGMP 代理模式。

靠拦截用户和路由器之间的 IGMP 报文建立组播表，代理设备的上联端口执行主机的角色，下联端口执行路由器的角色。

12.3.2 多播路由

多播路由，即多播侦听信息传播，由多播路由协议提供。例如，远程向量多播路由协议（Distance Vector Multicast Routing Protocol，DVMRP）。Windows Server 2012 产品不提供任何多播路由协议，但是，可以使用 IGMP 路由协议以及 IGMP 路由器模式和 IGMP 代理模式，在单路由器 Intranet 中或将单路由器 Intranet 连接到 Internet 时提供多播转发。有多播功能的路由器通过多播路由互相交换多播组成员身份信息，以便通过网际网络作出智能化多播转发决定。

多播路由协议的示例包括 DVMRP、OSPF 的多播扩展（MOSPF）、协议无关的疏多播模式（PIM-SM）和协议无关的密多播模式（PIM-DM）。Windows Server 2012 产品不包括任何多播路由协议。但是，路由和远程访问是一个可扩展的平台，其他供应商可以创建多播路由协议。

对于通过单个路由器连接多个网络的 Intranet，可以在所有的路由器接口启用 IGMP 路由器模式，来提供多播资源和任意网络上的多播侦听主机之间的多播转发支持。

如果运行路由和远程访问的服务器通过 Internet 服务提供商（ISP）连接到 MBone（支持多播的 Internet 部分）上，则可以使用 IGMP 代理模式与 Internet 进行多播通信的收发。

在图 12.3.1 中，IGMP 代理模式在 Internet 接口上启用，IGMP 路由器模式在 Intranet 接口上启用。多播主机在本地注册自己，IGMP 代理模式接口在支持多播的 ISP 路由器上注册其成员身份。先将来自 Internet 的多播通信转发到 ISP 路由器上，ISP 路由器将多播通信转发到运行路由和远程访问的服务器，该服务器再将通信转发到 Intranet 上的侦听主机中。

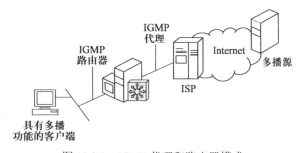

图 12.3.1　IGMP 代理和路由器模式

当多播通信由 Intranet 主机发送时，它将通过 IGMP 代理服务器模式接口转发到 ISP 路由器上。然后，ISP 路由器将其转发到适当的下游路由器。这样，Internet 主机就能接收到由 Intranet 主机发送的多播通信。

12.4 远程访问

Microsoft Windows Server 2012 产品的远程访问功能使远程人员或经常变换地点的工作者，通过使用拨号通信链接来访问企业网络，就像他们是直接连接到企业网络一样。远程访问也提供 VPN 服务，以便用户可以在 Internet 上访问企业网络。

用户运行远程访问软件，并初始化远程访问服务器上的连接。远程访问服务器，即运行路由和远程访问的服务器，会始终验证用户和服务会话，直到用户或网络管理员将其终止为止。一般情况下，适用于 LAN 连接用户的所有服务（包括文件和打印共享、Web 服务器访问和消息）均通过远程访问连接启用。

远程访问客户端使用标准工具来访问资源。例如，在运行路由和远程访问的服务器上，客户端可以使用 Windows 资源管理器来进行驱动器连接，并连接到打印机上。在远程会话期间，用户不需要重新连接到网络资源上。因为对于驱动器标识字母和通用命名约定（UNC）所命名的名字，远程访问都支持，所以大多数商业和自定义应用程序不需要修改就可以使用。

运行路由和远程访问的服务器可以提供两个不同类型的远程访问连接：拨号网络和虚拟专用网络。

通过使用远程通信提供商（如模拟电话、ISDN 或 X.25）提供的服务，远程客户端使用非永久的拨号连接到远程访问服务器的物理端口上，这时使用的网络就是拨号网络。拨号网络的最佳范例是拨号网络客户端使用拨号网络拨打远程访问服务器某个端口的电话号码。

模拟电话线上或 ISDN 的拨号网络，是拨号网络客户端和拨号网络服务器之间的直接的物理连接。可以加密通过该连接发送的数据，但并不要求一定这样做。

虚拟专用网是穿越专用网络或公用网络（如 Internet）点对点连接的产物。虚拟专用网客户端使用特定的，称为基于 TCP/IP 的协议的隧道协议，来对虚拟专用网服务器的虚拟端口依次进行虚拟呼叫。虚拟专用网的最佳范例是，虚拟网络客户端使用虚拟专用网连接连接到与 Internet 相连的远程访问服务器上。远程访问服务器应答虚拟呼叫，验证呼叫方身份，并在虚拟专用网客户端和企业网络之间传送数据。

与拨号网络相比，虚拟专用网始终是通过公用网络建立在虚拟专用网客户端和虚拟专用网服务器之间的一种逻辑的、非直接的连接。要保证隐私权，必须加密在连接上传送的数据。

12.4.1 拨号网络

作为拨号网络服务器的远程访问服务器，路由和远程访问提供了传统的拨号远程访问，以支持移动用户或家庭用户拨入到企业 Intranet。安装在运行路由和远程访问服务器上的拨号设备会应答传入的来自拨号网络客户端的连接请求。远程访问服务器应答呼叫、身份验证并授权呼叫方，以及在拨号网络客户端和企业 Intranet 之间传送数据。

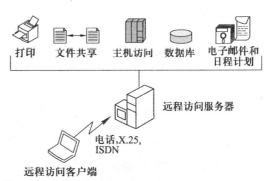

图 12.4.1 显示的是拨号网络的功能。

1. 拨号网络组件

拨号网络包括下列组件：

图 12.4.1 利用拨号网络进行远程访问

• 拨号网络服务器：可以配置运行路由和远程访问的服务器以提供对整个网络的拨号网络访问，或者限制只能对远程访问服务器上共享资源的访问。

• 拨号网络客户端：运行 Windows Server 2012、Windows Server 2008、Windows Server 2003、Windows XP、Windows 2000、运行远程访问（RAS）或路由和远程访问（RRAS）服务的 Windows NT、Windows Millennium Edition、Windows 98、Windows 95 或 Mac OS 的远程访问客户端都可以连接到运行路由和远程访问的服务器上。

• LAN 和远程访问协议：应用程序使用 LAN 协议传递消息。远程访问协议用于协商连接，并为通过广域网（WAN）链接发送的 LAN 协议数据提供组帧。路由和远程访问支持 LAN 协议，例如，TCP/IP 和 AppleTalk 用于访问 Internet、UNIX、Mac OS 及 Novell NetWare 资源。路由和远程访问支持远程访问协议，如 PPP。

• WAN 选项：客户端可以使用标准电话线和一个调制解调器或调制解调器池来拨入。使用 ISDN 可以建立更快速的链接。使用 X.25 或 ATM 也可以将远程访问客户端连接到远程访问服务器上。通过 RS-232C 零调制解调器电缆、并行端口连接或红外连接，也可以建立直接连接。

• 安全选项：Windows Server 2012、Windows Server 2008、Windows Server 2003 提供了登录和域安全，并对拨号客户端的安全网络访问提供了安全主机、数据加密、远程身份验证拨入用户服务（RADIUS）、智能卡、远程访问账户锁定、远程访问策略和回拨等支持。

图 12.4.2 显示了拨号网络组件，对 Windows Server 2012 拨号网络的实际执行和配置可能与此处不一样。

2. 拨号网络客户端

连接到运行路由和远程访问的服务器的拨号客户端可以是任何 PPP 客户端。客户端必须安装有调制解调器、模拟电话线，或其他 WAN 连接和远程访问软件。

通过使用简单的批处理文件和 rasdial 命令，可以使客户端的连接过程自动化。通过使用拨号网络和任务计划，还可以自动与远程计算机互相进行备份。

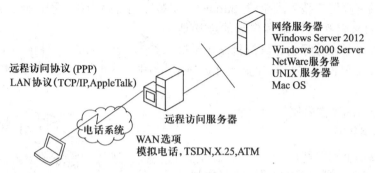

图 12.4.2 构建拨号网络的组件

（1）基于 Windows 的 PPP 客户端

使用 TCP/IP 协议的基于 Windows 的 PPP 客户端可以访问运行路由和远程访问的服务器。基于 Windows 的 PPP 客户端不能使用 AppleTalk 协议。远程访问服务器自动与 PPP 客户端协商身份验证。

Windows Server 2012、Windows Server 2008、Windows Server 2003、Windows XP、Windows 2000 客户端支持的远程访问的 PPP 功能有：多重链接、带宽分配协议（BAP）、Microsoft 质询握手身份验证协议（MS-CHAP）、质询握手身份验证协议（CHAP）、Shiva 密码身份验证协议（SPAP）、密码身份验证协议（PAP）、Microsoft 质询握手身份验证协议版本 2（MS-CHAP v2）及可扩展身份验证协议（EAP）。

Windows NT 版本 4.0 客户端支持的 PPP 功能有：多重链接、MS-CHAP、CHAP、SPAP、PAP 和 MS-CHAP 版本 2（带有 Windows NT 4.0 Service Pack 4 及更高版本），不支持 BAP 和 EAP。

Windows NT 版本 3.5x 客户端支持的 PPP 功能有：MS-CHAP、CHAP、SPAP 和 PAP，不支持多重链接、BAP、MS-CHAP 版本 2 和 EAP。

Windows Millennium Edition、Windows 98 客户端支持多重链接、MS-CHAP、CHAP、SPAP、PAP 和 MS-CHAP 版本 2（带有 Windows 98 Service Pack 1 及更高版本），不支持 BAP 和 EAP。

（2）其他 PPP 客户端

其他使用 TCP/IP 或 AppleTalk 协议的 PPP 客户端软件可以访问运行路由和远程访问的服务器。远程访问服务器自动与 PPP 客户端协商身份验证。除了确保将远程访问服务器和其他 PPP 客户端都配置为相同的 LAN 和身份验证协议外，运行路由和远程访问的服务器无需任何特殊配置。

3. 拨号网络服务器

管理员可以使用路由和远程访问来配置服务器，以提供远程访问、查看连接用户及监视远程访问通信。

对于拨号网络访问，服务器必须至少有一个调制解调器或一个多端口适配器，以及模拟电话线或其他 WAN 连接。如果服务器提供对网络的访问，则必须安装一个单独的网卡，并将它连接到服务器提供访问的网络上。

在运行路由和远程访问服务器安装向导期间或之后，都可以配置运行路由和远程访问的服务器。

12.4.2 虚拟专用网络

虚拟专用网连接模拟点对点连接。要模拟点对点连接，必须将数据封装或打包，并附加一个 IP 报头以提供到达虚拟专用网服务器的路由信息。用来封装数据的虚拟专用网连接部分称为隧道。

对于安全的虚拟专用网，将在封装之前加密数据。如果没有密钥，则无法理解被截取的数据包。用于加密数据的虚拟专用网连接部分称为虚拟专用网（VPN）连接。

通过使用称为"隧道协议"的特殊协议，可以创建、管理和终止 VPN 连接。虚拟专用网客户端和虚拟专用网服务器都必须支持相同的隧道协议，以创建虚拟专用网连接。对于点对点隧道协议（PPTP）和第二层隧道协议（L2TP）这两种隧道协议而言，运行路由和远程访问的服务器就是一个虚拟专用网服务器。

图 12.4.3 显示了虚拟专用网的功能。

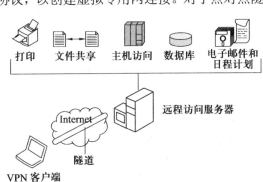

图 12.4.3 利用虚拟专用网络进行远程访问

1. 虚拟专用网的组件

一个虚拟专用网包括以下组件：

- VPN 服务器：可以配置 VPN 服务器以提供对整个网络的访问，或限制仅可访问作为 VPN 服务器的计算机的资源。

- VPN 客户端：VPN 客户端是获得远程访问 VPN 连接的个人用户或获得路由器到路由器 VPN 连接的路由器。运行 Windows Server 2012、Windows Server 2008 等的 VPN 客户端可以创建到 VPN 服务器的远程访问 VPN 连接。运行 Windows Server 2012、Windows 2000 和路由和远程访问或 Windows NT Server 4.0 和路由和远程访问服务（RRAS）的计算机可创建路由器到路由器的 VPN 连接。VPN 客户端也可以是任何 PPTP 客户端或使用 IPSec 的 L2TP 客户端。

- LAN 和远程访问协议：应用程序使用 LAN 协议传输信息。远程访问协议用于协商连接，并为通过 WAN 链接发送的 LAN 协议数据提供组帧。路由和远程访问支持 PPP 远程访问协议。Windows Server 2012 支持诸如 TCP/IP 和 Apple Talk 的 LAN 协议，用这些协议可以访问 Internet、UNIX、Apple Macintosh 和 Novell NetWare 资源。

● 隧道协议：VPN 客户端通过使用 PPTP 或 L2TP 隧道协议，可创建到 VPN 服务器的安全连接。

● WAN 选项：通过使用诸如 T1 和"帧中继"的永久性 WAN 连接，将 VPN 服务器连接到 Internet。通过使用永久性 WAN 连接，或拨入（使用标准模拟电话线或 ISDN）到本地 ISP，将 VPN 服务器连接到 Internet。

● 安全选项：路由和远程访问通过支持登录和域安全，以及对安全主机、数据加密、智能卡、IP 数据包筛选和呼叫器 ID 的支持来为 VPN 客户端提供安全网络访问。

图 12.4.4 显示了所有的虚拟专用网组件和可能的配置。Windows Server 2012 虚拟专用网的实际实施和配置可能会有所不同。

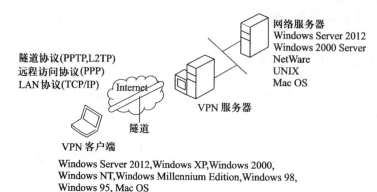

图 12.4.4 虚拟专用网的组件和配置

2. 虚拟专用网客户端

连接到路由和远程访问的虚拟专用网客户端可以是运行 Windows Server 2012、Windows XP、Windows 2000、Windows NT 4.0、Windows 95、Windows 98 或 Windows Millennium Edition 的计算机。客户端必须可以将 TCP/IP 数据包通过 Internet 发送到远程访问服务器上。因此，需要有网络适配器或带有模拟电话线的调制解调器，或其他到 Internet 的 WAN 连接。

（1）Microsoft 虚拟专用网客户端的隧道协议。

Windows Server 2012、Windows Server 2008、Windows Server 2003、Windows 2000 和 Windows XP 支持的隧道协议有：点对点隧道协议（PPTP）和第二层隧道协议（L2TP）；Windows NT 4.0、Windows Millennium Edition、Windows 98 和 Windows 95 支持的隧道协议是 PPTP，不支持 L2TP；安装有 Microsoft L2TP/IPSec VPN 客户端的 Windows Millennium Edition、Windows 98、Windows NT 4.0 Workstation 和 Windows 95 支持的隧道协议是 L2TP，不支持 PPTP。

（2）Microsoft 虚拟专用网客户端的身份验证。

Windows Server 2012、Windows Server 2008、Windows Server 2003、Windows XP 和 Windows

2000 Microsoft 客户端支持的远程访问身份验证协议有：质询握手身份验证协议（MS-CHAP）、质询握手身份验证协议（CHAP）、Shiva 密码身份验证协议（SPAP）、密码身份验证协议（PAP）、MS-CHAP 版本 2（MS-CHAP v2）和可扩展身份验证协议（EAP）；Windows NT 4.0、Windows 98、Windows 95 支持的远程访问身份验证协议有：MS-CHAP、CHAP、SPAP、PAP 和 MS-CHAP v2，不支持 EAP。

（3）其他虚拟专用网（VPN）客户端。

其他使用 PPTP 或带 IPSec 的 L2TP 的虚拟专用网客户端可以访问运行路由和远程访问的服务器。但是，如果想保证 VPN 连接的安全，则必须确保客户端支持合适的加密。PPTP 必须支持 Microsoft 点对点加密（MPPE）。L2TP 必须支持 IPSec 加密。

对于从 Internet 上访问虚拟专用网，通常情况下，服务器具有到 Internet 的永久性连接。如果 ISP 支持请求拨号连接，则可能存在到 Internet 上的非永久性连接；在将通信传递给 VPN 服务器时创建连接。如果 VPN 服务商提供对网络的访问，则必须安装独立的网络适配器，并将其连接到 VPN 服务器提供访问的网络上。

在 Windows Server 2012 Web 版和 Windows Server 2012 标准版上，前者最多可以创建 1 000 个 PPTP 端口，后者最多可以创建 1 000 个 L2TP 端口。但是，Windows Server 2012 Web 版一次只能接收一个 VPN 连接。Windows Server 2012 标准版最多可以接受 1 000 个并发的 VPN 连接。如果已经连接了 1 000 个 VPN 客户端，则其他连接尝试将被拒绝，直到连接数目低于 1 000 为止。

12.5　创建路由和远程访问服务器

案例：在计算机名为 WIN-QE4QBT5QKNF，IP 地址为 192.168.111.54 的计算机上创建路由和远程访问服务器。

安装路由和远程服务的步骤如下：

（1）在"服务器管理器"窗口中单击"管理"→"添加角色和功能"选项，单击"下一步"按钮直到出现如图 12.5.1 所示的"选择服务器角色"对话框，选中"远程访问"复选框。单击"下一步"按钮。

（2）出现"角色服务"对话框，选择 DirectAcess 和 VPN（RAS）以及路由，单击"下一步"按钮。

（3）安装完成后，单击"工具"→"路由和远程访问"→"配置并启用路由和远程访问"命令，出现路由和远程访问服务器安装向导的"欢迎"界面，单击"下一步"按钮。

（4）出现路由和远程访问服务器安装向导的"配置"对话框，如图 12.5.2 所示，共有 5 种配置选项。

● "远程访问（拨号或 VPN）"：将计算机配置成拨号服务器或 VPN 服务器，允许远程客户机拨号或者基于 VPN 的 Internet 连接到服务器。

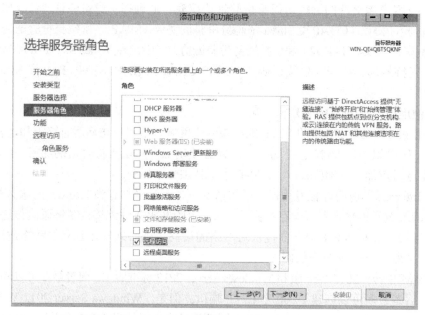

图 12.5.1 服务器角色——选择安装"远程访问/VPN 服务器"

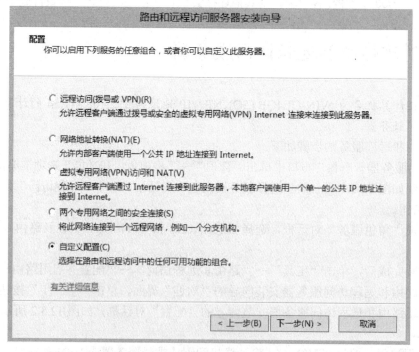

图 12.5.2 路由和远程访问服务器安装向导——"配置"对话框

- "网络地址转换（NAT）"：将计算机配置为 NAT 服务器，所有 Intranet 局域网内的用户可以同样的 IP 地址访问 Internet。
- "虚拟专用网络（VPN）访问和 NAT"：将计算机配置成 VPN 服务器和 NAT 服务器。
- "两个专用网络之间的安全连接"：配置成在两个网络之间通过 VPN 连接的服务器。
- "自定义配置"：在路由和远程访问服务支持的服务器角色之间任意组合安装。

（5）选中"自定义配置"单选项，单击"下一步"按钮。出现如图 12.5.3 所示的"自定义配置"对话框，按照需要进行选择，单击"下一步"按钮。

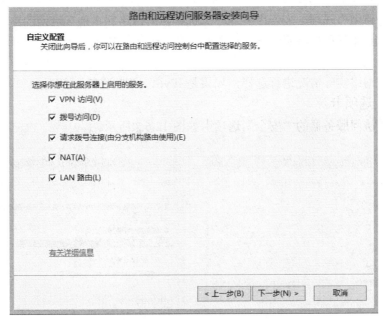

图 12.5.3　路由和远程访问安装向导——"自定义配置"对话框

（6）出现"安装完成"界面，确认无误后单击"下一步"按钮。

（7）系统开始安装，安装完成后会出现提示框，提示路由和远程访问服务已经被安装，是否开始启动服务，单击"启动服务"按钮。

（8）出现安装完成的提示，提示此服务器已经是路由和远程访问服务器。

12.6　管理路由和远程访问服务器

创建了路由和远程访问服务器后，可以根据需要更改服务器的设置。

12.6.1 修改服务器属性

执行"服务器管理器"→"工具"→"路由和远程访问"命令,启动"路由和远程访问"的管理窗口,在此窗口中右击计算机名,在弹出的快捷菜单中选择"属性"命令。

1. "常规"选项卡

路由和远程访问服务器的"常规"选项卡如图 12.6.1 所示。

(1)选中"IPv4 路由器"复选框,表示服务器同时用作网络的路由器。"仅限局域网(LAN)路由"选项,表示所有的路由局限在局域网中进行,服务器作为局域网子网间的路由器。"局域网和请求拨号路由"选项,表示服务器作为远程拨号网络和本地局域网的路由器。

(2)选中"IPv4 远程访问服务器"复选框,表示该服务器是一个可以供用户远程拨入的远程访问服务器。

注意:根据网络实际情况进行选择,如果是 IPv6,则选择 IPv6 的对应项。

2. "安全"选项卡

路由和远程访问服务器的"安全"选项卡如图 12.6.2 所示。

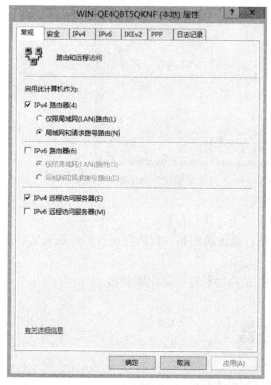

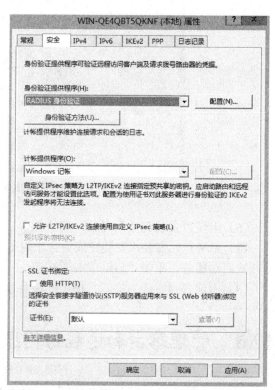

图 12.6.1 路由和远程访问服务器——"常规"选项卡   图 12.6.2 路由和远程访问服务器——"安全"选项卡

（1）在"身份验证提供程序"下拉列表框中选择用于验证远程拨号接入用户身份的方法。有以下两种可选的身份验证方法：

- "Windows 身份验证"：由 Windows 操作系统负责验证拨号用户的身份。
- "RADIUS 身份验证"：由网络上的 RADIUS（如 Windows Server 2012 IAS、Internet 验证服务器）来验证拨号用户的身份。

单击"身份验证方法"按钮，出现如图 12.6.3 所示的"身份验证方法"对话框，用于设置远程访问服务器使用的身份验证协议。在该对话框中列出了所有 Windows Server 2012 的远程访问服务器支持的身份验证协议，可根据需要选择其中一种或多种身份验证方法。在"未经身份验证的访问"区域下选中"允许远程系统不经过身份验证而连接"复选框，表明允许未经身份验证的用户连接服务器。

（2）在"安全"选项卡的"记账提供程序"下拉列表框中，选择记录用户访问远程访问器的活动的方式。有以下 3 种可选的记录方式：

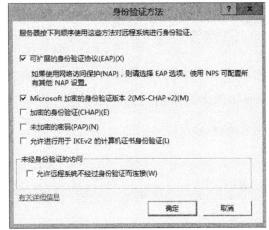

图 12.6.3 "身份验证方法"对话框

- "无"：不记录日志。
- "Windows 记账"：利用 Windows 操作系统记录日志。
- "RADIUS 记账"：利用 RADIUS 身份验证服务器记录日志。

（3）选中"允许 L2TP/IKEv2 连接使用自定义 IPSec 策略"复选框，表示对使用 L2TP 的 VPN 连接可以定义 IPSec 策略。在"预共享的密钥"文本框中输入远程使用 L2TP 的 VPN 客户机和 VPN 服务器之间的预共享密钥。该密钥可以是多达 255 个字符任意组合的任意非空字符串。但要注意，客户端配置的预共享密钥与服务器上配置的预共享密钥应该一致，否则会阻止建立连接。

3. "IP"选项卡

路由和远程访问服务器的"IPv4"选项卡如图 12.6.4 所示。

（1）选中"启用 IPv4 转发"复选框，表明服务器支持 IPv4 数据包的路由。

（2）在"IPv4 地址分配"区域可以设置如何给远程客户机分配一个网络 IP 地址。有两种选项："动态主机配置协议（DHCP）"表示使用 DHCP 服务器自动分配 IP 地址；"静态地址池"表示分配由管理员定义的地址池中的 IP 地址。如果需要，单击"添加"按钮可以添加多个地址池。

（3）选中"启用广播名称解析"复选框，表明可以使用广播方式解析网络名称。

4. "IKEv2"选项卡

路由和远程访问服务器的"IKEv2"选项卡如图 12.6.5 所示。

（1）在"IKEv2 客户端连接控制"中，可以对"空闲超时"和"网络中断时间"进行设置。

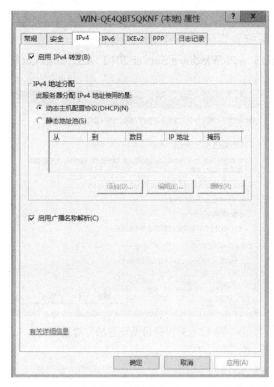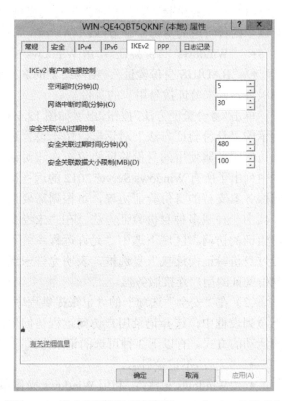

图 12.6.4　路由和远程访问服务器——"IP"选项卡　图 12.6.5　路由和远程访问服务器——"IKEv2"选项卡

（2）在"安全关联过期控制"中，可以对"安全关联过期时间"和"安全关联数据大小限制"进行设置。

5. "PPP"选项卡

路由和远程访问服务器的"PPP"选项卡如图 12.6.6 所示。该选项卡用于设置服务器如何支持 PPP 协议。

（1）选中"多重链接"复选框，表明当需要额外的网络带宽时，可以打开多个通信信道。这对于 ISDN 连接特别有用，ISDN 可以提供多个数据通道，每增加一个数字通道，将增加 64 KB/s 的网络带宽。

（2）选中"使用 BAP 或 BACP 的动态带宽控制"复选框，表明使用 BAP（带宽分配协议）或 BACP（带宽分配和控制协议）可以动态管理多重链接连接的分配和解除。

（3）选中"链接控制协议（LCP）扩展"复选框，表明支持 LCP。LCP 可以在 PPP 基础上提高识别性和时间余额数据包，当配置和测试数据链路通信信道时，识别性和时间余额就特别有用。

（4）选中"软件压缩"复选框，表明 PPP 可以压缩经过拨号连接传送的数据。该功能对改善拨号连接的低速率特别有用。

6. "日志记录"选项卡

路由和远程访问服务器的"日志记录"选项卡如图 12.6.7 所示，该选项卡用于设置服务器日志的工作模式。

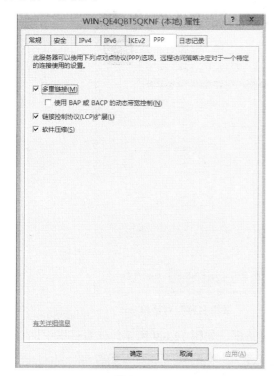

图 12.6.6 路由和远程访问服务器——
"PPP"选项卡

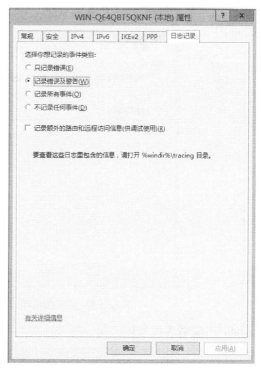

图 12.6.7 路由和远程访问服务器——
"日志记录"选项卡

- "只记录错误"：日志中仅仅记录关键性的失败事件。
- "记录错误及警告"：记录关键性的失败事件和记录非关键性的问题，此选项为默认设置。
- "记录所有事件"：记录所有的日志信息。这会产生大量的日志文件信息，一般仅当测试或排除错误时才会选中该项。
- "不记录任何事件"：不记录日志。
- "记录额外的路由和远程访问信息（供调试使用）"：记录路由和远程访问的日志信息。

12.6.2 新建网络接口

服务器作为路由器，如果要与其他网络的路由器通信就必须建立能够连接到其他路由器或网络的网络接口。创建新网络接口的操作步骤如下：

（1）在"路由和远程访问"管理器窗口中，右击"网络接口"，在弹出的快捷菜单中选择"新建请求拨号接口"命令。

（2）出现请求拨号接口向导的"欢迎"对话框，单击"下一步"按钮。

（3）出现请求拨号接口向导的"接口名称"对话框，如图 12.6.8 所示。在"接口名称"文本框中输入该接口的名称后，单击"下一步"按钮。

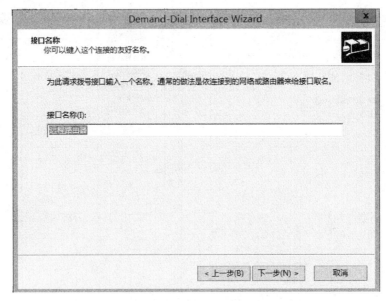

图 12.6.8　请求拨号接口向导——"接口名称"对话框

（4）出现请求拨号接口向导的"连接类型"对话框，如图 12.6.9 所示。该对话框中选择路

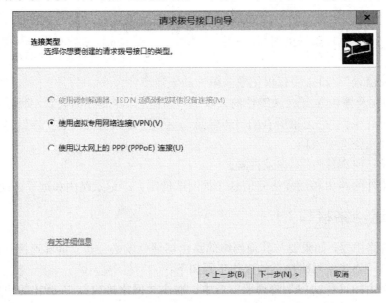

图 12.6.9　请求拨号接口向导——"连接类型"对话框

由器和其他路由器的连接类型。可以选择"使用调制解调器、ISDN 适配器或其他物理设备连接"、"使用虚拟专用网络连接（VPN）"和"使用以太网上的 PPP（PPPoE）连接"3 种方式之一，根据需要进行选择，然后单击"下一步"按钮。

（5）选择了"使用虚拟专用网络连接（VPN）"后，出现如图 12.6.10 所示的"VPN 类型"对话框，有 4 种 VPN 接口类型可供选择：自动选择、点对点隧道协议（PPTP）、第 2 层隧道协议（L2TP）和 IKEv2。此处中"自动选择"单选项，单击"下一步"按钮。

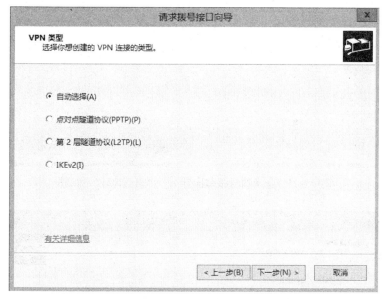

图 12.6.10　请求拨号接口向导——"VPN 类型"对话框

（6）出现"目标地址"对话框，如图 12.6.11 所示。在该对话框中输入要连接的远程路由器的名称或 IP 地址。输入完成后，单击"下一步"按钮。

（7）出现"协议及安全"对话框，如图 12.6.12 所示。该对话框为连接选择传输和安全措施。有以下 4 个设置选项：

- "在此接口上路由选择 IP 数据包"：表明允许此网络接口启用 IP 数据包的路由功能。
- "添加一个用户账户使远程路由器可以拨入"：表明允许远程路由器通过设立的账户拨入路由器。
- "如果这是唯一连接的方式的话，就发送纯文本密码"：表明如果此网络接口是路由器之间的唯一连接，可以发送纯文本密码。
- "使用脚本来完成和远程路由器的连接"：表明使用配置好的脚本文件来完成与远程路由器的连接。

完成设置后单击"下一步"按钮。

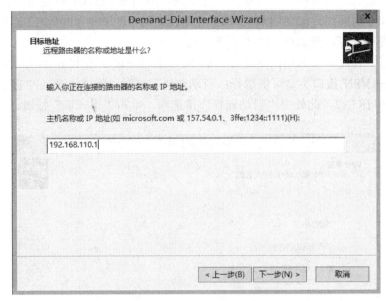

图 12.6.11　请求拨号接口向导——"目标地址"对话框

图 12.6.12　请求拨号接口向导——"协议及安全措施"对话框

（8）出现如图 12.6.13 所示的"远程网络的静态路由"对话框，在该对话框中设置远程路由器的 IP 地址。单击"添加"按钮出现如图 12.6.14 所示的"静态路由"对话框。在"目标"文本框中设置远程路由器的 IP 地址, 在"网络掩码"文本框中输入远程路由器的子网掩码, 在"跃点数"文本框中输入经过中间路由器的数目 (1 代表直接连接的两个路由器, 2 代表中间还要经过一个中间路由器, 依次类推)。完成设置后单击"确定"按钮。

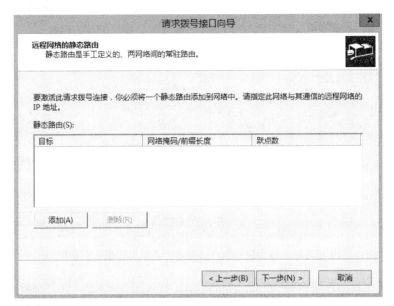

图 12.6.13 请求拨号接口向导——"远程网络的静态路由"对话框

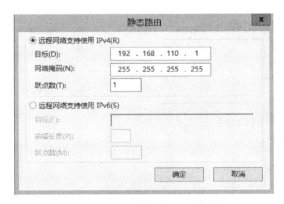

图 12.6.14 "静态路由"对话框

(9) 单击"下一步"按钮后, 出现"拨入凭据"对话框, 如图 12.6.15 所示。用于设置远程路由器拨入本路由器时使用的用户名和密码。完成后单击"下一步"按钮。

(10) 出现"拨出凭据"对话框, 如图 12.6.16 所示, 用于设置本路由器拨入远程路由器时使用的用户名和密码, 这些信息需要咨询远程路由器的管理员。完成设置后单击"下一步"按钮。

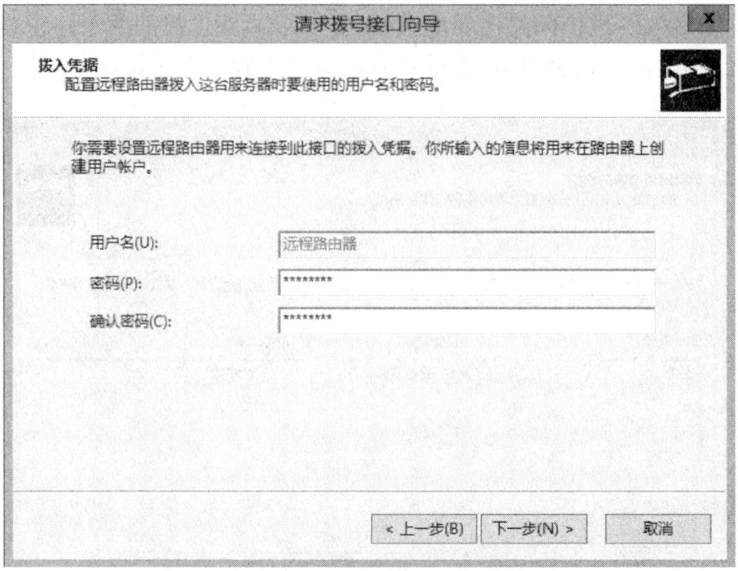

图 12.6.15　请求拨号接口向导——"拨入凭据"对话框

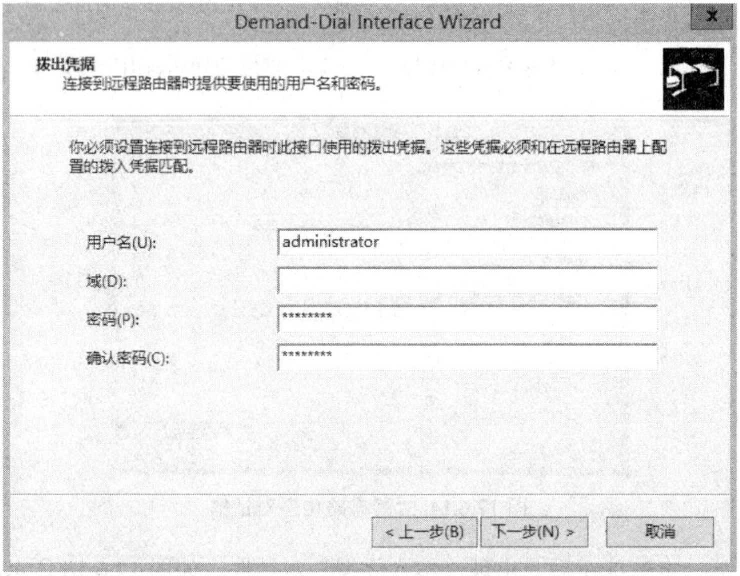

图 12.6.16　请求拨号接口向导——"拨出凭据"对话框

（11）出现请求拨号接口向导的"完成"对话框，单击"完成"按钮。

（12）至此，建立好了一个通过 VPN 连接的路由器之间的网络接口。在路由和远程访问窗口中可以看到建立好的网络接口。

12.7 IP 路由选择

12.7.1 常规设置

在"路由和远程访问"控制台窗口中,右击"IPv4"选项卡下的"常规"选项,在弹出的快捷菜单中选择"属性"命令,出现如图 12.7.1 所示的常规属性的"日志记录"选项卡,该选项卡用于设置如何记录路由信息。

常规属性的"首选等级"选项卡如图 12.7.2 所示。该选项卡用于配置首选路由协议。在网络上可以同时运行多个路由协议,通过该选项卡配置首选等级配置协议获知路由的首选来源。选中路由来源后,单击"上移"或"下移"按钮,可以更改路由协议的"等级"参数,等级高的将优先使用。

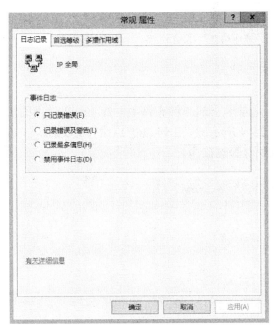

图 12.7.1 常规属性——"日志"选项卡

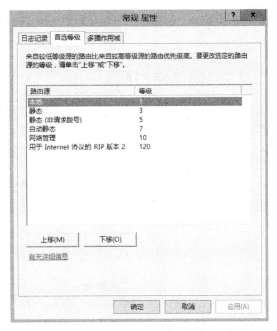

图 12.7.2 常规属性——"首选等级"选项卡

"多播作用域"选项卡如图 12.7.3 所示。单击"添加"按钮,在添加作用域边界对话框中,可以添加多播作用域。设置了多播作用域后,路由器可以转发多播信息。

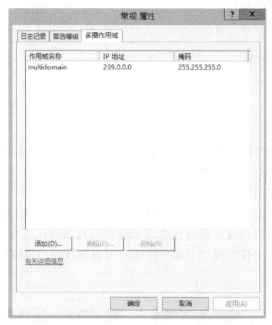

图 12.7.3 常规属性——"多播作用域"选项卡

12.7.2 静态路由配置

在"路由和远程访问"窗口中，右击"IPv4"选项卡下的"静态路由"选项，在弹出的快捷菜单中选择"新建静态路由"命令，出现如图 12.7.4 所示的"IPv4 静态路由"对话框，在该对话框中设置从特定的网络接口传来的 IP 数据包如何静态路由。

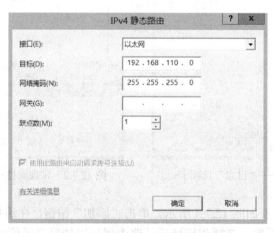

图 12.7.4 "IPv4 静态路由"对话框

右击"IP 路由选择"下的"静态路由"选项，在弹出的快捷菜单中选择"显示 IP 路由表"命令，出现如图 12.7.5 所示的"IP 路由表"对话框，在该对话框中显示了路由器上的路由表。

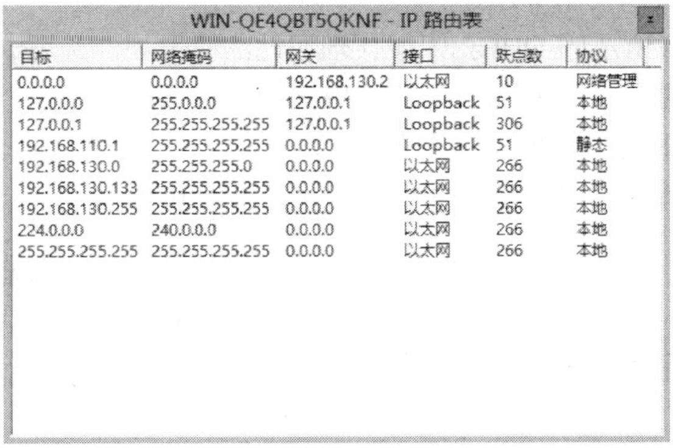

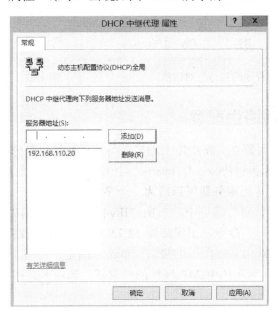

图 12.7.5　"IP 路由表"对话框

12.7.3　DHCP 中继代理程序配置

在路由器上通过设置中继代理程序，可以允许远程客户机使用 Intranet 内的 DHCP 服务器，从而动态分配 IP 地址。

（1）在"路由和远程访问"窗口中，右击"IPv4"选项卡下的"DHCP 中继代理"选项，在弹出的快捷菜单中选择"属性"命令。出现如图 12.7.6 所示的"DHCP 中继代理属性"对话框。

图 12.7.6　"DHCP 中继代理属性"对话框

（2）在"路由和远程访问"窗口中，右击"IPv4"选项卡下的"DHCP 中继代理"选项，在弹出的快捷菜单中选择"新增接口"命令，出现如图 12.7.7 所示的"DHCP 中继代理程序的新接口"对话框，选中可以使用 DHCP 中继代理程序的网络接口，单击"确定"按钮。

（3）出现如图 12.7.8 所示的 DHCP 中继代理属性的"常规"选项卡。选中"中继 DHCP 数据包"复选框，表明该网络接口被用于向 DHCP 服务器转发数据包。在"跃点计数阈值"数值框中设置从该路由器发出的 DHCP 数据包经过的中间路由器可能的最大数目。在"启动阈值"数值框中设置中继代理程序在转发 DHCP 请求之前等待的时间。

图 12.7.7 "DHCP 中继代理程序的接口"对话框

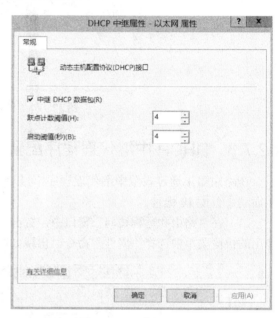

图 12.7.8 "常规"选项卡

12.7.4 IGMP 多播路由配置

如果有多播数据包需要路由，路由器上的多播与单播数据包是分开路由的。多播路由使用 IGMP（Internet Group Messaging Protocol，Internet 组消息协议）路由数据包，通过配置，Windows Server 2012 的路由和远程访问服务器可以成为一个多播路由器。

（1）在"路由和远程访问"窗口中，右击"IPv4"选项卡下的"IGMP"选项，在弹出的快捷菜单中选择"新增接口"命令，出现如图 12.7.9 所示"IGMP 路由器以及代理服务器的新接口"对话框，选择多播路由需要使用的接口，单击"确定"按钮。

（2）出现如图 12.7.10 所示的 IGMP 属性的"常规"选项卡，在该选项卡中可以配置如下参数：

- "启用 IGMP"复选框：选中后表明在该接口上启用 IGMP。

图 12.7.9 "IGMP 路由器以及代理服务器的新接口"对话框

图 12.7.10 IGMP 属性——"常规"选项卡

• "模式"选项组：选中"IGMP 路由器"单选项，表明该网络接口作为 IGMP 多播的监听器和转发器。选中"IGMP 代理"单选项，表明该网络接口作为 IGMP 代理服务器与运行 IP 多播协议的外部路由器进行通信。

• "IGMP 协议版本"下拉列表框：选择 IGMP 协议的版本，在 Windows Server 2012 中默认使用"版本 3"。

（3）IGMP 属性的"路由器"选项卡如图 12.7.11 所示，在该选项卡中可以配置如下参数：

• "可靠变量"数值框：设置该网络接口上可以容忍丢失的 IGMP 数据包的数目。如果有的网络会发生丢包现象，应该将该值设计得大一些。

• "查询间隔（秒）"数值框：设置 IGMP 常规查询之间的时间间隔。

• "查询响应间隔（秒）"数值框：设置路由器等待 IGMP 常规查询响应的时间。

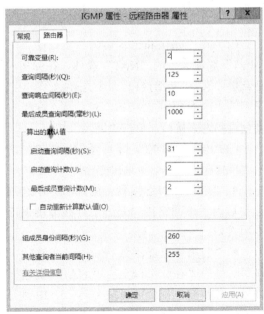

图 12.7.11 IGMP 属性——"路由器"选项卡

• "最后成员查询间隔（毫秒）"数值框：设置 IGMP 等待 IGMP 多播组查询响应的时间间隔。

- "启动查询间隔（秒）"数值框：设置启动时成功的常规查询的时间间隔。
- "启动查询计数"数值框：设置启动时发送的常规查询的数目。
- "最后成员查询计数"数值框：设置路由器认为连接到该网络接口的网络没有组成员之前，可以发送的组查询消息的数目。
- "自动重新计算默认值"复选框：选中后按照"可靠变量"和"查询间隔"文本框的设置，自动计算出其他数值框的设置。
- "组成员身份间隔"文本框：显示了组成员之间的多播时间间隔，由公式"可靠变量"×"查询间隔"+"查询响应间隔"自动计算出，不可编辑。
- "其他查询者当前间隔"文本框：显示其他成员的查询间隔，由公式 "可靠变量"×"查询间隔"+"查询响应间隔"/2 自动计算出，不可编辑。

12.7.5 NAT/基本防火墙配置

Windows Server 2012 的路由和远程访问服务器同时可以作为一个 NAT（Network Address Translation，网络地址转换）服务器和基本的防火墙。

NAT 的功能是将所有的 Intranet 内的计算机对外访问的数据包转换为统一对外的 IP 地址，屏蔽网络内部的 IP 地址情况。防火墙可以用来对 IP 数据包进行筛选和过滤，确保 Intranet 的安全。

（1）在"路由和远程访问"窗口中，右击"IPv4"选项卡下的"NAT"选项，在弹出的快捷菜单中选择"新增接口"命令，出现如图 12.7.12 所示的"IP NAT 的新接口"对话框，选择 NAT 要使用的网络接口，单击"确定"按钮。

（2）出现如图 12.7.13 所示的网络地址转换的"NAT"选项卡，可以设置如下参数：

- "专用接口连接到专用网络"单选项：选中后表示该网络接口是用于连接专用网络的专用接口。

图 12.7.12 "IP NAT 的新接口"对话框

- "公用接口连接到 Internet"单选项：选中后表示该网络接口是一个连接 Internet 的公用接口。选中"在此接口上启用 NAT"复选框，表示所有 Intranet 内的计算机通过该网络接口向外发出的数据包都会被封装上同一个 IP 地址，同时能够从 Internet 接收数据。

（3）网络地址转换的"地址池"选项卡如图 12.7.14 所示，该选项卡用于设置 NAT 使用的 Internet 地址和 Intranet 内部地址如何映射到 Internet 上的公用地址规则。单击"添加"按钮，设置 NAT 可以使用的 Internet 上的公用地址池（需要从 ISP 服务商那里获取）。

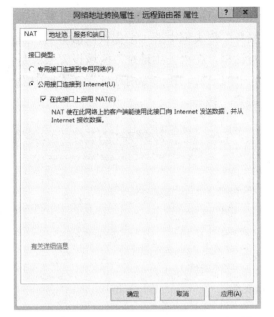

图 12.7.13 网络地址转换——"NAT"选项卡

图 12.7.14 网络地址转换——"地址池"选项卡

单击"保留"按钮出现如图 12.7.15 所示的"地址保留"对话框，可以设置某些 Intranet 的计算机的数据包向 Internet 转发时，使用固定的 IP 地址池中的地址。单击"添加"按钮，在出现的添加保留区对话框中进行设置。

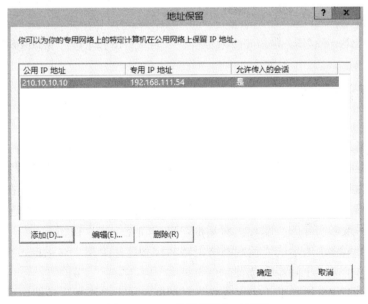

图 12.7.15 "地址保留"对话框

（4）网络地址转换的"服务和端口"选项卡如图 12.7.16 所示，该选项卡用于设置可以被 Internet 上的用户访问的 Intranet 上的服务器。在"服务"列表框中选中要提供的服务后，单击"编辑"按钮出现如图 12.7.17 所示的"编辑服务"对话框，在"公用地址"区域设置服务是使用网络接口的公用 IP 地址，还是使用在公用地址池中的地址。在"专用地址"文本框中设置服务使用的 Intranet 的 IP 地址。完成设置后单击"确定"按钮。

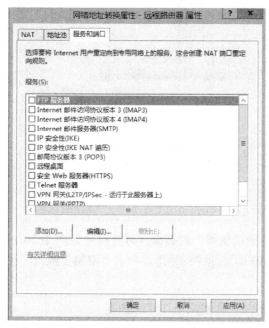

图 12.7.16　网络地址转换——"服务和端口"选项卡

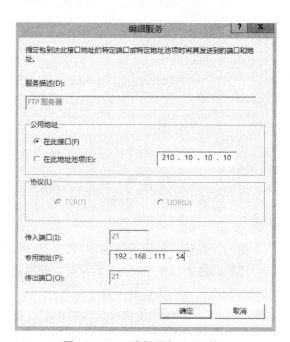

图 12.7.17　"编辑服务"对话框

12.8　远程访问策略

远程访问策略是一组定义如何授权或拒绝连接的有序规则。每个规则有一个或多个条件、一组配置文件设置和一个远程访问权限设置。创建远程访问策略的操作步骤如下：

（1）在"路由和远程访问"窗口中右击"远程访问日志记录和策略"，在弹出的快捷菜单中选择"启动 NPS"命令，再右击"网络策略"选项，在弹出的快捷菜单中选择"新建"命令，出现新建远程访问策略向导的"欢迎"对话框，单击"下一步"按钮。

（2）出现如图 12.8.1 所示的"指定网络策略名称和连接类型"对话框，在"策略名称"文本框中输入名称，单击"下一步"按钮。

（3）出现如图 12.8.2 所示的"指定条件"对话框。单击"添加"按钮出现如图 12.8.3 所示的"选择条件"对话框，选择"访问客户端 IPv4 地址"选项，单击"添加"按钮。

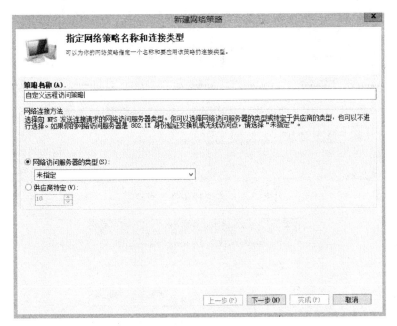

图 12.8.1 "指定网络策略名称和连接类型"对话框

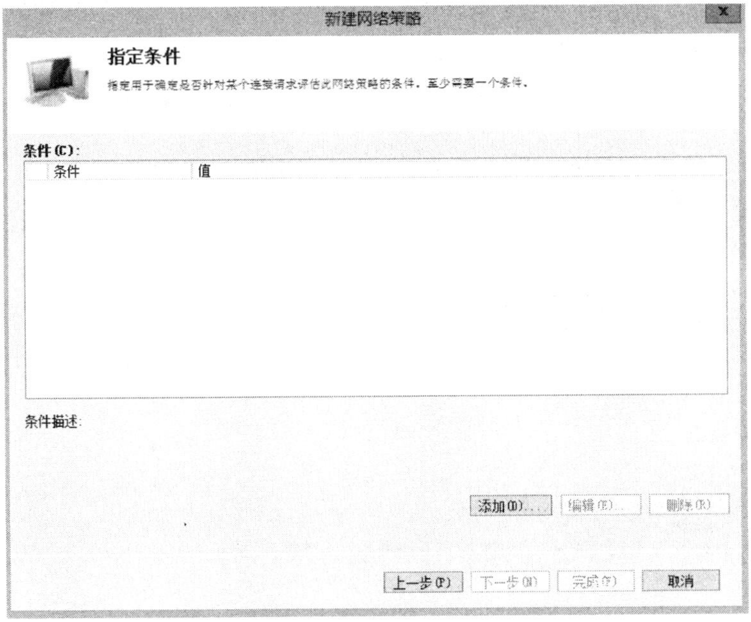

图 12.8.2 "指定条件"对话框

（4）出现如图 12.8.4 所示的"访问客户端 IPv4 地址"对话框，输入 IP 地址，单击"确定"按钮。

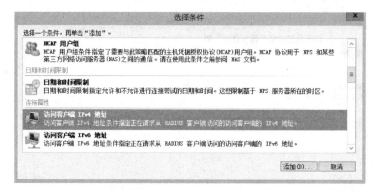

图 12.8.3　"选择条件"对话框

图 12.8.4　"访问客户端 IPv4 地址"对话框

（5）在如图 12.8.5 所示的"指定条件"对话框中，单击"下一步"按钮，出现如图 12.8.6 所示的"指定访问权限"对话框。选中"已授予访问权限"单选项，表示如果远程访问策略的所有条件都满足，则将授予远程访问权限。选中"拒绝访问"单按项，表示如果远程访问策略

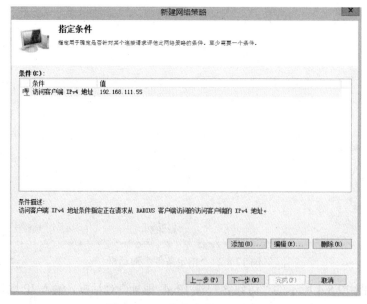

图 12.8.5　"指定条件"对话框

的所有条件都满足，则将拒绝远程访问权限。选中"访问由用户拨入属性所决定"单按项，表示如果客户端连接尝试匹配此策略的条件，则根据用户拨入属性授予或拒绝访问权限。

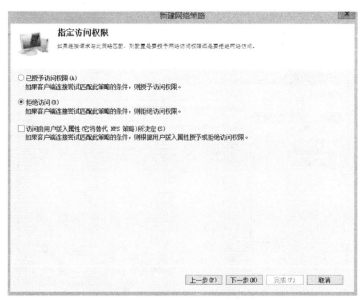

图 12.8.6 "指定访问权限"对话框

（6）选择"拒绝访问"单选项，单击"下一步"按钮，出现如图 12.8.7 所示的"配置身份验证方法"对话框，可以对身份验证方法进行设置。

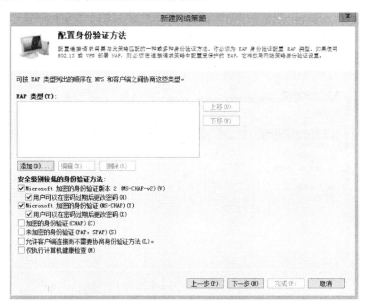

图 12.8.7 "配置身份验证方法"对话框

（7）配置完成后，单击"下一步"按钮，出现如图 12.8.8 所示的"配置约束"对话框，可以对"空闲超时"、"会话超时"、"被叫站 ID"、"日期和时间限制"和"NAS 端口类型"选项进行设置。

图 12.8.8　"配置约束"对话框

（8）在图 12.8.8 所示对话框中单击"下一步"按钮，进入如图 12.8.9 所示的"配置设置"对话框，配置完成后，单击"下一步"按钮，弹出如图 12.8.10 所示的"正在完成新建网络策略"对话框，单击"完成"按钮。

图 12.8.9　"配置设置"对话框

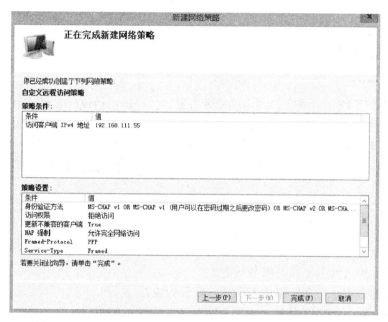

图 12.8.10 "正在完成新建网络策略"对话框

（9）新建的远程访问策略就会出现在网络策略服务器中，如图 12.8.11 所示。

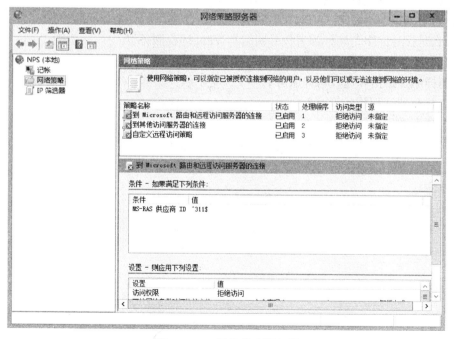

图 12.8.11 网络策略服务器

12.9 本章小结

本章首先介绍了路由的概念、路由的配置方案、各种路由协议、多播路由，远程访问的概念、通过拨号网络实现远程访问和虚拟专用网络实现远程访问，接着介绍了如何创建路由和远程访问服务器以及如何管理路由和远程访问服务器，最后介绍了如何设置 IP 路由选择。通过本章的学习，应该掌握如何构建和管理 Windows Server 2012 的路由和远程访问服务。

思 考 题

1. 路由的概念是什么？
2. 路由和远程访问服务具有哪些功能？
3. 路由表的作用是什么？路由表由哪些部分构成？
4. Windows Server 2012 的路由方案有哪几种？用图示说明。
5. Internet 上常用的 IP 路由协议有哪些？
6. 什么情况下需要用到多播转发？
7. 远程访问的方式有哪些？分别是如何实现的？
8. 什么是虚拟专用网络（VPN）？VPN 有什么优点？
9. 什么是拨号网络？怎样部署拨号网络和 VPN 远程服务器？
10. 怎样配置路由和远程访问？
11. 怎样添加路由和远程访问服务？
12. 怎样配置远程访问策略？
13. 怎样配置远程访问记录？

Hyper-V 的配置与使用

Hyper-V 作为 Microsoft 公司的一款虚拟化产品，被定义为"服务器虚拟技术"，是 Microsoft 公司第一个采用类似 Vmware 和 Citrix 开源 Xen 一样的基于 hypervisor 的技术。用户通过 Hyper-V 无需购买第三方软件就可以享有服务器虚拟化的灵活性和安全性。

本章主要介绍 Hyper-V 的概念，如何安装配置 Hyper-V，同时介绍在 Hyper-V 下创建虚拟交换机，虚拟机等内容。

13.1 Hyper-V 概述

Hyper-V 设计的目的是为用户提供更为熟悉、性价比更高的虚拟化基础设施软件，它能够管理、调度虚拟机的创建和运行，同时提供硬件资源的虚拟化，降低了运行成本，提高了硬件利用率，优化了基础设施。

13.1.1 系统要求

运行 Hyper-V，对计算机系统有如下要求：

- Intel 或者 AMD 64 位处理器。
- 内存最低限度为 2 GB。
- Windows Server 2008 R2 及以上服务器操作系统；Windows 7 及以上桌面操作系统。
- 硬件协助的虚拟化。包括虚拟化选项（Intel 虚拟化技术（Intel VT）或 AMD 虚拟化技术（AMD-V））的处理器提供此功能。
- 硬件强制实施的数据执行保护（DEP）必须可用且已启用，必须启用 Intel XD 位（执行禁用位）或 AMD NX 位（无执行位）。

13.1.2 架构特点

Hyper-V 采用微内核的"硬件－Hyper-V－虚拟机"三层架构，小巧且代码简单，兼顾了安全性和性能的要求。Hyper-V 底层的 Hypervisor 运行在最高的特权级别 ring 1（Intel 将其称为 root mode）下，而虚拟机的 OS 内核和驱动运行在 ring 0，应用程序运行在 ring 3 下，这种架构就不需要采用复杂的二进制特权指令翻译技术，即可进一步提高安全性。

Hyper-V 底层为 Hypervisor，代码量很小，非常精简，不包含任何第三方的驱动，所以安全可靠、执行效率高，能充分利用硬件资源，使虚拟机系统性能更接近真实系统性能。

Hyper-V 采用基于 VMbus 的高速内存总线架构，来自虚机的硬件请求（显卡、鼠标、磁盘、网络）可以直接经过虚拟服务客户端（Virtual Services Client，VSC），通过 VMbus 总线发送到根分区的虚拟服务提供端（Virtual，Services Client，VSP），VSP 调用对应的设备驱动直接访问硬件，中间不需要 Hypervisor 的帮助。

同时，Hyper-V 可以很好地支持 Linux，用户可以安装支持 Xen 的 Linux 内核也可以安装专门为 Linux 设计的 Integrated Components，里面包含磁盘和网络适配器的 VMbus 驱动，这样 Linux 虚拟机也能获得高性能。采用 Linux 系统的企业可以把所有的服务器，包括 Windows 和 Linux，全部统一到最新的 Windows Server 2012 平台下，充分利用 Windows Server 2012 带来的最新高级特性，而且还可以保留原来的 Linux 关键应用不受到影响。

13.1.3 新增和更改功能

Windows Server 2012 中的 Hyper-V 升级到了 3.0 版本，在许多方面作了改进。

Hyper-V 3.0 与之前版本相比，在支持能力上有了很大提高。例如，将每台主机的内存上限提高到 4 TB，逻辑处理器数量提升为 320 个，每集群支持 64 个节点，每集群支持 8 000 套虚拟机系统，单台主机的虚拟机支持能力也达到 1 024 套。

Hyper-V 的文件级存储功能仍支持服务器消息块（Server Message Block，SMB），并延续以往的 iSCSI 及光纤通道支持。其他新特性包括引入全新虚拟交换机与虚拟存储区域网络（Storage Area Network，SAN）。虚拟 SAN 允许用户通过虚拟光纤通道将虚拟机与物理主机总线适配器（Host Bus Adapter，HBA）直接相连，进而大幅提高传输性能。

表 13.1.1 列出了 Hyper-V 3.0 中最明显的功能变化。

表 13.1.1 Hyper-V 3.0 的功能变化

特性/功能	新功能或更新功能	摘　　要
客户端 Hyper-V（Windows® 8 专业版中的 Hyper-V）	新功能	通过使用 Windows 桌面操作系统创建和运行 Hyper-V 虚拟机
Windows PowerShell 的 Hyper-V 模块	新功能	使用 Windows PowerShell cmdlet 可创建和管理 Hyper-V 环境

续表

特性/功能	新功能或更新功能	摘　　要
Hyper-V 副本	新功能	在存储系统、群集和数据中心之间复制虚拟机可提供业务连续性和灾难恢复的功能
实时迁移	更新功能	在非群集和群集的虚拟机上执行实时迁移，并且同时执行一个以上的实时迁移
显著提高了规模和改进了复原能力	更新功能	使用更大的计算和存储资源，处理硬件错误能力的改进，增加了虚拟化环境的复原能力和稳定性
存储迁移	新功能	在不停机的情况下，将运行中的虚拟机虚拟硬盘移到其他存储位置
虚拟光纤通道	新功能	从用户操作系统内连接到光纤通道存储
虚拟硬盘格式	更新功能	创建高达 64 TB 的稳定、高性能的虚拟硬盘
虚拟交换机	更新功能	支持多用户管理，添加监视、转发和筛选数据包的功能

13.2　安装 Hyper-V

案例：在计算机名为 WIN-QE4QBT5QKNF，IP 地址为 10.192.3.144 的计算机上安装 Hyper-V。
具体操作步骤如下：

（1）在"服务器管理器"窗口中，单击"管理"→"添加角色和功能"→"下一步"按钮，
进入如图 13.2.1 所示的"添加角色和功能向导"对话框，选中"基于角色或基于功能的安装"
单选项。单击"下一步"按钮。

图 13.2.1　基于角色或基于功能的安装

（2）出现如图 13.2.2 所示窗口，单击"下一步"按钮。

图 13.2.2　选择要安装角色和功能的服务器和虚拟硬盘

（3）出现如图 13.2.3 所示窗口，选中"Hyper-V"复选框，单击"下一步"按钮。

图 13.2.3　服务器角色

（4）出现如图 13.2.4 所示服务器功能窗口，单击"下一步"按钮。

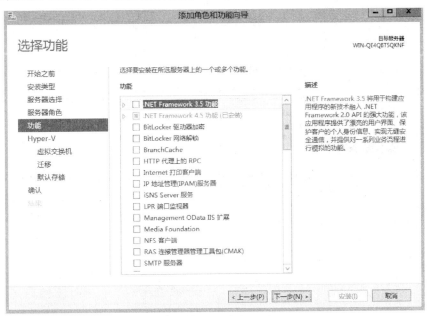

图 13.2.4　服务器功能

（5）出现如图 13.2.5 所示简介窗口，单击"下一步"按钮。

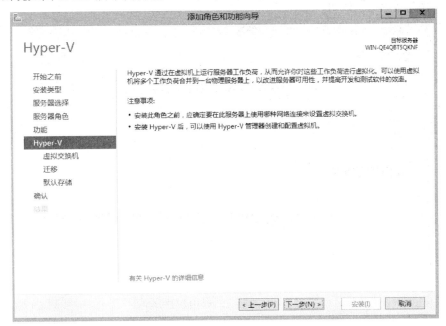

图 13.2.5　简介

（6）出现如图 13.2.6 所示窗口，选中"以太网"复选框，单击"下一步"按钮。

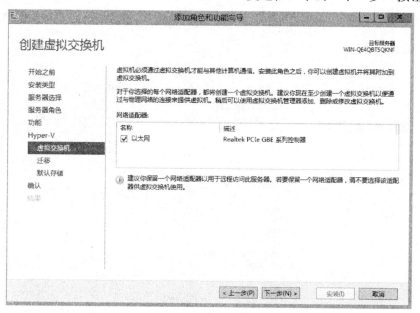

图 13.2.6　网络适配器

（7）出现如图 13.2.7 所示窗口，此处不选中"允许此服务器发送和接收虚拟机的实时迁移"复选框，单击"下一步"按钮。

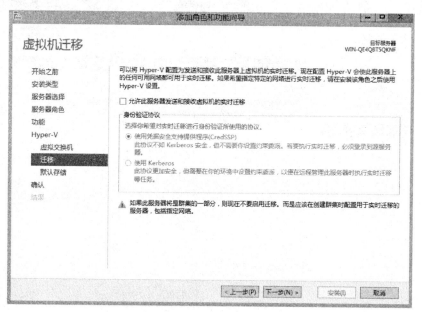

图 13.2.7　实时迁移

（8）出现如图 13.2.8 所示窗口，这里可以配置虚拟机文件的存储位置，建议不要保存在系统磁盘，此处不做修改，单击"下一步"按钮。

图 13.2.8　虚拟硬盘文件及配置文件

（9）出现如图 13.2.9 所示窗口，选中"如果需要，自动重新启动目标服务器"复选框，单击"安装"按钮。等待系统自动安装完成后，重启计算机即可完成安装。

图 13.2.9　完成

13.3　Hyper-V 的配置

案例：在 IP 地址为 10.192.3.144 运行 Windows Server 2012 的计算机上配置 Hyper-V。

（1）执行"服务器管理器"→"工具"→"Hyper-V 管理器"命令，打开"Hyper-V 管理器"对话框，如图 13.3.1 所示。

图 13.3.1　"Hyper-V 管理器"对话框

（2）右击"Hyper-V 管理器"→"连接到服务器"，选中"本地计算机"单选项，单击"确定"按钮，如图 13.3.2 所示。

图 13.3.2　选择计算机

（3）连接完成，Hyper-V 管理器如图 13.3.3 所示。

（4）单击图 13.3.3 所示 Hyper-V 管理器界面中的"Hyper-V 设置"命令，可以对 Hyper-V 进行详细的配置。

1. "虚拟硬盘"选项卡

Hyper-V 配置的"虚拟硬盘"选项卡如图 13.3.4 所示。该选项卡可以指定存储虚拟硬盘文件的默认文件夹目录。

图 13.3.3　Hyper-V 管理器

图 13.3.4　Hyper 管理器——"虚拟硬盘"选项卡

2. "虚拟机"选项卡

Hyper-V 配置的"虚拟机"选项卡如图 13.3.5 所示。该选项可以指定存储虚拟机配置文件的默认文件夹目录。

图 13.3.5 Hyper 管理器——"虚拟机"选项卡

3. "物理 GPU"选项卡

Hyper-V 配置的"物理 GPU"选项卡如图 13.3.6 所示。该选项可以对物理 GPU 进行管理，需要先安装远程桌面虚拟化主机角色服务。

4. "NUMA 跨越"选项卡

Hyper-V 配置的"NUMA 跨越"选项卡如图 13.3.7 所示。该选项卡可以配置 Hyper-V 以允许虚拟机跨越非一致性内存结构（NUMA）节点。

5. "实时迁移"选项卡

Hyper-V 配置的"实时迁移"选项卡如图 13.3.8 所示。

图 13.3.6　Hyper 管理器——"物理 GPU"选项卡

图 13.3.7　Hyper 管理器——"NUMA 跨越"选项卡

图 13.3.8 Hyper 管理器——"实时迁移"选项卡

6. "存储迁移"选项卡

Hyper-V 配置的"存储迁移"选项卡如图 13.3.9 所示。该选项卡可以指定此计算机上可以限时执行的存储迁移数量。

图 13.3.9 Hyper 管理器——"存储迁移"选项卡

7. "复制配置"选项卡

Hyper-V 配置的"复制配置"选项卡如图 13.3.10 所示。该选项卡可以启用此计算机作为副本服务器。

图 13.3.10 Hyper 管理器——"复制配置"选项卡

8. "键盘"选项卡

Hyper-V 配置的"键盘"选项卡如图 13.3.11 所示。该选项卡用于指定使用 Windows 键组合的方式。

9. "鼠标释放键"选项卡

Hyper-V 配置的"鼠标释放键"选项卡如图 13.3.12 所示。该选项卡用于指定使鼠标释放键。

图 13.3.11 Hyper 管理器——"键盘"选项卡

图 13.3.12 Hyper 管理器——"鼠标释放键"选项卡

10. "重置复选框"选项卡

Hyper-V 配置的"重置复选框"选项卡如图 13.3.13 所示。该选项卡可以还原通过选中复选框而隐藏 Hyper-V 的确认消息和向导页面。

图 13.3.13　Hyper 管理器——"重置复选框"选项卡

13.4　Hyper-V 的使用

案例：在 IP 地址为 10.192.3.144、运行 Windows Server 2012 的计算机上使用 Hyper-V。

13.4.1　建立虚拟交换机

（1）在 Hyper-V 管理器中，单击"虚拟交换机管理器"选项，进入如图 13.4.1 所示窗口。可以创建如下 3 种类型的虚拟交换机：

- "外部"：创建一个绑定到物理网络适配器的虚拟交换机，以便虚拟机可以访问物理网络。
- "内部"：该交换机只能由此物理计算机上运行的虚拟机使用。或者只能用于虚拟机与物理计算机之间的连接。内部虚拟交换机不提供与物理网络之间的连接。
- "专用"：创建一个只能由此物理计算机上运行的虚拟机使用的虚拟交换机。

（2）此处以创建外部虚拟交换机为例，选择"外部"选项，单击"创建虚拟交换机"按钮，出现如图 13.4.2 所示窗口，这里可以为虚拟交换机命名为"外部虚拟交换机"，在外部网络中选择一张实体网卡，单击"确定"按钮，这样一个虚拟交换机就创建成功了。

图 13.4.1　创建虚拟交换机

图 13.4.2　虚拟交换机属性

（3）可以在"网络连接"窗口中查看新建的虚拟交换机，如图 13.4.3 所示的"vEthernet（外部虚拟交换机）"。

图 13.4.3 "网络连接"窗口

13.4.2 建立 Windows Server 2012 虚拟机器

这里将利用 Hyper-V 来建立一个 Windows Server 2012 的虚拟机。首先建立一个虚拟机，然后在此虚拟机上利用 iso 镜像安装 Windows Server 2012。

（1）在 Hyper-V 管理器中，右击主机名称→"新建"→"虚拟机"命令，如图 13.4.4 所示。

图 13.4.4 新建虚拟机

（2）出现如图 13.4.5 所示窗口，单击"下一步"按钮。

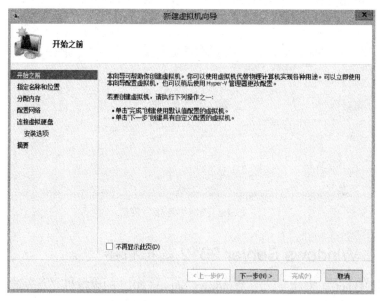

图 13.4.5　新建虚拟机向导

（3）设置虚拟机名称和位置，这里命名为"WinSer 2012"，如图 13.4.6 所示，单击"下一步"按钮。

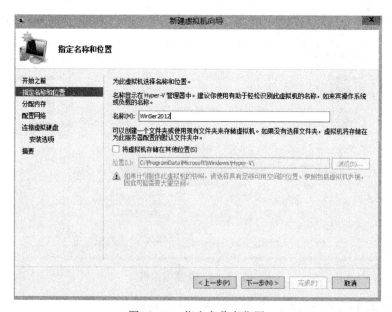

图 13.4.6　指定名称和位置

（4）指定要分配给虚拟机的"启动内存"，如图 13.4.7 所示，单击"下一步"按钮。

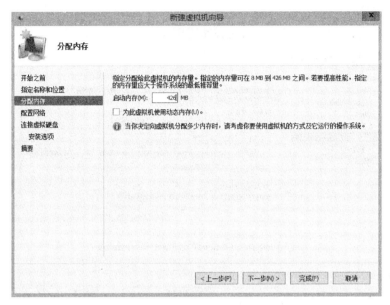

图 13.4.7　分配内存

（5）选择其虚拟网卡所连接的虚拟交换机（此处选择之前所建立的第一个虚拟交换机"外部虚拟交换机"），如图 13.4.8 所示，单击"下一步"按钮。

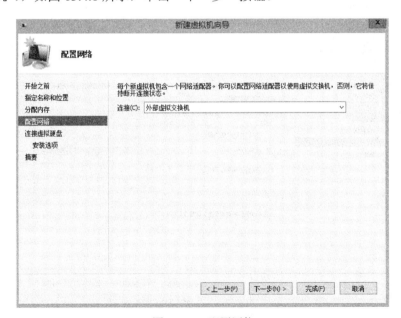

图 13.4.8　配置网络

（6）设置欲分配给虚拟机的硬盘，包含"名称"、"位置"和"大小"，如图 13.4.9 所示，单击"下一步"按钮。

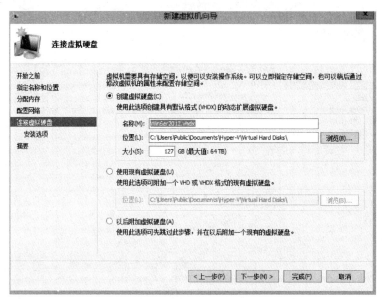

图 13.4.9 连接虚拟硬盘

（7）选择"从引导 CD/DVD-ROM 安装操作系统"，选择系统镜像文件，如图 13.4.10 所示，单击"下一步"按钮。

图 13.4.10 安装选项

（8）出现如图 13.4.11 所示摘要，单击"完成"按钮即可创建新的虚拟机。

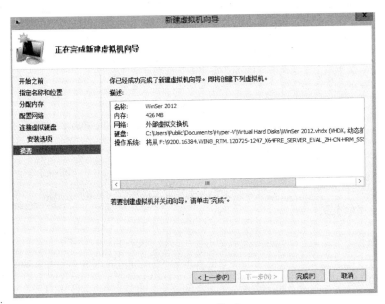

图 13.4.11　摘要

（9）在 Hyper-V 管理器中，右击"WinSer 2012"，就可以对虚拟机进行一系列操作，如图 13.4.12 所示。

图 13.4.12　管理虚拟机

- "连接"：启动虚拟机管理器。
- "设置"：对虚拟机进行设置，如添加和删除虚拟硬件，设置快照存放位置等，如图 13.4.13 所示。

图 13.4.13　虚拟机设置

- "启动"：启动虚拟机。
- "快照"：保存虚拟机此时状态，方便以后还原到此状态。
- "移动"：移动虚拟机。
- "导出"：导出虚拟机，虚拟机停止状态下可以使用。
- "重命名"：对虚拟机名称进行更改。
- "删除"：删除虚拟机。
- "启动复制"：复制虚拟机。
- "帮助"：打开帮助文档，进行查看。

13.4.3　建立更多的虚拟机器

读者可以重复以上步骤，创建多个虚拟机，但这样既浪费硬盘又浪费时间。本节介绍另外一种利用差异虚拟硬盘的方法创建新的虚拟机。

（1）在 Hyper-V 管理器中，右击主机名称→"新建"→"硬盘"命令，如图 13.4.14 所示。

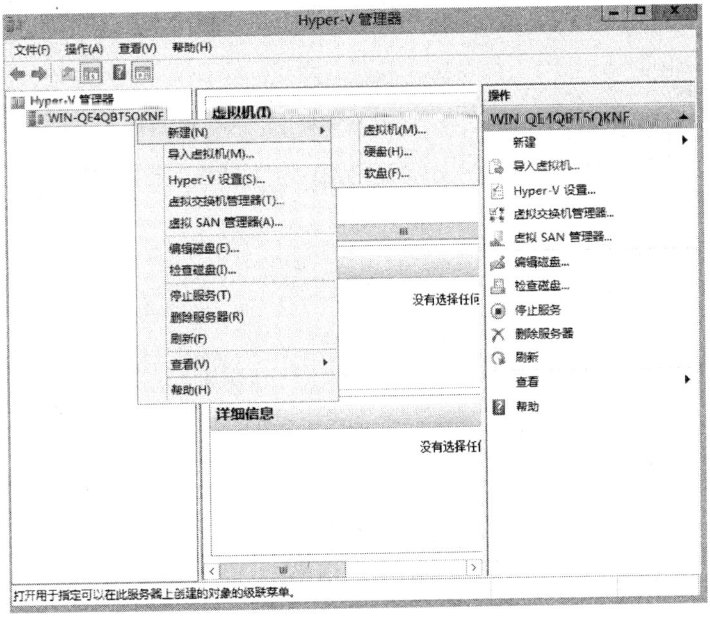

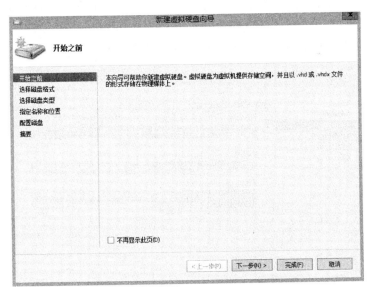

图 13.4.14　新建硬盘

（2）出现如图 13.4.15 所示页面，单击"下一步"按钮。

图 13.4.15　新建虚拟硬盘——向导

（3）出现如图 13.4.16 所示页面，选择虚拟硬盘使用格式，单击"下一步"按钮。

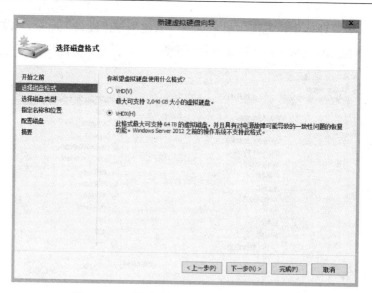

图 13.4.16　新建虚拟硬盘——选择磁盘格式

- VHD：最大可支持 2 040 GB 大小的虚拟硬盘。

- VHDX：Windows 8 支持 VHDX 文件，新的 VHDX 格式能支持 64 TB 空间，是当前的 VHD 格式 2 TB 空间限制的 32 倍，由于 VHDX 技术是新推出的硬盘格式，微软公司对其技术参数严格保密。

（4）出现如图 13.4.17 所示页面，选择建立何种类型的虚拟硬盘，此处选中"差异"单选项，单击"下一步"按钮。

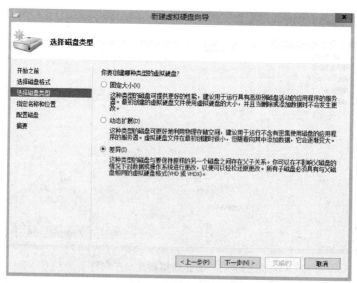

图 13.4.17　新建虚拟硬盘——选择磁盘类型

（5）出现如图 13.4.18 所示对话框，输入虚拟磁盘名称及位置，单击"下一步"按钮。

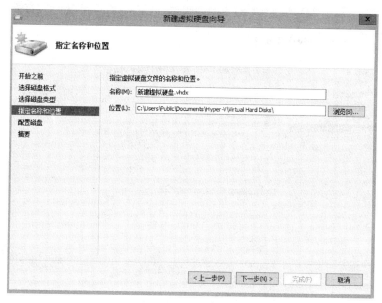

图 13.4.18　新建虚拟硬盘——指定名称和位置

（6）选择要当做母盘的虚拟硬盘文件，即 WinSer 2012.vhdx，如图 13.4.19 所示，单击"下一步"按钮。

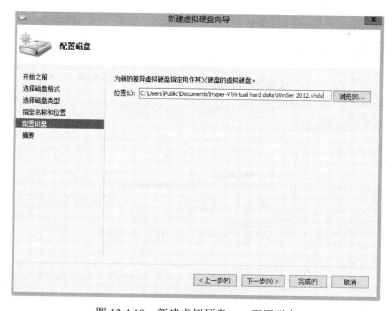

图 13.4.19　新建虚拟硬盘——配置磁盘

（7）出现如图 13.4.20 所示摘要，单击"完成"按钮，新建虚拟硬盘就完成了。

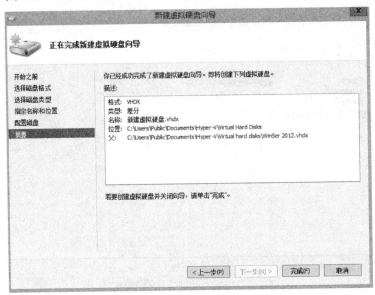

图 13.4.20　新建虚拟硬盘——摘要

（8）按 13.4.2 小节所示步骤添加名称为 Server1 的虚拟机，在第（6）步即图 13.4.10 中，选择"使用现有虚拟硬盘"单选项，"位置"处浏览选择刚才的"新建虚拟硬盘.vhdx"，如图 13.4.21 所示，其他步骤相同，创建新的虚拟机。

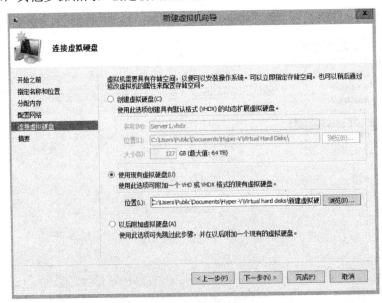

图 13.4.21　连接虚拟磁盘

（9）完成后，Hyper-V 管理器如图 13.4.22 所示。因为 Server1 这个虚拟机是利用 WinSer 2012 制作的，建议用系统准备工具 sysprep.exe（位于 System32/sysprep 文件夹内）来改变此虚拟机的 SID(Security Identifier)，sysprep.exe 设置如图 13.4.23 所示。

图 13.4.22　Hyper-V 管理器

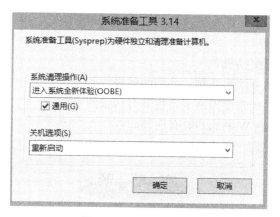

图 13.4.23　sysprep.exe

（10）完成后，可以用命令查看 SID 的改变，单击"开始"→"运行"→"cmd"→"whoami/user"，即可出现虚拟机的 SID，如图 13.4.24 所示。

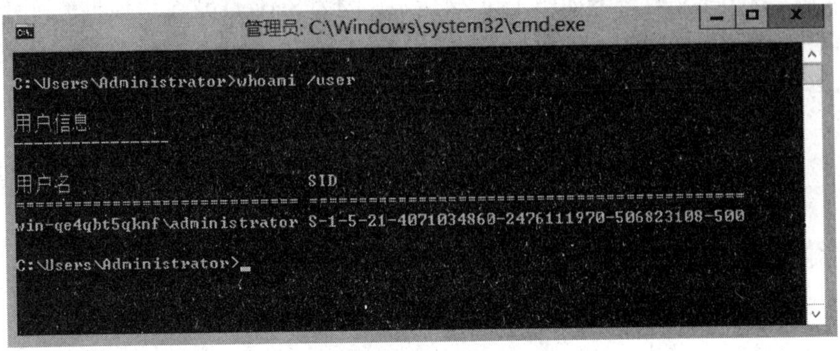

图 13.4.24　查看 SID

13.5　本章小结

　　本章首先介绍了 Hpyer-V 的概念、系统要求、架构特点，接着介绍了如何安装 Hyper-V 以及如何配置 Hyper-V，如何创建虚拟交换机，最后介绍了如何创建虚拟机和如何安装更多的虚拟机。通过本章的学习，应该掌握如何使用 Windows Server 2012 的 Hyper-V 技术。

思　考　题

1．什么是 Hyper-V？
2．Hyper-V 对硬件有哪些要求？
3．如何安装 Hyper-V？
4．如何建立新的虚拟交换机？
5．建立新的虚拟机的方法有几种，分别如何操作？
6．如何给虚拟机添加一张虚拟网卡，使其有两张网卡？
7．Hyper-V 与 VMware Workstation 有何异同点？
8．在 Linux 系统中安装一个虚拟机。

实　践　题

　　作为网络管理员，该如何使用 Hyper-V？Hyper-V 内的多个虚拟机如何实现互联？

[1] 吴怡. 计算机网络配置、管理与应用[M]. 2 版. 北京: 高等教育出版社, 2009.

[2] MORIMOTO R, NOEL M, DROUBI O, et al. Windows Server 2012 Unleashed[M]. Indiana: Sams Publishing, 2012.

[3] SAMARA L. Windows Server 2012: Up and Running[M].[S.l.]: O'Reilly Media Inc., 2012.

[4] TULLOCH M. Training Guide: Installing and Configuring Windows Server 2012[M]. [S.l.]: Microsoft Press, 2012.

[5] STANEK W R. Windows Server 2012 Pocket Consultant[M]. [S.l.]: Microsoft Press, 2012.

[6] 戴有炜. Windows Server 2012 系统配置实务[M]. 台北: 碁峰资讯股份有限公司, 2012.

[7] 王淑江. Windows Server 2012 Hyper-V 虚拟化管理实践[M]. 北京: 人民邮电出版社, 2013.

[8] 邓士昌. Windows Server 2012 系统管理与服务器配置[M]. 新北: 博硕文化股份有限公司, 2013.

[9] 柴方艳. 服务器配置与应用(Windows Server 2008 R2)[M]. 北京: 电子工业出版社, 2012.

[10] 戴有炜. Windows Server 2008 R2 Active Directory 配置指南[M]. 北京: 清华大学出版社, 2011.

[11] 赵松涛, 萧卫. 中文版 Windows Server 2003 网络服务配置案例[M]. 北京: 人民邮电出版社, 2003.

[12] 马子洋. Windows Server 2003 网络架构与管理[M]. 北京: 机械工业出版社, 2003.

[13] SUBAMANIAN M. 网络管理[M]. 王松, 周靖, 孟纯城, 译. 北京: 清华大学出版社, 2003.